Anika Mehlis

WO DIE ZUKUNFT DER RAUMFAHRT BEGINNT

Anika Mehlis

WO DIE ZUKUNFT DER RAUMFAHRT BEGINNT

Als Analog-
Astronautin
zwischen
Erde und Mars

KNESEBECK

Für meine Töchter

INHALT

Prolog

»I think you travel to search and come back home to find yourself there.«[1]

Chimamanda Ngozi Adichie (Autorin)

Es ist ein kühler Märztag des Jahres 2024 in Sichtweite eines über 5000 Meter hohen Vulkankegels. Ich steige schwerfällig in meinem 50 Kilogramm schweren Raumanzug-Simulator vom Quad und stapfe einige Schritte in Richtung meines Teamkollegen. Er hat etwa zehn Meter entfernt angehalten. Im ersten Moment blendet mich der gleißende Sonnenschein. Ich muss die Augen zusammenkneifen. Dann drehe ich meinen Kopf, sodass der Schatten des Head-up-Displays in meinem Helm meine Augen schützt. Unter der Mittagssonne breitet sich vor mir ein von schroffen Gipfeln umgebenes Hochplateau aus. Gesteinsbrocken sind vor langer Zeit von den Hängen herabgerollt. Ein ausgetrockneter Bachlauf schlängelt sich um die Felsen. Der trockene, sandige und mit Geröll überzogene Boden flimmert rötlich im Sonnenlicht. Ab und an wirbelt eine Windböe Staub auf. In meinem Anzug spüre ich weder den Wind, noch höre ich sein Heulen. Bei besonders starken Böen fühlt es sich allerdings so an, als würde ich hinterrücks angeschubst. Vorsichtig setze ich einen schweren Schritt vor den anderen und behalte dabei den losen Untergrund im Auge. Ein falscher Tritt kann in diesem unwegsamen Gelände fatale Folgen haben. Nachdem wir nahe unseres Habitats bereits andere Experimente absolviert haben, sind wir nun an der Stelle angekommen, an der wir die ersten Gesteinsproben des Tages entnehmen sollen. Mein Blick wird von den in der Sonne gleißenden, gletscherbedeckten Hängen und wolkenverhangenen Gipfeln des kleinen und großen Ararat angezogen, die im Westen den Horizont dominieren. Langsam drehe ich mich und bin gebannt von der menschenleeren, kargen Schönheit der Landschaft um mich herum. Wie es wohl wäre, jetzt nicht auf der Erde, sondern auf dem Mars an den Hängen des Olympus Mons, des höchsten Vulkans im Sonnensystem, zu stehen? Ein Blick auf meinen Kollegen zeigt, dass er wahrscheinlich gerade ähnliche Gedanken hegt. Plötzlich knackt es im Kopfhörer, und die Basis ruft uns. Vorbei der magische Moment, wir sind zum Arbeiten hier.

Nur abgehackt verstehe ich einzelne Worte, bevor der Kontakt völlig abbricht. Ich merke, dass wir uns ganz am Rand der WLAN-Reichweite befinden. Auch einige Schritte zurück in Richtung Quad bringen keine Verbesserung. Zur Bestätigung sehe ich Mundbewegungen meines Kollegen, ohne ihn zu hören, und melde mich über altmodischen Funk bei ihm: »L.O.S., Loss of Signal. Abbruch an dieser Stelle. Wir müssen zum letzten bekannten Punkt mit gutem Kontakt zurück.« Etwas enttäuscht stapfen wir zurück zu unseren Quads und machen uns unverrichteter Dinge auf den Rückweg. Wieder einmal kommt es anders als geplant, und ich rufe mir in Erinnerung, dass meine Begegnung mit der Raumfahrt seit Tag eins eine einzige Übung in Geduld und Frustrationstoleranz ist.

EINS:

ANALOG – »WIE KÄSE«?

»Wie soll ich das wissen, wenn ich es noch nie versucht hab?«[2]

Pippi Langstrumpf (Abenteurerin)

An einem Freitagmittag Anfang September 2018 sitze ich in meinem Büro in einem sächsischen Gesundheitsamt und schreibe an einem Protokoll. Ich muss ein Gähnen unterdrücken, als eine Mitarbeiterin ihren Kopf zur Tür hereinsteckt und sich mit »Schönes Wochenende!« verabschiedet. Erleichtert registriere ich, dass es schon nach 13:00 Uhr ist und ich guten Gewissens meinen Rechner herunterfahren kann. Einerseits mag ich meinen Job im Infektionsschutz mit den vielen verschiedenen Aufgaben und meinem Team. Andererseits sehne ich mich nach dem dritten Protokoll in einer Woche und der nach einigen Jahren spürbaren Routine nach einer neuen Herausforderung. Das erinnert mich an die heutige Zeitung, die noch unter einigen Akten liegt. Ich ziehe sie hervor und lese erneut den kleinen Artikel, der mein Interesse geweckt hat. »Österreichisches Weltraum Forum (ÖWF) sucht neue Analog-Astronaut:innen.«

Für Raumfahrt interessiere ich mich bereits, seit ich als Kind in der Deutschen Raumfahrtausstellung das Modell der russischen Raumstation MIR bewundert habe, die sich von 1986 bis 2001 im Erdorbit befand. Mit meinem Vater, der mir sein Album mit Zeitungsausschnitten von der ersten Mondlandung 1969 zeigte, lötete ich Flugzeugmodelle. Von meiner Mutter, die sich für Astronomie interessierte, bekam ich ein Teleskop geschenkt. Damit betrachtete ich als Jugendliche vom Dachbodenfenster aus den Nachthimmel. Daher war mein Blick am Morgen sofort an dieser Überschrift hängen geblieben.

Analog-Astronaut:innen gesucht

Ich beschließe, die Arbeit für diese Woche zu beenden, den Rechner aber noch anzulassen und ein wenig zu recherchieren. Was soll das sein – »Analog-Astronaut:innen«? Mir fallen spontan nur analog statt digital und Analogkäse ein. Je mehr ich erfahre, desto aufgeregter werde ich. »Analog-Astronaut:innen (AA) sind speziell ausgebildete Raumanzugtester:innen. Sie werden nach einem umfassenden Auswahlverfahren selektiert und durchlaufen eine mehrmonatige Grundausbildung. Eingesetzt werden sie bei technischen Tests und ›in Analogie zu‹ zukünftigen menschlichen (Mars-)Expeditionen für vorbereitende Forschungs- und Entwicklungsarbeiten«, lese ich auf der Webseite des ÖWF. Das klingt wahnsinnig spannend. Ich spüre ein Kribbeln im Bauch, welches mir zeigt, dass ich einer großen Sache auf der Spur bin. Eilig scrolle ich weiter und lese von simulierten Mars-Missionen in Marokko, auf Gletschern oder in der Wüste des Omans, die das ÖWF bereits durchgeführt hat. Auf der Webseite erfahre ich auch, welche Bedingungen für eine Bewerbung erfüllt sein müssen.

Fließend Englisch und mindestens eine weitere europäische Fremdsprache werden erwartet. Da ich ein Jahr in den USA gelebt und Deutsch als Muttersprache habe, ist dieser Punkt schon einmal kein Problem. Mein Französisch ist seit der Schule leider etwas eingerostet, aber Grundlagen sind, ebenso wie in Spanisch und Latein, zusätzlich vorhanden.

Mindestens ein Master-Abschluss in Medizin, Ingenieurs- oder Naturwissenschaften sowie mindestens zwei Jahre Berufserfahrung sind nötig. Mit meinem Diplom in (Mikro-)Biologie und einem zweiten Diplom als Ingenieurin für Umwelttechnik und Recycling (FH) habe ich den Eindruck, auch diese Bedingung zu erfüllen.

Sportlichkeit ist ein Muss, und es gibt eine bestimmte Altersspanne. Als Freizeit-Läuferin, die erst vor Kurzem einen Halbmarathon absolviert hat, fühle ich mich auch diesem Kriterium gewachsen und bin froh, mit 37 Jahren im richtigen Alter zu sein. Auch meine 1,75 Meter Körpergröße passen in die vorgegebene Spanne. Zwar kann ich keinen Doktortitel vorweisen, da ich meine Doktorarbeit erst im Jahr zuvor begonnen habe. Auch einen Tauch- oder gar Pilotenschein, die unter »wünschenswert« angegeben sind, besitze ich nicht.

Trotzdem beschließe ich kurzerhand, mich davon nicht abhalten zu lassen. Vorbestraft bin ich auch nicht. Na also. Für mich steht fest: »Das versuche ich. Wer nicht wagt, der nicht gewinnt.« Wenn ich einmal einen Entschluss gefasst habe, stürze ich mich gern direkt in die Umsetzung. Also öffne ich meinen Lebenslauf und aktualisiere ihn. Eine Stunde später fahre ich dann wirklich den Rechner herunter und hole meine Fünfjährige vom Kindergarten ab.

Bis zum Sonntagabend habe ich ein Motivationsschreiben verfasst und ungefähr 100 Mal umgeschrieben. Auch ein einminütiges Bewerbungsvideo wird gefordert. Es stellt sich als Herausforderung heraus, professionell, aber locker eine Minute über sich zu sprechen. Besonders, wenn im Hintergrund drei Kinder Grimassen schneiden. Mein Drang zum Perfektionismus hätte gern noch weiter optimiert, doch mein Pragmatismus gewinnt. Nachdem die Kinder ins Bett gebracht sind, schicke ich meine Bewerbung ab. Als ich auf Senden drücke, fühle ich mich aufgekratzt. Auch wenn ich nicht wirklich glaube, dass daraus etwas werden wird, trägt mich allein die Vorstellung beschwingt durch die nächsten Wochen.

An einem Mittwochabend Ende Oktober schaue ich vor dem Schlafengehen noch einmal in meine E-Mails. Als ich auf dem Display meines Handys eine Nachricht mit dem Absender ÖWF sehe, macht mein Herz einen Hüpfer. Sie informiert mich, dass es über 100 Bewerber:innen aus ganz Europa gab und ich als eine von 30 Kandidat:innen Ende November zur nächsten Auswahlrunde in Innsbruck eingeladen bin. Prompt überkommt mich etwas Respekt vor der eigenen Courage. Wie komme ich auf die Idee, als dreifache Mutter aus der Kleinstadt ohne vorherigen Raumfahrtbezug bei so einer Auswahl eine Chance zu haben? Die nächsten Wochen verbringe ich zwischen Nervosität und Vorfreude. Ich erhalte ein Informationspaket mit logistischen und inhaltlichen Details. Mich erwarten Fitnesstests, medizinische Untersuchungen sowie psychologische und administrative Interviews. Auch Feinmotorik und Beweglichkeit sollen untersucht werden. Ich steigere mein Trainingspensum, gehe viel laufen und beginne mit Krafttraining, da ich vor dem Fitnessteil großen Respekt habe. Außerdem lese ich alles, was ich über die Missionen und Projekte des ÖWF sowie Analogforschung allgemein in die Finger bekommen kann.

Analogforschung

Ich erfahre, dass dieser Forschungszweig den Weg für zukünftige Missionen zum Mond und zum Mars bereiten will. Auch die Forschungsreisenden früherer Jahrhunderte wie beispielsweise Robert F. Scott und Ernest Shackleton bereiteten sich auf Polarexpeditionen durch Ausdauer- und Kälteanpassungstrainings in zugänglicheren Gebieten vor. Sie überprüften ihre Ausrüstung wie Zelte, Werkzeuge, Kleidung und Hundeschlitten auf ihre Eignung unter extremen klimatischen Bedingungen. Vorräte mussten in ausreichender Menge mitgenommen und Krankheiten wie Skorbut vorgebeugt werden. Außerdem entwickelten sie neue Technologien zur Unterstützung, zum Beispiel spezielle Kleidungsmaterialien oder Navigationsinstrumente. Auch die Auswahl der Expeditionsteilnehmenden sowie deren mentale Vorbereitung spielten eine wichtige Rolle.[3] Egal, in welchem Jahrhundert, Fehler in der Planung können fatale Folgen haben.[4] Nur knapp 58 Jahre vergingen zwischen dem ersten Menschen am Südpol (Amundsen 1911) und dem ersten Menschen auf dem Mond (Armstrong 1969). Auch die National Aeronautics and Space Administration (NASA) nutzte Analogforschung im Apollo-Zeitalter zur optimalen Vorbereitung der Mondflüge und -landungen. So führte sie in den 1960er-Jahren umfangreiche Trainingseinheiten in geologisch vergleichbaren Regionen wie Vulkanlandschaften auf Hawaii und Wüstenregionen in Nevada durch, um Astronauten mit der Mondoberfläche vertraut zu machen. Auch das Mondfahrzeug, das Lunar Roving Vehicle, wurde in wüstenähnlichen Gebieten getestet, um sicherzustellen, dass es auf der Mondoberfläche funktioniert. Die Landung mit dem Mondmodul trainierten die Astronauten im Simulator. Die Schwerelosigkeit im All wurde in Parabelflügen und Tauchtanks simuliert. Um ihre mentale Belastbarkeit zu stärken, verbrachten die Astronauten Zeit in isolierten Umgebungen. Sie übten Szenarien für alle möglichen technischen und physischen Probleme, die während des Flugs oder auf der Mondoberfläche auftreten könnten.[5, 6] Seither soll Analogforschung sicherstellen, dass künftige Missionen zum Mond und zum Mars entsprechend ausgerüstet sind, um ihre wissenschaftlichen Aufträge erfüllen zu können und hohe Aussichten auf Erfolg zu haben. In Analogie zu den geologischen Bedingungen an interessanten Landeorten auf dem Mars werden in möglichst ähnlichen Gebieten auf der Erde jeweils bestimmte Aspekte solcher Einsätze simuliert und vorbereitet.[7] Einige beschäftigen sich vorrangig mit der Ernährung bei langen Weltraumaufenthalten (z. B. Simulationen im Hawai'i Space Exploration Analog and Simulation (HI-SEAS) Habitat auf dem Mauna Loa Vulkan[8]) oder den psychologischen Aspekten von Langzeitisolation und Crew-Zusammensetzung (z. B. MARS-500 von Russland, der Europäischen Raumfahrtagentur (ESA) und China[9]). Andere fokussieren sich wie das ÖWF auf die Entwicklung von Raumanzügen, auf Geologie und die Interaktion von Menschen und Robotern (z. B. NASA Desert RATS (Research and Technology Studies) in der Mars Desert Research Station (MDRS) in Utha[10]). Letztendlich starten alle Astronaut:innen in diesem Sinne als Analog-Astronaut:innen, da simulierte Raumspaziergänge in Tauchbecken [11, 12], simulierte Schwerelosigkeit bei Parabelflügen und simulierte Beschleunigungskräfte in Zentrifugen weiterhin unabdingbare Bestandteile ihres Trainings sind.

Auf der Seite des ÖWF lese ich, dass die Organisation sich seit der Gründung Ende der 90er-Jahre als europäische Plattform für Weltrauminteressierte sieht. »Der Forschungseinrichtung gehören um die 250 Personen aus 20 Nationen an. Mit Mitgliedern aus allen Sektoren der Weltraum-Branche wie etwa aus Forschungsinstituten, Raumfahrt-Agenturen und -Industrie bis hin zu Studierenden engagiert es sich in Bereichen wie Bildung, Wissenstransfer und Satellitentechnik. In enger Zusammenarbeit mit anderen Weltraum-Organisationen konzentriert sich das ÖWF bei seinen Missionen auf die Entwicklung eines Raumanzug-Simulators sowie der Explorationskaskade, die von der Erforschung aus dem Orbit über die Erkundung durch Rover und Drohnen bis hin zu Außeneinsätzen durch Astronaut:innen reicht.«[13]

Die Welt der Polarexpeditionen, Mondlandungen und großen Raumfahrtagenturen, die sich beim Recherchieren vor mir eröffnet, zieht mich immer mehr in ihren Bann. Im Internet finde ich Trainingsdateien der ESA für räumliches Vorstellungsvermögen, Physik, Mathe und Reaktionsgeschwindigkeit. In jeder meiner – zwischen Arbeit und Kindern raren – freien Minuten gehe ich diese durch, um mich so gut es geht auf eine Auswahl vorzubereiten, von der ich keine wirkliche Vorstellung habe.

ZWEI:

DIE AUSWAHL – LAUFRUNDEN IM SCHNEE, REISKÖRNER SORTIEREN UND FRUSTRATIONSTOLERANZ

»It is not the world that will shape your destiny; it is your own soul that will determine your fate.«[14]

Maria W. Stewart (Abolitionistin, Frauenrechtsaktivistin, Dozentin und Schriftstellerin)

Endlich ist es so weit. Einerseits hätte ich gern noch mehr Zeit zur Vorbereitung. Andererseits bin ich froh, dass das Warten ein Ende hat. Lange bin ich nicht mehr so nervös gewesen, und ich mag das Gefühl nicht besonders. Schon am Freitag reise ich für das Wochenende nach Österreich. Die Fahrt durch die verschneiten Alpen ist spektakulär, und ich genieße es, einmal ohne Kinder unterwegs zu sein. In Innsbruck angekommen, marschiere ich frierend vom Parkhaus zur angegebenen Adresse der Höheren Technischen Bundeslehr- und Versuchsanstalt Innsbruck. Der Wind peitscht in schneidenden Böen durch die Straßen, und meine Hände sind vom Ziehen meines Koffers durch den Schneematsch schnell kaum noch zu spüren. Das ist jedoch direkt vergessen, als ich erleichtert das richtige Gebäude finde und den Ausschilderungen folge. Zumindest bin ich pünktlich am richtigen Ort! Ich bemühe mich, mir meine Nervosität nicht allzu deutlich anmerken zu lassen, und schaue mich nach Betreten des ausgewiesenen Hörsaals um. Eine freundliche junge Frau in einem roten ÖWF-T-Shirt begrüßt mich an einem Tisch neben der Tür und sucht meinen Namen in einer Liste. Ich bekomme ein Namensschild zum Umhängen, auf dem »Analog-Astronaut Candidate – B-Selection« steht. Dazu erhalte ich eins der roten T-Shirts sowie einen Beutel mit weiteren Materialien. An den Schildern kann ich nun auch erkennen, dass einige der anderen Anwesenden ebenfalls Kandidat:innen sein müssen. Wie jung die meisten sind! Wirkt es nur so, oder kennen sich manche schon? Ich bin, auch wenn es mir heute nicht mehr so stark anzumerken ist, ein sehr zurückhaltender und schüchterner Mensch. In meiner Jugend litt ich häufig darunter, dass ich, sobald ich nur angesprochen wurde, hochrot anlief. Auch wenn sich das im Laufe der Zeit gebessert hat, sind mir Situationen mit neuen Menschen noch immer unangenehm.

Wie so oft stellt sich nach dem ersten schüchternen »Hi« schnell heraus, dass die anderen ebenso nervös sind wie ich. Im Nu ergeben sich die ersten Unterhaltungen über unsere Erwartungen und Befürchtungen. Ich brauche ein paar Minuten, um mich in das teilweise stark italienisch, spanisch, niederländisch oder polnisch gefärbte Englisch einzuhören. Schnell bekomme ich mit, dass viele bereits Mitglied beim ÖWF sind und für die ESA oder Firmen im Raumfahrtbereich arbeiten. Es scheint so, als wäre ich eine der wenigen Laien, und es schwirren jede Menge Abkürzungen und Namen durch den Raum, die allen außer mir etwas zu sagen scheinen. Ich bin tief beeindruckt von den Lebensläufen und der geballten Expertise in diesem Raum.

Welche Temperatur hat der Erdkern?

Bevor ich mich allzu vielen Vergleichen und Selbstzweifeln hingeben kann, werden wir gebeten, unsere Plätze in mehreren Bankreihen einzunehmen. Dr. Gernot Grömer, der Direktor des ÖWF, hält eine mitreißende Begrüßungsrede und versichert uns, wie stolz wir darauf sein können, hier zu sitzen. Er erklärt, wie die nächsten Tage ablaufen werden, betont, wie wichtig Pünktlichkeit an den verschiedenen Test-Orten ist, und wünscht uns viel Erfolg und genauso viel Spaß. Dann starten wir direkt mit einem Allgemeinwissenstest, der mich gleich ins Schwitzen bringt: Geografie, Astronomie, Physik, Sport, Musik und grundlegende Matheaufgaben. Während mir der Erdumfang am Äquator gerade noch einfällt, muss ich bei anderen Aufgaben ganz schön im Gedächtnis kramen oder gar raten. »Welche Art Vulkan ist am wenigsten explosiv? Wie viele Saiten hat eine Violine? Welchen pH-Wert hat menschliches Blut?« Ich fühle mich unter Zeitdruck und höre frustriertes Seufzen um mich herum. Das beruhigt mich etwas. Zudem beschleicht mich der Verdacht, dass neben der Richtigkeit der Antworten auch genau beobachtet wird, wie wir uns in dieser Stresssituation verhalten.

Nach diesen ersten, durchaus frustrierenden 90 Minuten erhalten wir individuelle Pläne mit allen Test-Stationen, was dazu führt, dass wir für die nächsten beiden Tage in wechselnden Gruppen von Gebäudeteil zu Gebäudeteil und teilweise quer durch die Stadt zu einer Turnhalle und wieder zurück hasten. Manche Tests finden in Gruppen statt, andere in Einzelterminen.

Ich steuere einen kleinen Rover mit einer Fernbedienung durch einen Parcours und soll mehrere Proben mit einem Greifarm aufsammeln. Das klappt erstaunlich gut, was mich freut, da ich von einigen höre, dass es ihnen nicht gelungen ist. Nach dem Sehtest bin ich erleichtert, zu hören, dass ich Augen wie ein Adler habe. Da ich vor ein paar Jahren eine Laser-Korrektur meiner starken Kurzsichtigkeit hatte, war ich besorgt, das könnte ein Ausschlusskriterium sein. Der Hörtest zeigt zudem, dass ich überdurchschnittlich gut höre und auch einzelne Stimmen aus einem Stimmengewirr herausfiltern kann. Die restlichen medizinischen Untersuchungen stellen sich als Durchgehen eines Fragebogens nach Vorerkrankungen und

Risikofaktoren heraus. Das nachfolgende Vermessen der Körpermaße ist etwas gewöhnungsbedürftig – in Unterwäsche werden bei uns nicht nur Größe und Gewicht, sondern auch die Länge aller Gliedmaßen sowie die Reichweite der Bewegungen vermessen. Dazu beugen, strecken und verrenken wir uns nach Anweisungen teilweise liegend auf Tischen, teilweise stehend. Ich erfahre, dass dies der Absicherung dient, dass wir in den Raumanzügen des ÖWF arbeiten können. Diese sind nach NASA-Standards[15] gefertigt, sodass sie mit anderen Raumfahrtsystemen kompatibel sind.

Während ich auf meinen nächsten Termin warte, unterhalte ich mich mit Fiona, der einzigen anderen Deutschen. »Wäre es leichter zu ertragen, wegen unpassender Körpermaße auszuscheiden als aufgrund eines Fehlers, der vermeidbar wäre?«, fragt sie mich. Ich antworte: »Mir wäre Ersteres eindeutig lieber. Dann müsste ich mir keine Vorwürfe machen, dass ich mich besser hätte vorbereiten können.«

Mehr Fragen als Antworten

Die Wartezeiten zwischen den einzelnen Stationen verbringen wir in wechselnden Gruppen in Gängen auf dem Fußboden sitzend. Wir tauschen uns vorsichtig über die Erfahrungen und Eindrücke unserer Durchgänge aus. Ich bin unsicher, wie viel ich verraten darf oder möchte. Es herrscht eine seltsame Mischung aus Konkurrenz und Kooperation. Stets sind außerdem Personen im roten T-Shirt in unserer Nähe und beobachten uns mal mehr, mal weniger auffällig. Spekulationen über die wahren Inhalte der Tests machen die Runde.

»Der Allgemeinwissenstest war nur dazu da, um uns direkt zum Start zu verunsichern – keiner kann das alles wissen«, höre ich beim Vorbeigehen einen Hünen mit breiten Schultern und spanischem Akzent sagen. Ich meine mich zu erinnern, dass sein Name Fernando ist, und frage mich flüchtig, ob er den NASA-Maß-Vorgaben entspricht. Bei einem dieser Gespräche setzt sich Iñigo Muñoz Elorza zu uns, einer der Analog-Astronauten der Klasse von 2015. Seine langen dunklen Haare trägt er im Pferdeschwanz, und seine dunklen Augen blicken freundlich. Ich habe gehört, er soll Astronaut:innen-Trainer bei der ESA sein, und finde es etwas einschüchternd, mit einer der Personen zu sprechen, die bereits erreicht haben, was ich mir wünsche. Kurz bin ich mir unsicher, ob ich ihn mit Vornamen ansprechen soll. Doch Iñigo nimmt mir meine Scheu und plaudert völlig entspannt mit uns. Ich überlege mir eine möglichst tiefsinnige Frage, die mich zusätzlich wirklich interessiert: »Was hat dich am meisten überrascht, als du damals ausgewählt wurdest?« Iñigo berichtet, dass er nicht mit dem großen Interesse der Medien und besonders der Öffentlichkeit in seiner Heimatstadt gerechnet hätte. Noch ahne ich nicht, wie oft ich später an diese Antwort denken werde.

Am Abend gehen wir alle zusammen essen. Es ist laut und voll. Ich freue mich nach der langen Fahrt und den ersten anstrengenden Tests aufs Alleinsein und mein Bett. Gleichzeitig teilen wir alle die Vermutung, dass auch jetzt noch beobachtet wird, wie wir uns in der Gruppe verhalten, wenn wir glauben, die Tests seien vorüber. »Schlafen kann ich, wenn ich alt bin«, beschließe ich und nehme mir vor, die Zeit zu nutzen, um mehr über meine Mitbewerber:innen zu erfahren. Leider reicht der Abend nicht, um alle näher kennenzulernen. Von manchen bekomme ich gerade so den Namen und die Herkunft mit, von anderen erfahre ich den Beruf und ihre Motivation zur Bewerbung. Mit mir sind wir neun Frauen. Nur zwei von uns dreißig Kandidat:innen kommen aus Deutschland, vertreten sind außerdem vor allem Frankreich und Österreich, aber auch Portugal, Schottland, Italien, Spanien, die Schweiz, Dänemark, Griechenland, Irland, Großbritannien, Island, die Niederlande und Polen. Neben Ärzt:innen, Raumfahrt-Ingenieur:innen und Physiker:innen gibt es auch mehrere Pilot:innen, Astronom:innen und Extrem-Sportler:innen. Auch ein Fotograf ist dabei, Florian, der aus Österreich stammt und schon mehrere Missionen des ÖWF begleitet hat. Ich höre viel von Tauchen, Fallschirmspringen und Segeln. Kinder erwähnt kaum jemand, außer Jonathan, einem Briten, Fiona und mir. Jonathan ist mit Anfang 40 der Älteste von uns. Überhaupt scheint die überwiegende Mehrheit jünger als ich zu sein. Übervoll mit Eindrücken, Namen und Fakten, bin ich glücklich, gegen Mitternacht endlich meinen Kopf aufs Kissen sinken lassen zu können.

Tag 2

Der Samstag ist eine Wiederholung des Vortages, nur mit anderen Tests. Mein Highlight wird das psychologische Interview mit Alexandra de Carvalho, der zuständigen Psychologin. Mit ihren hüftlangen Haaren in einem langen Rapunzel-Zopf, einem ansteckenden Lachen und einer sehr angenehmen, offenen Art entspricht sie gar nicht meiner Vorstellung einer mich kritisch auf meine psychische Eignung hin durchleuchtenden Psychologin. Ich spüre, wie ich mich im Laufe des Gesprächs entspanne und die Fragen nicht mehr wie zu Beginn innerlich auf ihr wahres Ziel und die erwünschte Antwort hin abklopfe. Wahrheitsgemäß beantworte ich alle Fragen zu durchlebten Krisen, gemeisterten Herausforderungen, hypothetischen Situationen und meiner Vergangenheit. Am Ende weiß Alex alles über die Krebserkrankung meiner Mutter, die traumatische Schwangerschaft und Geburt meiner ältesten Tochter, meine schwierige Schulzeit als Außenseiterin und meine erst im Mai dieses Jahres entdeckte Hochbegabung. Sie entlockt mir, dass ich eine Mission abbrechen würde, wenn einer der mir nahen Menschen in ernster Gefahr wäre. Ein Armbruch bei einem meiner Kinder würde mich jedoch nicht zum Heimflug bewegen. Fast bin ich traurig, als sie sich für meine Offenheit bedankt und das Gespräch beendet.

Meine eigenen Antworten haben mir bewusst gemacht, wie viel ich schon erlebt und bewältigt und wie viel ich dadurch gelernt und an Ressourcen gesammelt habe.

Den Abend verbringen wir in einem Restaurant in der Innenstadt, und wieder führe ich mit den Personen an meinem Tisch spannende Unterhaltungen. Mit Daniel, einem Arzt aus Österreich, Chiara aus Italien und Jon aus Spanien verstehe ich mich besonders gut. Einerseits freue ich mich darauf, morgen Abend nach Hause zu fahren. Gleichzeitig bin ich jetzt schon traurig, diese Menschen vielleicht nie wiederzusehen.

Immer im Kreis

Mit dem Sonntag bricht der dritte und für mich möglicherweise letzte Testtag an. Er birgt für mich eine zusätzliche Herausforderung, denn schweren Herzens verpasse ich – zum ersten Mal in elf Jahren – den Geburtstag meiner ältesten Tochter, nur um in einer Turnhalle mit vier anderen Menschen in zwölf Minuten so viele Runden wie möglich zu rennen. Der Cooper-Test[16] dient der Überprüfung der Ausdauer und bringt mich an meine Grenzen. Als die Zeit abgelaufen ist, bin ich ungefähr 2400 Meter weit gerannt, was, wie ich im Nachhinein erfahre, für meine Altersgruppe ziemlich gut ist. In meiner Gruppe bin ich jedoch die Langsamste, und mehrfach überrundet zu werden, ist eine frustrierende Erfahrung. Meine Lungenflügel brennen, meine Beine zittern, doch die Qual ist noch nicht vorbei. Wir müssen uns auf Bänke stellen und nach vorn beugen, um mit den Fingerspitzen so weit wie möglich über unsere Fußspitzen hinaus nach unten zu reichen. Mit einem Lineal wird unsere Dehnbarkeit gemessen. Schließlich folgt noch ein Basketball-Spiel. Ich versuche, so wenig wie möglich hin und her zu rennen und trotzdem so auszusehen, als wäre ich nicht völlig am Ende, sondern hochmotiviert. Irgendwann ertönt der erlösende Abpfiff, und ich eile von der Turnhalle weiter zu meinem administrativen Interview. In diesem Gespräch möchte Gernot von mir wissen, wie ich zeitlich verfügbar wäre und ob meine Familie und meine Arbeitgebenden unterstützen würden, dass ich mich für mehrere Wochen auf eine Mission begebe. Ich bejahe beides, wohl wissend, dass für den Fall, dass dies tatsächlich Realität werden sollte, noch einige Gespräche notwendig sein werden.

Der Abschied von den anderen Kandidat:innen ist emotional. Die intensiven Tage haben uns zusammengeschweißt, aus Fremden ist in kurzer Zeit eine Schicksalsgemeinschaft geworden. Es werden Beteuerungen ausgetauscht, in Kontakt zu bleiben, E-Mail-Adressen und Ermutigungen machen die Runde. Spontan nehme ich mehrere Personen im Auto bis zum Flughafen in München mit. Auf der Fahrt nutze ich die Konzentration aufs Fahren als Vorwand, um nur zuzuhören. Wieder dreht sich die Unterhaltung um die ESA, das Deutsche Zentrum für Luft- und Raumfahrt (DLR), Personen aus dem Raumfahrtbereich und die International Space University (ISU), an der viele das Space Studies Program (SSP) absolviert haben. Ich versuche, mir so viel wie möglich zu merken und nicht so unwissend zu wirken, wie ich bin. Nachdem sich in München unter Dank und Umarmungen auch die Letzten verabschiedet haben, fahre ich müde, aber erfüllt den Rest der Strecke nach Hause. Zwischendurch muss ich auf einem Parkplatz anhalten und ein wenig schlafen, so übermüdet bin ich. Ich werde wohl ein paar Tage brauchen, um das Erlebte zu sortieren. Ob ich weiterkommen werde, kann ich überhaupt nicht einschätzen. Ich spüre aber, dass ich noch nicht bereit bin, diesen Traum, der gerade erst erwacht ist, schon wieder loszulassen.

Eine Runde weiter

Zum Glück muss ich diesmal nicht lange in Ungewissheit ausharren. Bereits vier Tage später erhalte ich eine E-Mail, die mich zu meiner Ausdauer, meiner Motivation und meinen Fähigkeiten beglückwünscht und mir versichert, wie beeindruckt das Team von mir war.

»Mit großer Freude informieren wir Sie darüber, dass wir Sie in die nächste Auswahlrunde, welche in zwei Wochen in Innsbruck stattfinden wird, einladen.«

Ich habe es tatsächlich unter die letzten 13 Kandidat:innen geschafft und fahre zwei Wochen später zur C-Selection dieselbe Strecke wieder gen Österreich. Diesmal nehme ich bereits von München mehrere Personen mit. Adam aus Großbritannien und Thomas aus den Niederlanden freuen sich wie ich über die geteilten Fahrtkosten. Mein Selbstbewusstsein ist seit dem letzten Mal etwas gewachsen. Das Wissen, dass ich aus dieser beeindruckenden Gruppe tatsächlich ausgewählt wurde, zeigt mir, dass meine Vielseitigkeit – oft als Schwäche im Vergleich zu Expert:innen auf einem einzelnen Gebiet wahrgenommen – hier ein großer Vorteil ist.

Am ersten Testtag, einem Sonntag Mitte Dezember, klingelt der Wecker bereits um 5:00 Uhr. Müde und frierend versammeln wir uns am Treffpunkt am Sillufer für einen morgendlichen Ausdauerlauf. Bei –4 °C joggen wir hinter einem jungen Mann, der sich als Aaron vorstellt, durch die eisige Dunkelheit. Zunächst führt uns der Weg durch ein Industriegebiet. Bald erreichen wir den Stadtrand, wo der Weg sich bergauf zu schlängeln beginnt. Durch den erstarrten Wald, über verharschten Schnee und rutschige Wege kämpfen wir uns zum Schloss Ambras. Die kalte Luft brennt bei jedem Atemzug in meinen Lungen. Erleichtert stelle ich fest, dass ich bei Weitem nicht die Langsamste bin, obwohl ich zugeben muss, dass Berge und ich nicht das ideale Laufpaar sind. Da ich glaube, dass es nicht auf Schnelligkeit, sondern auf Teamwork ankommt, lasse ich mich unauffällig zurückfallen, um den Personen hinter mir eine Chance zum Aufschließen zu geben. Alvaro, der vor mir läuft, erkennt meine Absicht und schließt sich mir an. Mit Galgenhumor und Anfeuerungsrufen motivieren wir die Gruppe und erreichen schließlich die oben wartende Hauptgruppe. Von hier aus haben wir einen traumhaften Blick auf die sich unter uns ausbreitenden Lichter der Stadt. Kaum haben wir ein wenig Atem geschöpft, geht es weiter: am Hang entlang, über schmale Wege und Holzbrücken, die über zugefrorene Bäche führen, bergab und zurück zum Startpunkt.

Eine Dusche ist uns nicht vergönnt. Wir ziehen uns nur schnell um und inhalieren dankbar den vorbereiteten Kaffee oder Tee samt Frühstück. Ein gewisses körperliches Unbehagen ist sicher auch Absicht. Die Astronaut:innen auf der Internationalen Raumstation (ISS) können ebenfalls nicht einfach schnell duschen, wenn sie vom Sport verschwitzt sind. Ich ergattere noch einen zweiten Kaffee, dann versammeln wir uns im ehemaligen Hauptquartier des ÖWF, in dem diese Testrunde stattfindet. Während des Begrüßungsmeetings beäugen wir gespannt die vier Kandidaten, die in dieser Runde zu uns stoßen. Liad, Gilad, Elishai und Alon kommen aus Israel, dem Partnerland für die nächste geplante Mission. Sie wurden als nicht-europäische Kandidaten separat in ihrem Land ausgewählt, und zwei von ihnen werden am Ende gemeinsam mit uns das Basistraining durchlaufen. Viel Zeit für Neugier bleibt jedoch nicht, bevor die Tests des heutigen Tages starten. Die erste Herausforderung soll neben unseren Englisch-Kenntnissen überprüfen, wie schnell wir neue Inhalte erfassen, aufbereiten und wiedergeben können. Dazu lauschen wir einem Forscher der Universität Glasgow, der einen mit Fakten gespickten Vortrag über Geologie und Vulkanologie des Mars hält. In rasendem Tempo mache ich mir Notizen, um keine Information zu verpassen. Ich lerne unter anderem, dass der Mars nahezu vollständig durch Satelliten kartiert wurde. Damit ist seine Oberfläche besser erforscht als manche Teile der Erde. Die irdischen Ozeane und besonders die Tiefsee sind nämlich bisher nur zu etwa 20 Prozent erfasst.[17] Außerdem erfahre ich, dass die Valles Marineris auf dem Mars eines der größten Grabenbruchsysteme im Sonnensystem sind und mit 7000 Metern Tiefe rund dreimal so tief wie der Grand Canyon. In den folgenden 20 Minuten Vorbereitungszeit zermartere ich mir den Kopf, wie ich das eben Gehörte möglichst knapp und korrekt, aber auch spannend wiedergeben kann, und beschließe dann, es als Vorteil zu betrachten, dass ich erst einmal zu einer anderen Aufgabe wechseln muss. So bleibt mir etwas Zeit, um die schwirrenden Informationen in meinem Kopf zu ordnen.

Ich soll zunächst meine literarischen Fähigkeiten unter Beweis stellen und innerhalb von 30 Minuten einen Blogbeitrag über meine bisherigen Erfahrungen während des Auswahlprozesses schreiben. Tatsächlich fließt der Text mühelos in die Tasten. Dann ist es so weit, und wir haben pro Person vier Minuten Zeit, um unseren Vortrag zu halten. Zusätzlich zu den Kandidat:innen sind etwa 50 weitere Personen einem Aushang mit Ankündigung gefolgt. Wie schon erwähnt, bin ich nicht gerade fürs Scheinwerferlicht geboren. Vor anderen zu sprechen, war in der Schulzeit mein absoluter Horror. Doch getreu dem Motto »fake it till you make it« ignoriere ich die aufsteigende Gesichtsröte und biete meine Fakten halbwegs kohärent dar. Ich erhalte sogar einige Lacher zu meinen geplanten Pointen und wohlwollenden Applaus, als ich erleichtert zurück zu meinem Platz gehe – und meine schweißnassen Hände unauffällig an meiner Hose abwische.

Mein persönliches Highlight folgt auf dem Fuße. Bei der nächsten Aufgabe sitzt jede:r von uns vor einem Pappteller mit weißen und schwarzen Reiskörnern und erhält ein Paar Essstäbchen. Es wird erklärt, dass unsere Feinmotorik geprüft werden soll und wir die Reiskörner, ohne sie mit unseren Händen zu berühren, farblich trennen und dabei zählen sollen. Ich fühle mich wie Aschenputtel, und eine Stimme in meinem Kopf wiederholt während der nächsten 60 Minuten unablässig »die guten ins Töpfchen, die schlechten ins Kröpfchen«. Schnell habe ich mir ein System überlegt, bei dem ich mit dem breiten Ende der Stäbchen die Körner in Häufchen zu je zehn Körnern schiebe. Ich gerate bei solchen Aufgaben, wenn ich mich voll konzentriere, leicht in eine Art Tunnel und arbeite daher zufrieden vor mich hin. Erst als ich durch ein Fluchen und Poltern, mit dem einer der Kandidaten frustriert seinen Teller von sich schiebt und aus dem Raum stürmt, aus meiner Konzentration gerissen werde, fällt es mir auf: Mindestens zehn Personen laufen zwischen den Tischen hin und her, atmen den Kandidat:innen über die Schulter, klicken mit Kulis neben ihren Ohren, schieben Stühle geräuschvoll über den Boden oder stoßen sogar an Tische. Nach einer Dreiviertelstunde geht eine besonders perfide Person herum und schüttet neue Reiskörner auf die fast fertig sortierten Teller. Zu ihrer Ehrenrettung sei gesagt, dass sie dabei ziemlich schuldbewusst dreinschaut. Spätestens an dem Punkt ist mir klar, dass vielmehr – oder zumindest ebenso – unsere Frustrationstoleranz und Konzentrationsfähigkeit bei repetitiven Tätigkeiten unter Stress getestet werden. Verstohlen schaue ich in die teils recht verkniffenen Gesichter um mich herum und stelle mir vor, wie mindestens zwei meiner Kinder parallel »Mamaaa!« rufen, während ich Essen koche, das Handy für ein Organisationstelefonat zwischen Schulter und Ohr geklemmt. Ich verkneife mir ein Lächeln. Das ist mal ein Test, auf den ich optimal vorbereitet bin.

Am Nachmittag stehen diverse Teambuilding-Übungen auf dem Programm. Wir treffen uns in einem anderen Gebäudeteil, den wir in der kurzen Pause zwischen zwei Testblocks erreichen müssen. Emmanuelle aus Frankreich kommt mit einigen Minuten Verspätung an und vergießt in ihrer stressbedingten Verzweiflung einige Tränen. Während ich beruhigend mit ihr rede, kann ich mich des Gedankens nicht erwehren, dass auch dieser Umgang mit Orientierung, Pünktlichkeit und Zeitdruck unseren Beobachter:innen nicht verborgen bleiben wird. Ich habe großes Mitgefühl mit Emmanuelle, die mir besonders im Sportteil des ersten Auswahlwochenendes um Längen überlegen war. Wir nehmen uns gemeinsam vor, uns die Freude an der Erfahrung nicht durch stete Gedanken an Auswahlkriterien verderben zu lassen. Im Laufe des Nachmittages frage ich mich sogar mehrmals, ob es überhaupt in Ordnung ist, so viel Spaß bei einer so ernsten und wichtigen Sache zu haben. Ich freue mich, mehr Zeit mit den anderen Kandidat:innen verbringen und endlich mit ihnen zusammenarbeiten zu dürfen. Wir stapeln Holzklötze, die durch miteinander verschlungene Seile verbunden sind, in gemeinschaftlicher Arbeit zu einem Turm. Dann haben wir in drei Gruppen 15 Minuten Zeit, um Papierflieger zu konstruieren. Das Team, dessen Flieger die weiteste Strecke schafft, gewinnt. Was spielerisch klingt und auch von viel Lachen und wohlwollendem Necken zwischen den Teams begleitet wird, hat einen ernsten Hintergrund. Ich spüre an mir selbst, wie ich einerseits gern die Führung übernehmen und meine Lösungsideen umsetzen möchte. Andererseits traue ich dann doch eher dem Ansatz des Raumfahrtingenieurs in meinem Team. Wir überlassen recht einvernehmlich ihm die Führung und setzen um, was er uns sagt. Diese Entscheidung erweist sich als richtig, als unser Flieger unter lautem Jubel bis ans andere Ende des Parkplatzes gleitet. Sieg!

Wie werden Menschen ausgewählt, die unter extrem anspruchsvollen und potenziell gefährlichen Bedingungen für lange Zeit isoliert arbeiten sollen? Welche Charaktere, Fähigkeiten und Eigenschaften sind dabei besonders förderlich oder hinderlich? Wie ergänzen sich diese Menschen bestmöglich in einem Team? Diese Fragen beschäftigen die Forschung schon lange. Ob bei Expeditionen, auf Bohrinseln, im Militär, auf Forschungsstationen in der Antarktis oder auf einer Raumstation – ob eine Gruppe von Menschen unter extremen Bedingungen erfolgreich ist oder es zum Desaster kommt, hängt zu einem großen Teil von genau diesen Faktoren ab. Die Raumfahrt greift auf eine Tradition von Auswahlverfahren zurück, die in der Mitte des 20. Jahrhunderts vor allem Testpiloten mit militärischem Hintergrund und Eigenschaften wie Belastbarkeit, Durchsetzungsvermögen und Risikobereitschaft selektierten. Sie wurden zu Astronauten ausgebildet, deren Hauptaufgabe die Steuerung von Raumschiffen war. Je mehr diese von der Technik übernommen wurde, desto stärker verlagerte sich der Schwerpunkt zu längeren Forschungsaufenthalten im All. Die Anforderungen an Astronaut:innen wurden vielfältiger. Um als Crew viele Wochen und Monate auf der ISS oder später bei einer Reise zum Mars zurechtzukommen, sind weitere Eigenschaften gefragt. Neben dem Abwägen und Eingehen von Risiken müssen Astronaut:innen zusätzlich anpassungsfähig sein, sozial kompatibel mit ihrem Team interagieren und Konflikte lösen können. Es werden Personen ausgewählt, die mit Phasen der Langeweile oder Eintönigkeit gut zurechtkommen, die aber genauso gut mit stressigen Momenten umgehen können, in denen alles auf einmal geschieht und Ruhe, Kreativität und Flexibilität gefragt sind. Die Fähigkeiten, schnell neue Sachverhalte zu erfassen, verschiedene Sprachen zu sprechen und sowohl intellektuell-wissenschaftlich als auch manuell-technisch zu arbeiten, werden genauso wie körperliche Fitness als Grundlagen vorausgesetzt. Besonders wichtig sind außerdem Vielfalt und Zusammensetzung der Teams. Verschiedene Fähigkeiten und Persönlichkeiten sollten sich in einer Gruppe ergänzen, denn am Ende ist es Teamarbeit, die zum Erfolg führt.[18, 19, 20]

All das ist mir an diesem Nachmittag im Winter 2018 noch nicht bewusst. Daher folge ich bei der für mich unangenehmsten Aufgabe des Tages meinem Bauchgefühl. Jede:r von uns soll – zu meiner Erleichterung jeweils einzeln – benennen und begründen, welche sechs Personen wir in der Endauswahl sehen. Am leichtesten finde ich es noch, mich selbst auf Platz drei meiner Liste zu setzen. Selbstverständlich bin ich in meiner Endauswahl dabei! Weder sehe ich mich in Führung noch an letzter Stelle. Schwerer finde ich die übrige Auswahl. Da sind einmal Menschen wie Alon, Daniel, Robert oder auch Emmanuelle, die mir überaus sympathisch sind. Es gibt auch einzelne Personen, die mir zu dominant erscheinen und bei den Tests ihre Ellbogen so sehr benutzten, dass sie mir unangenehm auffielen. Andere blieben so ruhig und unauffällig, dass ich sie entweder unterschätze oder sie tatsächlich den Aufgaben im Zweifel nicht gewachsen wären. Gehe ich allerdings nicht nur nach Sympathie, sondern überlege auch, wer in einer Krise ein Ruhepol wäre oder wem ich zutraue, ein technisches Problem kreativ zu lösen, so muss ich schweren Herzens manche Personen auf meiner Liste weiter nach unten und andere nach oben schieben. Am Ende ringe ich mich zu einer Auswahl durch und fühle mich dabei irgendwie schuldig. Alle hier sind unglaublich tolle Menschen, und meine Auswahl hätte definitiv mehr als sechs Plätze, wenn es möglich wäre! Natürlich frage ich mich im Anschluss, ob ich bei den anderen Kandidat:innen auf der Auswahlliste stehe und welchen Einfluss unsere Einschätzungen auf die finale Entscheidung haben werden.

Diese Aufgabe holt mich aus der kameradschaftlichen Stimmung des Nachmittages zurück in die Realität der Konkurrenzsituation. Umso mehr genieße ich es im Anschluss, ohne jeden Druck einfach nur zuhören und zuschauen zu können. Wir erhalten eine Einführung in die Elektronik und den Aufbau der beiden Raumanzug-Simulatoren, mit denen die Analog-Astronaut:innen des ÖWF ihre Extravehikulären Aktivitäten (EVA) – Ausflüge außerhalb des Habitats – durchführen. Ich bin von der Komplexität der Hardware mit ihrer Vielzahl an Teilen, Sensoren und Begriffen regelrecht überwältigt. Mein Respekt vor der Technologie und der potenziellen Aufgabe, mit diesen 50 Kilogramm schweren »Raumschiffen zum Anziehen« zu arbeiten, wächst immer mehr. Der Abschluss des Tages mit einem Film über die Mars2013-Expedition des ÖWF in Marokko[21] ist genauso beeindruckend. In unserer Unterkunft zaubert Simone aus Italien Spaghetti Carbonara für unsere Gruppe, und wir diskutieren noch lange unsere Eindrücke des Tages.

Auf Herz und Nieren geprüft

Am nächsten Tag steht für mich die medizinische Untersuchung im Universitätsklinikum an, bei der wir im wahrsten Sinne des Wortes auf Herz und Nieren geprüft werden. Ein Shuttle bringt uns in Gruppen von jeweils vier Personen in das eine Viertelstunde von Innsbruck entfernte Institut für Sport-, Alpinmedizin und Gesundheitstourismus. Während wir warten, wächst meine Nervosität. Heute kann ich nichts beeinflussen, es bleibt nur zu hoffen, dass keine Auffälligkeiten festgestellt werden, die ein Ausschlusskriterium darstellen. Robert aus Innsbruck und Adam sind die Ersten, die hereingerufen werden, während Daniel und ich die Wartezeit nutzen, um ein einminütiges Gruß-Video aufzunehmen. Als weitere Aufgabe sollen wir dieses bis zum Nachmittag hochgeladen haben. Schließlich bin ich an der Reihe, Blut und Urin abzugeben, gemessen, gewogen, abgehorcht und auf meine Reflexe getestet zu werden. Ich beantworte nicht enden wollende Fragen zu meiner Familien- und Krankheitsgeschichte, meiner Ernährung und sonstigen Gewohnheiten. Anschließend werde ich verkabelt, bekomme eine Maske aufgesetzt und darf auf einem Trainingsrad nach Kräften in die Pedale treten. Während über eine Viertelstunde hinweg der Widerstand immer weiter erhöht wird, erhalte ich ein gerinnungshemmendes Mittel. An meinem Ohrläppchen wird alle paar Minuten Blut abgenommen, um die Sauerstoffsättigung und die Stoffwechselprodukte zu messen. Zunächst gehe ich das Ganze noch recht gelassen an. Dann bricht mir jedoch der Schweiß aus, und irgendwann kann ich nur noch im Stehen fahren. Meine Beinmuskeln brennen wie Feuer, meine Lungen lechzen nach Sauerstoff, die Maske verursacht mir Erstickungsgefühle, und mein Ohrläppchen pulsiert schmerzhaft. Dermaßen verausgabt habe ich mich lange nicht mehr. Ich beiße die Zähne zusammen und zwinge mich, auch bei der nächsten Widerstandsstufe noch durchzuhalten. Die drängende Musik, die zur Unterstützung abgespielt wird, hilft mir genauso wie die innere Stimme, die mich anfeuert: »Halte durch! Gleich darfst du ausruhen! Nur noch eine Minute!« Schließlich kann ich beim besten Willen nicht mehr und signalisiere, dass ich abbreche. Verstohlen werfe ich einen Blick auf mein EKG und sehe zu meiner Beruhigung, wie sich meine Werte relativ schnell wieder erholen. Zwar habe ich die Belastung nicht ganz so lange ausgehalten wie einige der anderen Kandidat:innen, dafür zeigen meine Erholungswerte, dass ich fit, trainiert und belastbar bin. Auch der Lungenfunktionstest, bei dem ich tief einatmen und so kraftvoll und lange wie möglich in ein Röhrchen ausatmen soll, verläuft zufriedenstellend. Einmal mehr bin ich froh, dass ich nie auf die Idee kam, zu rauchen. Nach einem letzten Arztgespräch tauche ich nach mehreren Stunden zerstochen, erschöpft und verschwitzt aus den Gängen des Krankenhauses wieder auf.

Zurück in Innsbruck, ist uns diesmal eine Dusche vergönnt. Etwas erholt und von einem Imbiss gestärkt, starte ich in den Nachmittag. Diesmal geht es vor allem um unsere kommunikativen Fähigkeiten. Gemeinsam mit Adrianos aus Griechenland, der als Arzt bei der ESA arbeitet, soll ich abwechselnd ein Bild beschreiben und zeichnen. Das Schwierige ist, dass nur die beschreibende Person das Bild sieht und die jeweils andere anhand der Beschreibung eine möglichst ähnliche Kopie zustande bringen soll. Dank Adrianos' ruhiger und freundlicher Art ist am Ende sogar eine Ähnlichkeit zwischen Original und Kopie erkennbar. Nach dem anstrengenden Vormittag erlebe ich den Rest des Tages in einer Mischung aus Erschöpfung und vergleichsweiser Entspannung. Dinge, die mir vor zwei Tagen noch Kopfzerbrechen bereitet hätten, fühlen sich jetzt im Vergleich trivial an.

Im Exoskelett bei der Feuerwehr

Der letzte Auswahltag bricht an. Am Dienstagvormittag stelle ich mich einem weiteren administrativen Interview. Vor mir sitzt eine Gruppe aus ÖWF-Vorstand, Analog-Astronaut:innen des vorhergehenden Jahrgangs sowie Psycholog:innen und Ärzt:innen. Die Fragen nach meiner Verfügbarkeit, meiner Motivation, meiner Bereitschaft zu Interviews, öffentlichen Auftritten und Reisen sind konkret und komplex. Ich bemühe mich, wahrheitsgemäß und ausführlich zu antworten, ohne Zusagen zu machen, die ich später nicht einhalten kann. Auf keinen Fall möchte ich mir mit meinen Antworten diese einmalige Chance verbauen, gleichzeitig fällt es mir bei aller Begeisterung und Motivation schwer, abzuschätzen, wie viel Zeit ich tatsächlich würde aufbringen müssen und wie meine Arbeitgebenden und Familie mittel- und langfristig reagieren würden. Auf alle Fälle wird mir klar, dass wir nicht nur über die nächsten Wochen, sondern die nächsten fünf bis zehn Jahre sprechen und welch große Verantwortung ich übernehme, sollte ich zusagen und auch ausgewählt werden.

Meine Familie muss derweil eine Woche vor Weihnachten im größten Feiertagsvorbereitungsstress ohne mich zurechtkommen, damit ich im Anschluss an das Gespräch mit einem 25 Kilogramm schweren Rucksack voller Wasserflaschen auf dem Rücken und einem einschränkenden Exoskelett aus Metall an Armen und Beinen fünf Stockwerke der Innsbrucker Feuerwehr runter- und wieder hochlaufen kann. Die letzten Stufen ziehe ich mich mehr am Geländer hinauf, als dass ich steige, hochrot im Gesicht und laut schnaufend. Mit vor Anstrengung zitternden Muskeln versuche ich, die Muttern, die ich im Keller aus einem Haufen ausgewählt habe, oben auf die passenden Schrauben zu drehen. Dass ich drei Schichten Handschuhe trage, durch die ich keinerlei Fingerspitzengefühl mehr habe, hilft dabei nicht. Frustriert stelle ich fest, dass ich die falsche Mutterngröße gewählt habe. Als ich bemerke, dass auch noch eine Kamera auf mich gerichtet ist, muss ich ob der Absurdität der Situation doch lachen. Zurück im Wartebereich bei den anderen Kandidat:innen, höre ich: »Bist du auch wieder runtergegangen, um eine passende Mutter zu holen?«

Sofort frage ich mich, ob es richtig war, stattdessen um Hilfe zu bitten und die passende Mutter gereicht zu bekommen. Auch an diesen Tagen fühlt sich alles wie ein Test in einem Test an. Wo sich tatsächlich mehrere Faktoren in einem angeschaut werden und wo dieses Gefühl täuscht, wird nie aufgeklärt. Sicher ist nur, dass wir alle diese Art Paranoia entwickeln und nie erfahren, wie wir abgeschnitten haben und welche Lösung oder Antwort die richtige gewesen wäre.

Der Abschied am späten Nachmittag fällt eilig und gedämpft aus. Wir sind alle übervoll mit Eindrücken. Bei der Heimfahrt spüre ich, wie die dauerhafte Anspannung ein wenig nachlässt und die Erschöpfung mich überrollt. Gleichzeitig will mein Kopf nicht zur Ruhe finden, und ich grüble über Möglichkeiten und Eventualitäten. An diesem Wochenende habe ich mich weitaus weniger außerhalb meiner Komfortzone gefühlt als bei der ersten Auswahlrunde. Mit jedem Tag wuchs mein Gefühl von »Arsch auf Eimer«. Ich glaube, ich habe einen Ort gefunden, an dem alles von mir gewünscht ist und gebraucht wird, wo ich nichts zurückhalten muss und wo ich gewollt werde, *weil* ich bin, wie ich bin, und nicht, *obwohl* ich bin, wie ich bin. Zwar habe ich Angst davor, zu sehr zu hoffen und dann enttäuscht zu werden. Dennoch habe ich ein gutes Gefühl. Das Warten fühlt sich dann trotzdem fast unerträglich an.

Es ist zwei Tage vor Weihnachten, als mein Telefon klingelt und Gernot verkündet: »Du bist dabei, wir haben uns für dich entschieden.« Ich spüre, wie das Adrenalin in meinem Hinterkopf kribbelt, wie mein Herz einen Hüpfer macht, und springe vor Freude und überschäumendem Glücksgefühl auf und nieder. Außer mir wurden Dr. Adam Crellin (Arzt aus Großbritannien), Dr. Adrianos Golemis (Arzt aus Griechenland), Dr. Robert Wild (Physiker aus Österreich/USA), Dr. Simone Paternostro (Raumfahrtingenieur aus Italien) und Dr. Thomas Wijnen (Astrophysiker aus den Niederlanden) ausgewählt. Aus Israel sind Liad Yosef (Verhaltensökonom und IT-Spezialist) und Alon Tenzer (Neurowissenschaftler und KI-Ingenieur) dabei. Kurz bin ich enttäuscht, dass ich die einzige Frau bin. Dann tanze ich jedoch – eher untypisch für mich – laut jubelnd durchs Haus. Das ist das beste Weihnachtsgeschenk überhaupt!

DREI:

VOM ÜBERLEBEN IN DER WILDNIS BIS ZUM ANDOCKEN AN DIE ISS IM SOJUS-SIMULATOR

»I do not study to learn more, but to be ignorant of less.«[22]

Sor Juana Inés de la Cruz (Nonne und Dichterin)

Weihnachten und der Jahreswechsel kommen und gehen. Die Wochen ziehen ins Land, der Alltag hat mich wieder, und langsam verblassen die Tage in Innsbruck. Ich konzentriere mich auf die Interviews mit Expert:innen im öffentlichen Gesundheitsdienst, die ich für meine Doktorarbeit in Gesundheitswissenschaften in ganz Deutschland durchführe. Ich bin viel unterwegs und versuche, Arbeit und Familie zu balancieren. Gerade, als die Auswahl immer mehr wie ein ferner Traum erscheint, beweist mir eine Reihe von E-Mails, dass alles wirklich passiert ist. Wir werden daran erinnert, noch Stillschweigen über unsere Auswahl zu bewahren. Erst nach unserer Grundausbildung und einer erfolgreich bestandenen Abschlussprüfung wird das Medienteam des ÖWF die neuen Analog-Astronaut:innen bekannt geben. Bis dahin gelten wir als Kandidat:innen. Zu meiner Freude ist es endlich so weit – wir beginnen mit unserem mehrmonatigen, die verschiedensten Themenbereiche umfassenden Basistraining.

Block I – April 2019 in Innsbruck

Ende April begebe ich mich erneut auf den Weg nach Innsbruck. Am Münchner Flughafen sammle ich Thomas, Simone und Alon ein – zum ersten Mal begegnen wir uns ohne jeden Konkurrenzdruck als Team, und die Wiedersehensfreude ist riesig. In Innsbruck angekommen, checken wir in die Jugendherberge ein. Wir begrüßen Adam, das jüngste Mitglied unseres Teams, sowie Adrianos und ziehen amüsiert Vergleiche zwischen dem Komfort unseres winzigen Sechsbettzimmers und einer Raumkapsel. Noch am selben Abend begrüßen wir Gernot, Robert und Liad im Suitlab, dem neuen »Hauptquartier« des ÖWF, mit herzlichen Umarmungen. Wir erhalten eine erste Übersicht über die Trainingsinhalte, die uns in den nächsten Monaten erwarten. Mir erscheint es einschüchternd viel, gleichzeitig freue ich mich sehr auf viele der Themen und Aktivitäten. Ab und zu halte ich einen Moment inne und kann es noch nicht ganz fassen, dass ich wirklich hier bin.

Neben einer Grundausstattung von mit Länderflagge und Namensschild personalisierten Overalls bekommen wir T-Shirts für verschiedene Anlässe. Dann machen wir uns mit den Laborregeln vertraut. Eine zurückhaltende junge Frau mit kurzen Locken stellt sich uns als Ilse vor. Sie ist Teil des Analog Astronaut Support Teams (AA-S), welches uns in allen Aspekten von der Organisation von Medienterminen über die Koordination von Ausrüstung bis hin zu persönlichen Anliegen unterstützt. Auch Claudia vom AA-S lernen wir an diesem Wochenende kennen. Als Ground Controller für das Columbus Modul der ISS arbeitet sie in einer sehr verantwortungsvollen Position und bleibt mir eindrücklich in Erinnerung. Sie ist einer der am besten organisierten, hilfsbereitesten und dabei herzlichsten Menschen, denen ich je begegnet bin.

Wir erhalten einen Einblick in das »3S-Prinzip«, welches für alle Missionen des ÖWF an erster Stelle steht – Safety, Science, Simulation. Sicherheit als oberstes Gebot erscheint mir beruhigend und vernünftig. Ich bin gespannt auf die Situationen, in denen Wissenschaft und Simulationstreue Widersprüche hervorbringen. Mir scheint, dort sind die größten Lerneffekte zu erwarten. Der Abend schließt mit einer ersten kurzen Erläuterung des typischen Aufbaus aller Arbeitsanweisungen, Procedures genannt. Als Beispiel dienen die Übungen, die wir in den nächsten Monaten mit den verschiedenen Schichten an Handschuhen durchführen werden, die zum Raumanzug-Simulator gehören. Mir ist der Aufbau solcher Anweisungen aus meiner Arbeit im Labor bekannt, sodass ich mich voll und ganz auf die Handschuhe konzentrieren kann. Wie es ist, mit einer Lage Baumwollhandschuhen gegen Schwitzen, darüber Exoskelett-Handschuhen, welche die Bewegungen erschweren, und ganz außen dicken Handschuhen aus festem Gewebe zum Schutz zu arbeiten, weiß ich noch aus dem Auswahlverfahren. Unvergessen die Erfahrung, zitternd und verschwitzt Muttern auf Schrauben zu drehen. Und siehe da, diese Übung werden wir zukünftig auch als Training für unsere Feinmotorik nutzen. Jeweils zwei von uns nehmen die Handschuhe zwischen den Trainingsblöcken mit nach Hause. Neben weiteren Übungen wie Schnürsenkelbinden, Bällerollen und Papierfalten sollen wir möglichst viele Tätigkeiten im Alltag damit ausführen. Dass mein Ausräumen des Geschirrspülers mit den Handschuhen es später sogar in die BILD-Zeitung schaffen würde, kann ich an dieser Stelle noch nicht ahnen.

Achtung, Falle – Medientraining

Die Nächte sind kurz und die Tage lang – dieser Rhythmus aus dem Auswahlprozess bleibt in den Trainingsblöcken bestehen. Der nächste Morgen beginnt früh mit einem ersten Medientraining. Kaum haben wir es uns mit einem Kaffee auf den Stühlen des Seminarraums bequem gemacht, erscheint Monika Fischer, die Leiterin des Medienteams des ÖWF, auf dem großen Bildschirm an der Wand. Sie geht mit uns eine Reihe von Fragen durch, die uns helfen sollen, klare Antworten auf medienrelevante Themen zu formulieren. »Wie lässt sich der Reiz einer Mars-Mission beschreiben? Was können wir aus Flügen ins All für das Leben auf der Erde lernen?« Ich merke, dass ich noch sehr langatmig und unsicher antworte. Die vielen »Ähms« in den Antworten meiner Teamkollegen spiegeln meine eigenen wider. Ich beginne zu ahnen, welche Herausforderung hier auf uns wartet.

In einem abrupten Wechsel, der für die nächsten Monate typisch sein wird, schließen sich völlig andere Themen an. Nach einer Vorlesung zum Thema Planetologie bei Gernot geht es weiter mit Florian Voggeneder, dem Fotografen, den wir schon aus der Auswahl als Kandidat kennen. Er ist der Missionsfotograf des ÖWF und erläutert uns an faszinierenden Aufnahmen von den Missionen im Oman, in Marokko und auf dem Kaunertalgletscher verschiedene Techniken und fotografische Grundkenntnisse. Atemberaubend schön kontrastieren Fotos der schroffen Wüstenlandschaft mit den markanten Raumanzug-Simulatoren. Florian erklärt uns geduldig und mitreißend die Bedeutung von Apertur, Blende und Fokus sowie die Nutzung von Licht und Schatten. Seine Begeisterung für visuelles Storytelling inspiriert mich. Später am Tag dürfen wir dann praktisch üben. Mit ausgeliehenen Kameras haben wir zwei Stunden Zeit, um drinnen und draußen Fotos mit verschiedenen Aussagen und Techniken anzufertigen. Ich finde zunehmend Spaß an der Sache und nehme mir vor, auch daheim wieder öfter zur Kamera zu greifen.

Als Nächstes steige ich in meinen neuen Overall und höre zum ersten Mal, wie sehr ich darin an Captain Kathryn Janeway aus der Serie *Star Trek: Voyager* erinnere. Mit uns allen wird nacheinander ein kurzes Vorstellungsvideo aufgenommen. Es ist eine für mich ungewohnte Erfahrung, vor der Kamera zu stehen. Obwohl ich meine wenigen Textzeilen zuvor auswendig gelernt habe, benötige ich ein paar Versuche, um meinen Gesichtsausdruck und meine Haltung zu koordinieren, mein unsicheres Lachen zu kontrollieren und dazu meinen Text zum richtigen Zeitpunkt fehlerfrei abzuliefern. Im Anschluss daran blenden uns die Blitzlichter, als Florian die offiziellen Porträtfotos für unsere Pressemappen anfertigt. Mein Lächeln fühlt sich nach einer Weile etwas gezwungen an, aber die fertigen Bilder können sich sehen lassen.

Bei der nächsten Station erwartet mich Ilse für ein Handschuhtraining. Ich ziehe die drei Schichten an und versuche, ein magnetisches Molekülmodell zusammenzusetzen, während ich auf einem Wackelboard stehe. Nach nur einer halben Stunde spüre ich jeden Muskel in meinem Körper. Die Übung vermittelt mir eine erste Idee von der Herausforderung, einfache Bewegungen in einem Raumanzug auszuführen.

Eine meiner Lieblingsaufgaben der gesamten Ausbildung ist die Buchrotation. Wir erhalten zu jedem Training ein Buch, welches wir lesen und beim nächsten Block im Ringtausch weitergeben sollen. Besonders begeistert mich *Carrying the Fire* des NASA-Astronauten Michael Collins. Ich lerne nicht nur jede Menge spannende Dinge über die Geschichte der Raumfahrt und Meilensteine der Forschung und Technik. In diesem Buch begegnet mir auch ein Thema, welches mich seither mehr und mehr begleitet – der menschliche Faktor. Wie einsam fühlt es sich an, als einziger Mensch in einer kleinen Blechkapsel auf der Rückseite des Mondes zu schweben und zu wissen, dass sich der Rest der Menschheit jenseits des Mondes befindet? Wie findet eine Person in ein normales Leben zurück, nachdem sie als erster Mensch auf dem Mond gelandet ist? Was kann nach Erfüllung eines solchen Lebensziels neuen Sinn vermitteln? Mich faszinieren die Fragen, was Menschen antreibt und wie sie mit herausfordernden Situationen umgehen.

Doch zurück zu ganz banalen Dingen: Nicht nur meine Schuh-, sondern auch meine Windelgröße wird notiert. Wir erhalten eine lange Liste mit Abkürzungen und Begriffen, von denen erwartet wird, dass wir sie im Schlaf beherrschen. Gernot gibt uns eine Einführung in die Struktur und Organisation der Missionen des ÖWF. Welche Funktionen hat das Mission Support Center (MSC)? Wer hat im Feld das Kommando? Wie arbeiten die verschiedenen Teams zusammen? Ich merke, dass vieles noch sehr abstrakt für mich ist, und hoffe, die Menge an Informationen in meinem Kopf noch sortieren zu können.

Die größte Herausforderung des Tages wartet am Ende: für die meisten von uns das erste richtige Einzel-Interview! Ein Reporter von Life Radio Tirol kommt samt Aufnahmetechnik ins Suitlab. Als ich an der Reihe bin, spüre ich ein nervöses Ziehen in der Magengegend. Nach einer freundlichen Begrüßung ist es schnell vorbei mit harmlosem, fachlichem Interesse. Der Radiomoderator stellt mir sehr persönliche und kritische Fragen, die mich ziemlich ins Schleudern bringen. Mit einem unguten Gefühl und Gedanken wie »Was habe ich da nur geantwortet« und »Was wird das ÖWF dazu sagen?« gehe ich aus dem Gespräch. Umso größer ist meine Erleichterung, als Gernot uns mit der Information beruhigt, dass auch dies nur eine Übung war. Sie sollte uns darauf vorbereiten, dass nicht alle Interviews wohlwollend bleiben, sondern wir auch auf schwierige Gespräche gefasst sein müssen. Der erleichterten Reaktion der anderen entnehme ich, dass es ihnen ähnlich erging. Diese eindrückliche Erfahrung vermittelt mir Respekt vor diesem Teil meiner neuen Rolle.

WLAN, Weltrekorde und Burger

Trotz einer unruhigen Nacht treffen wir am nächsten Morgen pünktlich und gut gelaunt in Laufkleidung am Suitlab ein. Aaron, der schon in der Auswahl den eisigen Morgenlauf angeführt hatte, begrüßt uns wieder als Trainer. Diesmal ist es deutlich wärmer, heller und später am Morgen, und ohne das Zusatzadrenalin der Auswahlsituation kann ich den morgendlichen Lauf in den Bergen um Innsbruck so richtig genießen. Belohnt durch einen spektakulären Ausblick auf die Stadt unten im Tal, kehren wir gut gelüftet zum Frühstück zurück.

Michael und Sebastian, genannt Michi und Sebi, beide langjährige ÖWF-Mitglieder und versierte Techniker, geben uns eine Einführung in Funksprache. Um selbst bei schlechter Verbindung oder lauten Hintergrundgeräuschen unmissverständlich miteinander kommunizieren zu können, nutzen wir das NATO-Alphabet. Dabei wird jedem Buchstaben im Alphabet ein konkretes Wort zugeordnet. »Oscar, Echo, Whiskey, Foxtrot« steht beispielsweise für »OeWF«. Neben den Buchstaben und Zahlen lernen wir weitere Regeln und Formulierungen für die Kommunikation über Funk kennen. Diese sind international standardisiert und werden auch im Schiffs- und Flugverkehr verwendet.[23] Im Anschluss vermitteln die beiden uns einen Überblick über den Aufbau eines lokalen WLAN. Später sollen wir das Gelernte direkt anwenden und aus einem Server, Routern, mehreren Antennen, Autobatterien und vielen Metern Kabel ein funktionierendes WLAN-Netz aufbauen. Dabei haben wir Funkgeräte dabei und üben zwischendurch immer wieder das zuvor Gehörte. »Alon for Anika«, »Go ahead«, »Die Antennen stehen und können mit der Software auf dem Laptop ausgerichtet werden. Gib Bescheid, wenn das Signal gut genug ist«, »Copy, wilco.« Auch wenn ich technisch nicht völlig unbegabt bin und dank meines Vaters löten und Lüsterklemmen benutzen kann, übersteigt die Aufgabe anfänglich meine Kompetenzen. Obwohl mich das zunächst verunsichert und frustriert, bleibe ich zähneknirschend dran und frage immer wieder die anderen um Rat. Dabei bemerke ich erstmals einen inneren Wandel, der mich seitdem begleitet und stärkt. Mir werden in meiner Tätigkeit als Analog-Astronautin noch viele Aufgaben und Tätigkeiten begegnen, die ich nie zuvor durchgeführt habe. Oft fühle ich mich im ersten Moment überfordert, hilflos oder ohnmächtig. Doch der Gedanke, dass »aus all diesen krassen Menschen ich ausgewählt wurde, weil das ÖWF glaubt, dass ich das lernen kann«, hilft mir sehr. Sie können einschätzen, was dafür notwendig ist, und haben genau das in mir gesehen. Meist probiere ich es dann einfach. Und siehe da. Es klappt! Nicht auf Anhieb und nicht fehlerfrei. Aber Übung macht die Meisterin! Ich frage mich, wie viel möglich gewesen wäre, hätte ich mir schon früher mehr zugetraut. Oft genug habe ich mich selbst zurückgehalten, weil ich mich verglichen und als nicht qualifiziert oder erfahren genug eingeschätzt habe.

Den Mann, dem wir als Nächstes begegnen, werde ich in den nächsten Monaten und Jahren nicht nur einmal verfluchen, obwohl er stets gut gelaunt und mitreißend motiviert ist. Guillermo Rojo Gil aus Spanien, Astronaut:innen-Trainer und 2021 als Begleitläufer Sieger im 400-Meter-Sprint der Paralympics in Tokio, spricht mit uns über Ernährung und das Fitnessprogramm, welches wir während unseres Trainings absolvieren werden. Da wir mit einem 50 Kilogramm schweren Raumanzug-Simulator arbeiten, müssen wir topfit sein. Mich beruhigt, dass es nicht um sportliche Spitzenleistungen oder pure Kraft geht. Vielmehr benötigen wir Ausdauer und eine gleichmäßig gestärkte Muskulatur, die unser Skelettsystem beim langen Arbeiten mit den schweren Anzügen in schwierigem Gelände stützt und schützt. Mit Guillermo fahren wir ins Stadtzentrum in ein Fitnessstudio, wo er uns einer Reihe von Tests und Übungen unterzieht, die in mir Erinnerungen an die Auswahl wecken. Niemand von uns möchte hinter die anderen zurückfallen, und so beißen wir uns alle durch und zittern minutenlang bei Push-ups, Sprints und Bench Presses. Thomas toppt uns alle, als er unter unseren Anfeuerungsrufen über vier Minuten lang in der Plank-Position – ein Liegestütz auf den Unterarmen – verharrt. Guillermos trockener Humor kommt zum Vorschein, als er Thomas erst zur Nähe zum Weltrekord gratuliert und dann verkündet, dass dieser bei fast zehn Stunden liegt. Anschließend zeigt er uns Übungen, die wir später in unterschiedlichen Intensitäten, Wiederholungen und Kombinationen in unseren individuellen Plänen wiederfinden werden. Als wir hinterher ziemlich ausgepowert zum Mittagessen gehen, trauen wir uns nach Guillermos Ausführungen vom Morgen nicht, etwas anderes als Salat zu ordern. Wir staunen nicht schlecht, als Guillermo mit einem Burger an unseren Tisch kommt, herzhaft hineinbeißt und noch kräftig Ketchup nachschüttet.

Zurück im Suitlab, verbringen wir den Rest des Tages mit Sebi und Michi, die uns in die Entstehung und den Aufbau der OPS-Konsole (Operations) einweisen. Eine Serverbox und zwei Computerarbeitsplätze an einem langen Tisch bilden die Schaltzentrale zur Überwachung der Telemetrie der Anzüge auf dem »Mars«. Sie dienen außerdem der Kommunikation mit der »Erde«. Wir lernen, wie die Hardware in einer Transportkiste verstaut und auch wieder aufgebaut wird. Links befindet sich der eigentliche OPS-Arbeitsplatz, rechts davon Science Operations (SciOPS). An diesem Platz laufen Kommunikation und Organisation zu allen Experimenten, besonders während eines EVAs, zusammen, daher Science Operations. Neben der Hardware lernen wir auch alle Programme kennen, die für die Überwachung der Anzüge, die Chatkommunikation mit der Erde sowie den Transfer der Daten zwischen Erde und Mars notwendig sind. Ich mache mir Notizen und versuche, so viel wie möglich zu behalten. Noch erscheint es mir unmöglich, die ganzen Begriffe und Abkürzungen irgendwann zu beherrschen. Um einen leichten Anflug von Verzweiflung zu beruhigen, erinnere ich mich daran, dass mir bei anderen neuen Themen in der Vergangenheit nach einer Weile alles geläufig war.

Wir erfahren, dass die beiden Raumanzug-Simulatoren Prototypen und unbezahlbare Einzelstücke sind, die über Jahre hinweg entwickelt und konstruiert wurden. Nach der Prinzessin aus Jules Vernes *In 80 Tagen um die Welt* tragen sie den Namen Aouda. Der erste Anzug, voll ausgestattet mit allen Sensoren, erhielt das Callsign »X-Ray«, wobei X für »experimental« steht. Später kam ein zweiter, leichter ausgestatteter Anzug für wissenschaftliche Experimente hinzu. Er wird »Sierra« genannt, wobei S für »Science« steht. Inzwischen wurde Aouda.S mit allen Sensoren nachgerüstet, sodass beide Anzüge fast identisch und mit rund 50 Kilogramm ähnlich schwer sind. Der Ingenieurin in mir stellen sich ungefähr eine Million Fragen zum Thema Raumanzüge, und ich freue mich jetzt schon auf die Vorlesungen zu diesem Thema.

Der Abend vergeht mit einem gemeinsamen Essen und intensiven Gesprächen, die dabei helfen, uns besser kennenzulernen und als Team zusammenzufinden.

Raumanzüge und Mondstaub

Unser dritter Tag beginnt mit einer sehr interessanten Vorlesung über die rechtlichen Hintergründe von Raumfahrtmissionen. Alexander Soucek, ÖWF-Gründungsmitglied und Leiter der Abteilung Internationales Recht bei der ESA, vermittelt uns Einblicke in die Funktionsweisen der großen Raumfahrtagenturen und der internationalen Zusammenarbeit. Im Anschluss erfahren wir in mehrstündigen, spannenden Vorlesungen viel über die Geschichte der Raumfahrt, die staatlichen und privaten Akteur:innen, die Pläne für die Erkundung von Mond und Mars sowie Analog-Programme auf der ganzen Welt. Die von mir mit Vorfreude erwartete Einführung in Raumanzug-Systeme fesselt mich besonders. Natürlich kenne ich aus Livestreams und Dokumentationen schon Außenbordeinsätze von Astronaut:innen auf der ISS. Auch die alten Schwarz-Weiß-

Aufnahmen von den ungelenk wirkenden Hüpfern in sperrigen Raumanzügen auf dem Mond hat fast jede:r schon einmal gesehen. Doch viele Gedanken habe ich mir darüber noch nie gemacht. Warum muss für einen Einsatz auf dem Mars ein neuer Anzug entwickelt werden, statt denselben wie für den Mond zu nutzen?

Wir erfahren zunächst, wie sich aus den Anzügen von Jetpiloten die ersten Raumanzüge wie der Mercury-Anzug für Orbitalflüge entwickelten. Diese waren nicht zum Ausstieg aus dem Raumschiff gedacht, sondern sollten die Astronauten auf dem Flug ins All und beim Wiedereintritt in die Erdatmosphäre und bei der Landung schützen. Besonders im Fall von Druckverlust in der Kabine oder Kapsel sowie zur Temperaturregulation mussten für die extremen Bedingungen technische Lösungen gefunden werden. Zusätzlich zu diesen Intravehicular Activity (IVA)-Anzügen für das Innere von Raumschiffen konzipierten sowohl Russland als auch die USA in den 1960er-Jahren Anzüge für Weltraumausstiege. Die Apollo-Anzüge (A7L) der NASA wurden speziell für die Mondspaziergänge entworfen. Sie boten Schutz vor extremer Hitze und Kälte, da auf dem Mond und im All in der Sonne über 120 °C und im Schatten leicht −100 °C herrschen. Auch vor Strahlung, Mikrometeoriten sowie dem Staub mussten die Anzüge schützen. Auf Monden und Gesteinsplaneten in unserem Sonnensystem bildet sich aus Ausgangsgestein durch verschiedene Prozesse eine oberflächliche Decke aus Lockermaterial, dem sogenannten Regolith. Ich erfahre, dass dieser auf dem Mond und Mars Staubpartikel enthält, die durch ständige Meteoriteneinschläge und ohne Erosion durch Wasser und Wind nicht nur giftige Elemente enthalten können, sondern auch extrem feinkörnig und scharfkantig sind. Damit dringen sie überall ein, zerschneiden selbst härtestes Material und sind eine Gefahr sowohl für die Technik als auch für die Gesundheit der Astronaut:innen. Neil Armstrong berichtete über seine ersten Schritte auf dem Mond, dass der Staub wie feiner Puder an den Stiefeln seines Raumanzugs haftete. Das Innere der Mondlandefähre und die vormals weißen Apollo-Raumanzüge waren nach den Mondlandungen schwarz und zerschlissen, und die Astronauten berichteten von einem brennenden, metallischen Geruch, der an Schießpulver erinnerte. Sie hatten Schwierigkeiten, den Puder im Inneren der Landefähre zu entfernen.[24] Wie Asbestfasern kann dieser feine Staub tief in die Lungen gelangen. Im All ist zum Glück immerhin der Staub kein Problem.

Die NASA nutzte während der Space-Shuttle-Ära als Druckanzug für Start und Landung die orangefarbenen Advanced Crew Escape Suits (ACES), und für EVAs wurde die Extravehicular Mobility Unit (EMU) entwickelt. 1983 erstmals verwendet, sind diese EMUs bis heute auf der ISS im Einsatz. Russland entwickelte in den 1970er-Jahren den Orlan-Anzug, der bis heute für russische Weltraumausstiege genutzt wird.[25] EMUs und Orlan-Anzüge haben gemeinsam, dass sie aus mehreren Teilen zusammengesetzt werden (Torso mit Armen, Handschuhe, Hosen, Stiefel, Helm). Sie weisen mehrere Schichten auf – Funktionsunterwäsche mit Kühlsystem, darüber verschiedene Materialien wie Gore-Tex, Mylar, Kevlon, die alle zusammen die äußere Hülle bilden. Auf dem Rücken befindet sich ein Rucksack, welcher das Lebenserhaltungssystem (PLSS, Personal Life Support System) mit Batterien, Sauerstoff und Lithiumhydroxid enthält. Letzteres dient dazu, das ausgeatmete Kohlenstoffdioxid (CO_2) der Astronaut:innen zu binden und die Atemluft zu reinigen.

Auch verschiedene Sensoren sind Teil des Anzugs. Kein Wunder, dass die Anzüge so schwer sind! Ein EMU für den Einsatz auf der ISS wiegt auf der Erde circa 145 Kilogramm. Während das in der Schwerelosigkeit des Alls kein Problem darstellt, würde ein solcher Anzug auf dem Mars immer noch knapp 50 Kilogramm wiegen. Der Mars ist nur etwa halb so groß wie die Erde, und die Schwerkraft dort beträgt etwa ein Drittel der Schwerkraft auf der

Erde. Somit würde ein Mensch, der auf unserem Heimatplaneten 70 Kilogramm wiegt, auf dem Mars nur etwa 27 Kilogramm auf die Waage bringen. Nun ergibt auch das Gewicht unserer Raumanzug-Simulatoren Sinn. Wie es sich anfühlt, diese 50 Kilogramm zu tragen, werde ich in Kürze am eigenen Leib spüren. Erfahrungen von Langzeitmissionen auf der ISS lassen erwarten, dass auf einem mehrmonatigen Flug zum Mars Muskel- und Knochenmasse der Astronaut:innen dramatisch abnehmen werden.[26, 27] Auch wenn sie unterwegs trainieren, werden sie den Mars in einem körperlich geschwächten Zustand erreichen. Ein auf dem Mars nur knapp 30 Kilogramm wiegender, geschwächter Mensch soll dann 50 Kilogramm mit sich herumschleppen? Unvorstellbar.

Ein Anzug für den Einsatz auf dem Mars muss also nicht nur leichter werden als aktuell existierende Anzüge. Auch andere Aspekte sind nicht direkt übertragbar. Auf den ersten Blick mag es paradox erscheinen, in der Kälte des Alls oder auf der Oberfläche des Mars mit Durchschnittstemperaturen von -60 °C nicht von Heizung, sondern von Kühlung zu sprechen. Doch der menschliche Körper produziert so viel Wärme, dass er in dem fast geschlossenen System eines Raumanzugs leicht überhitzen kann. Auch die direkte Sonneneinstrahlung erhitzt ohne eine dichte Atmosphäre zur Verteilung der Wärme die sonnenzugewandte Seite des Anzugs stark. Die Ableitung von Körperwärme und die Kühlung bei den EMUs funktionieren über Kühlflüssigkeit, welche durch Schläuche in der Unterwäsche am Körper entlangfließt und Wärme aufnimmt. Diese gibt sie über einen Wärmetauscher, der mit dem Vakuum des Alls in Kontakt steht, wieder ab. Dabei treten winzige Wassertröpfchen durch Poren hindurch, gefrieren bei Kontakt zur Kälte des Alls und sublimieren dann – gehen also direkt vom festen in den gasförmigen Zustand über. Dabei wird viel Wärme freigesetzt. Auf dem Mars besteht jedoch kein Vakuum. Zwar ist seine Atmosphäre deutlich dünner als die Erdatmosphäre, doch für die

Kühltechnologie sind selbst diese wenigen Teilchen noch zu viel. Es braucht also unter anderem ein neues Kühlsystem. Ein weiterer Punkt, der für Anzüge zum Einsatz auf dem Mars wichtig wird, ist Planetary Protection. Wenn wir zu anderen Himmelskörpern reisen und dort nach Spuren von (mikroskopischem) Leben suchen, wollen wir vermeiden, den Planeten mit irdischem Material zu verunreinigen. Da alle bisherigen Raumanzüge undicht sind und Luft und damit menschliche Hautpartikel sowie mitgereiste Bakterien und Viren abgeben, braucht es auch hierfür Lösungen. Nicht zuletzt müssen Anzüge für den Mars deutlich robuster und wiederverwendbarer werden. Derzeit werden EMUs nach einigen EVAs zurück auf die Erde gebracht, wo sie einen aufwendigen, mehrere Monate dauernden Rezertifizierungsprozess durchlaufen. Diese Ausbesserungen und Tests wären auf dem Mars zu langwierig und umständlich.[28]

Die NASA lässt derzeit von Axiom und Prada die neuen AxEMUs (Axiom Exploration Extravehicular Mobility Unit) für die Artemis-Missionen entwickeln. Mit Artemis planen NASA und ESA gemeinsam mit weiteren Partner-Organisationen, nach mehr als 50 Jahren wieder Menschen zum Mond zu bringen. Auch private Unternehmen wie SpaceX entwickeln leichtere Druckanzüge, beispielsweise für die Crew-Dragon-Kapsel, und neue EVA-Anzüge. Für die russischen Kosmonauten auf der ISS kommt der Orlan-MKS, eine modernisierte Version des Orlan, zum Einsatz. China, das inzwischen mit Tiangong, dem »Himmelspalast«, eine eigene Raumstation im Orbit betreibt, entwickelte die Feitian-Anzüge. Diese basieren ebenfalls auf der russischen Orlan-Technologie. Außerdem wird an Anzugsystemen geforscht, die keine Luftschleuse benötigen, sondern von außen an eine Station andocken. So kann der:die Astronaut:in durch eine Rückenklappe in den Anzug ein- und aussteigen. Das würde das Problem des eingeschleppten Staubes verringern, schafft allerdings neue technische Herausforderungen.

Als ich gerade eine neue Seite in meinem Notizbuch beginnen will, beendet Gernot seinen Vortrag und leitet die Verabschiedung ein. Mit Handschuhen, Overall und einem Buch im Gepäck mache ich mich auf die Rückfahrt. Die Stunden der Rückreise ermöglichen mir einen sanften Übergang zurück ins reale Leben. Ich nehme mir vor, viele Inhalte in Ruhe nachzulesen und zu vertiefen. Gelegenheit dazu finde ich vor allem, weil ich nach der Aufregung und Mehrfachbelastung der letzten Monate vier Wochen unbezahlte Freistellung von meiner Arbeit im Gesundheitsamt beantragt habe. Ich brauche dringend eine Atempause. So kann ich mich um meine Doktorarbeit kümmern, Zeit mit Familie und Freund:innen verbringen, mein Fitnesstraining absolvieren und alles lesen, was mir zu Raumfahrt und Technik in die Hände fällt.

Block II – Donning in Innsbruck

Es wird Mai, mein absoluter Lieblingsmonat. Es blüht und grünt, die Tage werden länger, und die ersten kurzärmeligen Joggingrunden sind möglich. Herrlich! Ende Mai findet ein weiterer Trainingsblock statt. Wieder beginnen Ilse, Claudia und Gernot an einem Donnerstagabend mit der Besprechung der vor uns liegenden Tage. Im Anschluss erhalten wir ein weiteres Medientraining.

Nach dem obligatorischen Morgenlauf wechseln wir uns am nächsten Morgen unter Ilses Anleitung mit Handschuhübungen und Frühstück ab. Es folgen 90 Minuten Planetologie und weitere 90 Minuten Social-Media-Training. Dann kommt der mit Spannung erwartete Moment: Wir starten in unser erstes Donning des Raumanzug-Simulators. Adrianos ist der Glückliche, der zuerst diese Erfahrung machen darf. Sechs Stunden werden wir benötigen, um ihm den Anzug vollständig anzulegen! Wir anderen erhalten die blauen Überziehwesten, die uns als Suittechs, also als Anzug-Techniker:innen, ausweisen. Gemeinsam arbeiten wir die über 20

A4-Seiten lange Checkliste Punkt für Punkt ab. Unsere Unerfahrenheit zeigt sich in der Langsamkeit, mit der wir nach Begriffen und Gegenständen suchen müssen. Sebi und Michi unterstützen uns, wenn nötig, lassen uns jedoch unsere Erfahrungen selbst machen.

Im ersten Schritt überprüfen wir, ob alle technischen, räumlichen und materiellen Voraussetzungen erfüllt und alle benötigten Utensilien und Bestandteile bereit sind. Ich verstaue Uhr und Ringe sicher in der Hosentasche. Dann werden nach und nach alle elektrischen Verbindungen überprüft, alle Kabel verbunden, alle Stecker gesteckt. Ich fühle mich als absolute Anfängerin, während ich schwitzend im Kabelgewirr nach dem als »ten pins transparent« beschriebenen Stecker für die Verbindung zweier Hardwareteile suche. Die Software an der OPS-Konsole zur Überwachung der Anzüge wird hochgefahren, und wir überprüfen, ob wir alle Signale empfangen. Überträgt die Kamera ihr Bild? Auch die Kommunikation über WLAN und über Funk zwischen OPS – also der Basis – und jedem Anzug sowie zwischen beiden Anzügen testen wir. Ich halte mir den Kopfhörer am OPS-Computer ans linke Ohr und blicke erwartungsvoll zu Robert, der den Anzugkopfhörer aufhat.

»Aouda.X for OPS, how do you copy?«

»I read you five by five«, lautet die erhoffte Antwort. Wenn Fehlermeldungen auftauchen oder etwas nicht funktioniert, notieren wir die von Sebi und Michi genannten Ursachen, um sie später erkennen und nachvollziehen zu können. Schließlich erhalten die Anzüge noch Batterien, um später autonom von der Stromzufuhr arbeiten zu können.

In der Zwischenzeit kleidet sich Adrianos um. Er trägt Funktionsunterwäsche, die gleichzeitig warm halten und durch gute Ableitung von Körperwärme kühlen kann. Ein Check von Adrianos' medizinischen Werten wird später mit einem Check nach dem EVA verglichen. Viel zu trinken, ist eine wichtige Maßnahme für den anstrengenden Einsatz. Im Anzug können bis zu zwei Liter Wasser in zwei Beuteln mitgenommen werden, aus denen die Person im Anzug durch seitlich angebrachte Trinköffnungen im Helm Schlucke nehmen kann. Besonders bei langen Einsätzen in heißer Umgebung sind zwei Liter jedoch nicht besonders viel. Und was hineinkommt, muss auch wieder hinaus. Daher tragen männliche Analog-Astronauten ein sogenanntes Uridom, welches Urin in einem Beutel auffängt. Für die Frauen bleibt die alte Trucker-Lösung für lange Fahrten – Maximum Absorption Devices aka Windeln. Sobald Anzug und Analog-Astronaut nach circa drei Stunden bereit sind, folgt der nächste Schritt. Zwei Suittechs legen Adrianos unter unser aller wachsamen Augen das Exoskelett an.

Im Gegensatz zu EMUs sind unsere Raumanzug-Simulatoren keine Druckanzüge. Das bedeutet, dass sie nicht mit Luft aus Flaschen befüllt sind und sich der Innendruck nicht von dem der Umgebung unterscheidet. Stattdessen erfolgt die Luftversorgung der Analog-Astronaut:innen mit Umgebungsluft, welche mit Ventilatoren gegen die verbrauchte, CO_2-reiche Luft ausgetauscht wird. Sauerstoffflaschen würden das Gewicht der Anzüge zu stark erhöhen. Beugt eine Person in einem druckluftgefüllten Anzug ihren Ellbogen oder andere Gelenke, so erfordert das Verdrängen der Luft an dieser Stelle einen Kraftaufwand. Es fühlt sich also ein wenig mühsamer als normale Bewegungen an. Das Exoskelett, welches wir über der Funktionsunterwäsche tragen, soll uns nicht, wie es vielleicht logisch erscheint, beim Tragen des Gewichts helfen. Stattdessen dient es dazu, den beschriebenen Kraftaufwand zu simulieren. Gepolsterte Metallschienen verbinden große Scharniere an Ellbogen und Knien. Karabiner und Riemen verankern das Exoskelett am Anzug. Bis hin zu den Fingergelenken, die durch Riemen auf der mittleren Handschuhschicht die Bewegung der Gelenke einschränken, kann so an allen größeren Gelenken der Widerstand von Druckanzügen simuliert werden. Schon in Unterwäsche und Exoskelett bewegt sich Adrianos schwerfälliger als normal. Nun steigt er noch in die Anzughose, welche durch Reißverschlüsse an den Stiefeln befestigt wird. Schließlich hebe ich gemeinsam mit Alon das sperrige Oberteil des Anzugs über den Kopf des knienden Adrianos. Meine Arme zittern vor Anstrengung, den schweren HUT (Hard Upper Torso) hoch genug zu heben, sodass Adrianos mit Armen und Kopf von unten hineinschlüpfen kann. Ein Gurtsystem, welches wir schrittweise befestigen und festziehen, ermöglicht ihm das Tragen des HUT. Oberteil und Hose werden schließlich ebenfalls über einen Reißverschluss miteinander verbunden, bevor abschließend Ärmel, Handschuhe und im letzten Schritt der Helm befestigt werden. Ich denke an die gestrigen Ausführungen zu anderen Raumanzug-Systemen und überlege, ob ein Design wie bei den russischen Orlan-Anzügen nicht einfacher wäre. Dort lässt sich der Rückenteil mit dem PLSS aufklappen und der Anzug darüber »betreten«. Dafür ist sicher weniger Unterstützung durch Teamkolleg:innen notwendig, sogar ein Anziehen allein ist denkbar.

Was hier zügig und unkompliziert klingt, erfordert in Wirklichkeit immer wieder neue Unterbrechungen, Überprüfungen und Justierungen. Dieser Prozess wird sich auf dem Mars sogar noch verlängern. In Druckanzügen herrscht nämlich nicht derselbe Druck wie auf der Erde oder in der Raumstation. Stattdessen ist er geringer, um den Widerstand beim Bewegen und das Aufblähen des Anzugs zu minimieren. Unter großem Druck löst sich mehr Gas im Blut. Wechseln Astronaut:innen vom Inneren der Raumstation in den geringeren Druck der Anzüge, droht ihnen die sogenannte Taucherkrankheit. Wie bei Taucher:innen, die zu schnell aus großer Tiefe auftauchen, kann es dazu kommen, dass Stickstoff aus dem Blut ausgast. Bei zu schnellem Absinken des Drucks kann dieser nicht ausreichend über die Lunge ausgeatmet werden, sondern bildet Gasblasen im Blut. Diese können Gefäße blockieren oder Muskeln, Nerven und Gelenke schädigen. Symptome wie Gelenkschmerzen, Hautausschlag, Taubheitsgefühle bis hin zu Schwindel,

Bewusstlosigkeit und im schlimmsten Fall der Tod sind die Folgen. Um das zu verhindern, atmen die Astronaut:innen einige Stunden vor dem EVA reinen Sauerstoff über Masken. So soll möglichst aller Stickstoff ausgespült werden. Dieses Pre-breathing erfordert zusätzliche Zeit und wird auch auf dem Mars notwendig sein. Theoretisch könnte der Anzug zwar mit reinem Sauerstoff statt mit einem Sauerstoff-Stickstoff-Gemisch, welches unserer Atmosphäre entspricht, befüllt werden. Das würde allerdings die Brandgefahr über ein vertretbares Risiko hinaus erhöhen. Derzeit arbeiten die existierenden Raumanzug-Systeme daher mit 38 bis 40 Kilopascal einer Stickstoff-Sauerstoff-Mischung. Das entspricht etwa einem Drittel des normalen Luftdrucks auf Meereshöhe (101,3 Kilopascal). Zum Vergleich: Der Druck in Autoreifen liegt oft bei 200–300 Kilopascal. Dieser Kompromiss hat jedoch zur Folge, dass durch den geringeren Druck und niedrigeren Sauerstoffgehalt im Anzug körperliche Tätigkeiten anstrengender sind. Wie im Hochgebirge auch muss sich der Körper erst daran anpassen. Welche Auswirkungen das auf die körperliche und mentale Leistungsfähigkeit hat, wird von der ESA unter anderem durch Langzeitstudien in der auf mehr als 3200 Meter Höhe gelegenen Concordia-Station in der Antarktis untersucht.[29]

Als im letzten Schritt der Helm mit einem hörbaren Klick in den Metallring einrastet, zeigt Adrianos' Gesichtsausdruck, welch beeindruckende Erfahrung es ist, den Raumanzug-Simulator zum ersten Mal zu tragen. Mir hingegen wird schlagartig klar, für wie viele Stunden wir hoch konzentriert weder gegessen noch getrunken haben. Ich muss mich erst einmal kurz hinsetzen. Adrianos führt eine Reihe von Übungen aus und bewegt sich, vom Rauschen der Ventilatoren und dem Knacken der Funkgeräte begleitet, schwerfällig und langsam durchs Suitlab. Er wird von seinem Safety begleitet und überwacht. Pro Anzug ist immer eine Person eingeteilt, die den Anzug keine Sekunde aus den Augen lässt und bei Gefahr sofort eingreifen kann. Wir anderen beobachten Adrianos' EVA nach einer kurzen Erholungspause von der OPS-Konsole aus. Sein Herzschlag, der Sauerstoff- und CO_2-Gehalt im Anzug, die Ladung der Batterien und die Leistung der Ventilatoren werden zusammen mit vielen weiteren Parametern angezeigt und streng überwacht. Die Person an der OPS-Konsole spricht über Funk mit Adrianos, erläutert ihm seine Aufgaben und fragt sein Befinden ab. Als er schließlich zurück in den Raum kommt, sieht er ziemlich erschöpft aus.

Beim Ablegen des Anzugs, dem sogenannten Doffing, wird mir bewusst, dass mein Kollege gerade mehrere Stunden in diesem Anzug geschwitzt und geatmet hat. Trotz Funktionsunterwäsche erinnert mich die Situation an eine ungelüftete Umkleide einer Klasse von Teenagern nach dem Sportunterricht. Ich stelle mir vor, wie das erst nach sechs Stunden EVA in der Wüste sein muss. Wir alle nutzen dieselben Anzüge, und ich bin dankbar dafür, dass Handschuhe, Unterwäsche und einige körpernahe Kleinteile personalisiert sind. Nach einem Einsatz ist jede:r selbst für die Reinigung dieser Teile verantwortlich. Besonders wichtig ist das bei dem sogenannten Razzle Frazzle Device. Was tut ein:e Analog-Astronaut:in, wenn im Anzug ein Niesanfall droht oder ein Schweißtropfen an der Nasenspitze hängt? Für diesen Fall ist am unteren Rand des Helmes ein Stück gepolsterter Stoff angebracht, an dem die Nase praktischerweise gerieben werden kann. Ich werde mich nicht nur einmal dabei erwischen, wie ich mit der Hand von außen gegen meinen Helm stoße, weil ich instinktiv einem Jucken mit Kratzen begegnen oder mir ein kitzelndes Haar wegwischen möchte. Jedes Mal bin ich dankbar für das geniale Razzle Frazzle Device. Als alles gereinigt, abgeschaltet und aufgeräumt ist, spüren wir die Folgen des dauerhaften Konzentrierens, des langen Stehens und der vielen Informationen. Wir genießen als Ausklang des Tages ein Abendessen in einer L'Osteria in der Innenstadt.

Flight Planning

Nach dem Morgenlauf und den Handschuhübungen geht Gernot am nächsten Morgen mit uns den Missions-Report der letzten Amadee-Mission im Oman durch. Passend dazu erläutert uns im Anschluss Nina, die seit Jahren im Flight Planning-Team (FP) des ÖWF aktiv ist, wie ein Flugplan für eine Mission erstellt wird. Es existiert eine Übersicht, die tagesgenau vorab festlegt, welche Aufgaben und Experimente für jede Person an den einzelnen Missionstagen anstehen. Zusätzlich wird während der Mission – genauso wie für die ISS – für jeden Tag ein sogenannter Daily Activity Plan (DAP) erstellt. Dieser entsteht jeweils mit 1–2 Tagen Vorlauf, berücksichtigt alle aktuellen Informationen und Gegebenheiten und beschreibt viertelstundengenau alle Tätigkeiten für alle Personen. Diese Art der Planung soll sicherstellen, dass alle Ressourcen – Zeit, Personal, Technik – optimal eingesetzt werden. Das von Nina präsentierte Beispiel sieht für mich zunächst einmal sehr bunt und sehr voll aus, und ich tue mich schwer damit, ihm Informationen zu entnehmen. So bekommen wir eine Ahnung davon, wie komplex die Planung und wie voll die Missionstage sein werden.

Mit Spannung und Vorfreude habe ich den Nachmittag erwartet. Alon und ich dürfen zum ersten Mal den Anzug tragen. Wir führen ein doppeltes Donning mit beiden Anzügen durch. Ich bin ein wenig nervös angesichts der Frage, wie ich mit dem Gewicht zurechtkommen und ob ich mich eingeengt oder ausgeliefert fühlen werde. Es ist ein interessanter Perspektivwechsel zu gestern. Von der Vorbereitung des Anzugs bekommen wir beide wenig mit, da wir mit unserem medizinischen Check und dem Umziehen beschäftigt sind. Ein wenig Unbehagen verursacht es mir schon, in langer Unterwäsche und mit Windeln herumzulaufen. Das legt sich jedoch nach und nach. Dann ist es Zeit für das Exoskelett und die einzelnen Anzugteile. Als ich HUT und Hosen trage und mich auf dem Suitcar, also dem kleinen Wagen, auf dem die Anzüge im Labor transportiert werden, sitzend ausruhe, wird mir die Snoopi-Cap übergestreift. Sie sieht aus wie eine Fliegerhaube und dient dem Halten der Haare sowie dem Auffangen des Schweißes am Kopf. Über den Knopf im Ohr für den Back-up-Funk und die Haube werden mir die Kopfhörer unseres Primary Radios aufgesetzt. Dieser Sprechkontakt mit OPS und dem anderen Anzug funktioniert über WLAN. Ich teste meine Trinkschläuche und bewege meine Hände und Arme im Anzug. Alles fühlt sich gedämpft, eingeschränkt und schwer an.

Schließlich ist es so weit. Der Suittech in Person meines Teamkollegen Robert nähert sich mit dem Helm, setzt ihn nach einem fragenden Blick, den ich mit einem Nicken beantworte, auf den Metallring auf und dreht ihn bis zum Klick. Schlagartig leuchtet der Bildschirm oben innen im Helm, das Head-up-Display (HUD), auf. Ich höre nur noch meinen Atem und die Ventilatoren. Es ist ein unbeschreibliches Gefühl. Auch wenn ich mich nach wie vor im Suitlab befinde, fühle ich mich wie in einer anderen Welt. Mir wird bewusst, wie abhängig ich von der Technik und meinen Kolleg:innen bin. Zu meiner Erleichterung stellt sich meine Sorge vor Platzangst oder Beklemmung als unbegründet heraus. Das Gegenteil ist der Fall, sodass ich die Erfahrung voll und ganz genieße. Alons Stimme, die mich kurz nach dem Schließen des Helms erreicht, zeigt mir, dass es ihm genauso geht. Schwerfällig stapfen wir in den Nachbarraum, bücken uns unter den Türöffnungen hindurch und führen unsere Handschuhübungen an einem Tisch aus. Allein das Vorbeugen zur Tischplatte ist anstrengend. Die Muttern auf ihre Schrauben zu drehen, ist mit dem Gewicht des Anzugs, dem eingeschränkten Bewegungsradius und Blickfeld sowie dem vollständigen Exoskelett am Körper noch einmal deutlich anstrengender als nur mit den Handschuhen. Dennoch bin ich ein bisschen enttäuscht, als OPS uns zurückruft. Erst entfernt Robert meinen Helm, dann werden nach und nach Handschuhe, Ärmel und der gesamte Anzug abgenommen. Kaum lege ich das Exoskelett ab, fühle ich, wie erschöpft und durchgeschwitzt ich bin. Dankbar für Guillermos Training und diese Erfahrung, gehe ich duschen und mich wieder umziehen. Wir waren heute schon etwas schneller als gestern und benötigten für den gesamten Prozess nur noch fünf Stunden.

Der Vorlesung in Geologie bei Dr. Seda Özdemir-Fritz, Geologin und Leiterin des Remote Science Support-Teams (RSS) des ÖWF, folge ich danach nur noch mit mittlerer Konzentration. Dabei sind ihre Ausführungen zu Einschlagkratern und Meteoriten sehr spannend. Meine Lebensgeister erwachen erst wieder, als wir bei Robert und seiner Frau Colleen zu Hause über den Dächern Innsbrucks Sommerrollen essen und *Cards against Humanity* spielen. Ich genieße die fröhliche Stimmung und fühle mich sehr wohl als Teil dieser Gruppe von großartigen Menschen.

Steine, Steine, Steine

Beim Morgenlauf spüre ich leichten Muskelkater und beim Handschuhtraining einige blaue Flecke. Der gestrige EVA hat seine Spuren hinterlassen. Nach dem Frühstück helfen wir Seda dabei, Kisten voller Gestein in unseren Unterrichtsraum zu tragen. In den folgenden Stunden registriere ich, dass unser Training Wirkung zeigt. Ich erkenne, welche Gesteine vulkanischen Ursprungs sind, welche durch Sedimentation und welche durch Metamorphose entstanden sind. Ich kann beschreiben, welche Farbe, Körnung, Zusammensetzung, Laminierung oder weitere Eigenschaften sie aufweisen. Mit Salzsäure kann ich den Kalkgehalt bestimmen, und ein Magnet hilft bei der Erkennung von metallischen Bestandteilen. Mein Eindruck ist, dass nicht alle im Team meine Begeisterung für das Fach teilen – zumindest habe ich recht schnell meinen Ruf als Geologie-

Musterschülerin weg. Es fühlt sich schön an, dass das, im Gegensatz zur Schulzeit, liebevoll und anerkennend gemeint ist. Jede:r hier im Team hat eigene Schwerpunkte und Lieblingsthemen, die sich im Idealfall ergänzen. Schon während meines Biologie-Studiums hatte ich für meine Diplomprüfung Paläontologie als Nebenfach belegt. Während ich in den Semesterferien Mammutzähne und Urpferdchenknochen aus dem Urrhein in Eppelsheim ausgrub, wurde meine Faszination für Erdzeitalter, Fossilien, Gesteine und die Geschichten über unsere Erde, die sie erzählen, geweckt. Wie Kriminalist:innen, die einen Tatort untersuchen, können wir an Gesteinen, ihrer Lage, ihrer Struktur, ihren Eigenschaften und ihrer Schichtung ablesen, wie sie sich unter immensem Druck im Erdinneren formten, durch Vulkanausbrüche in die Atmosphäre geschleudert wurden, sich in meterdicken Schichten am Grund von Ozeanen ablagerten oder im Erdinneren gefaltet und zu Gebirgen aufgetürmt wurden. Die geologischen Begriffe und Methoden sind also für mich kein absolutes Neuland. Dennoch gilt hier wie in allen anderen Fächern, in denen wir ausgebildet werden, dass die schiere Menge an Informationen in der Kürze der Zeit eine große Herausforderung darstellt.

Warum eine grundlegende Ausbildung in Geologie für Astronaut:innen wichtig ist, erschließt sich, wenn wir den Zweck einer zukünftigen Reise zum Mars betrachten. Wir wollen dort nach mikroskopischen Spuren von Leben suchen sowie die Geschichte des Planeten erforschen und verstehen.[30] Dazu ist es notwendig, erkennen zu können, was Gesteinsproben uns darüber verraten. Welche Gesteine entstehen durch Lebewesen – wie zum Beispiel Kalkstein? Welche Gesteine deuten auf die Anwesenheit von Wasser hin, wie Schiefer, der durch Ablagerung in Gewässern entsteht? Bisher betraten insgesamt zwölf Menschen den Mond. Von 382 Kilogramm Mondgestein, welches von ihnen zurück zur Erde gebracht wurde, waren vor allem die Proben für die Forschung wertvoll, die Harrison H. Schmitt, der einzige Geologe unter den Ingenieuren und Testpiloten, beim bisher letzten Mondspaziergang – Apollo 17 – gesammelt hat.[31] Während seine Vorgänger einfach interessant aussehende Gesteinsbrocken aufhoben und Staub schaufelten, wusste er genau, welche Farben, Texturen und Fundorte wertvoll und von Interesse waren. ESA-Astronaut:innen nehmen daher unter anderem am PANGEA-Programm auf Lanzarote[32] und am CAVES-Programm[33] teil. Dort lernen sie in vulkanisch geprägter Umgebung, geologische Prozesse zu identifizieren und Gesteinsproben zu entnehmen. Auch Höhlenumgebungen, Einschlagkrater und andere Landschaften in Analogie zu Mond und Mars dienen Trainingszwecken.

Ich bedauere es fast, dass der Unterricht für eine kurze Mittagspause beendet wird. Doch auch das Training am Nachmittag ist wichtig – es geht weiter mit Grundlagen der Ersten Hilfe. Auch wenn für spätere Mars-Missionen Überlegungen existieren, eine:n Mediziner:in als Crewmitglied zu entsenden, besteht immer die Möglichkeit, dass diese:r gerade anderweitig beschäftigt oder selbst von einer Verletzung oder Erkrankung betroffen ist. Astronaut:innen für die ISS und zukünftige Mond- und Mars-Missionen benötigen daher Grundwissen in Erster Hilfe und für die Behandlung häufiger medizinischer Probleme. Da wir bei unseren Missionen in sehr abgelegenen Gebieten im Einsatz sein werden, müssen wir damit rechnen, dass medizinische Hilfe im Notfall nicht schnell erreichbar ist. Mein einziger und letzter Kurs in Erster Hilfe für meinen Führerschein ist schon viele Jahre her. Auch wenn ich im Verlauf meines Studiums und meiner Arbeit einiges an anatomischem und medizinischem Wissen erworben habe, bin ich, was die praktische Umsetzung angeht, sehr unsicher. Im Verlauf des Nachmittags legt sich das zunehmend. Nach theoretischen Grundlagen zum Verhalten beim Eintreffen an einem Unfallort und den Anzeichen eines Schocks, zu Unterkühlung oder Hitzschlag üben wir paarweise die stabile Seitenlage, Wiederbelebung mit Beatmung und Herzdruckmassage. Auch Druckverbände und Tourniquets zum Abbinden stark blutender Wunden sowie das Schienen von Brüchen und den Transport Bewusstloser trainieren wir in Gruppen. Fazit: Ein bewegungsloser Körper ist ganz schön schwer! Zum Abschluss spielt Gernot mehrere Szenarien mit uns durch. Seit vielen Jahren ist er selbst Rettungssanitäter und außerdem in der Berufsaus- und -weiterbildung tätig. Daher ist er so authentisch, dass es fast unheimlich ist. Er simuliert beispielsweise einen Motorradunfall, bei dem er mit dem Kopf zuerst gegen einen Felsen prallt. Wir üben, den Helm abzunehmen und dabei Nacken und Wirbelsäule zu stützen. Wir besprechen auch, in welchen Fällen wir das lieber lassen sollten, und viele weitere Eventualitäten. Ich bin dankbar für die gründliche Ausbildung und merke, dass ich mich dadurch auch in meinem Alltag sicherer fühle. Ich weiß jetzt genau, was zu tun ist, sollte ich als Ersthelferin einen Unfallort erreichen.

Pressekonferenz – Es ist offiziell!

Am nächsten Vormittag treffen wir Monika aus unseren Online-Medientrainings erstmals persönlich. Ich mag ihren Wiener Dialekt, ihren verwegenen knallroten Lippenstift und ihre direkte und kompetente Art. Nach Abschluss des Trainingswochenendes findet eine Pressekonferenz statt, auf der die Kandidat:innen der Klasse von 2019 offiziell vorgestellt werden. Ich bin leicht überfordert, als ich aufgerufen werde und, während mein Vorstellungsvideo abgespielt wird, einen Schritt nach vorn trete.

Der anwesende niederländische Honorarkonsul gratuliert Thomas sogar persönlich. Auch eine dpa-Meldung erscheint aufgrund der Presseaussendung der Medienabteilung des ÖWF. Während wir die Fragen der anwesenden Journalist:innen beantworten, legt sich meine anfängliche Nervosität allmählich. Es hilft, meine Kollegen an meiner Seite zu wissen, und ich erkenne viele der Fragen aus unseren Trainings wieder.

Nach Abschluss des Termins fahre ich mit Liad und Alon nach München zum Flughafen. Unterwegs unterhalten wir uns angeregt über unsere beruflichen Herausforderungen, unsere Familien, Hoffnungen und Träume, und ich muss daran denken, wie ich vor einigen Monaten nach der ersten Auswahlrunde auf derselben Strecke einfach nur zuhörte. Inzwischen sind mir viele der damals fremden Namen und Begriffe geläufig, sodass ich mich in der »Raumfahrt-Blase« zunehmend heimisch fühle.

In den nächsten Wochen lerne, trainiere und lese ich weiter intensiv. Viel Zeit nehmen auch diverse Interviews für Zeitungen und Radiosender in Anspruch, die aufgrund der dpa-Meldung angefragt werden. Bei den ersten Terminen bin ich noch ziemlich nervös. Meine Unerfahrenheit generiert Überschriften wie »Mama auf Mars-Mission«, bevor ich nach und nach lerne, mit meinen Antworten die Richtung und den Ton der Interviews zu steuern. Noch ist es ein weiter Weg zu der Routine, die ich in einigen Jahren haben werde, doch ein Anfang ist gemacht.

Block III – Überleben in der Wildnis

Am 20. Juli 2019 jährt sich die erste Mondlandung zum 50. Mal. Passend dazu findet an diesem Wochenende unser drittes Training statt. Ich genieße die Anreise am Vorabend per Zug durchs sommerliche Österreich. Auf diesen Trainingsblock freue ich mich besonders, da er überwiegend im Freien stattfinden wird. Der obligatorische Morgenlauf darf natürlich auch diesmal nicht fehlen. Aaron führt uns wieder zu Schloss Ambras, wo die Pfauen uns frühlingshaft gestimmt begrüßen. Im Anschluss werden wir auf das anstehende Outdoor-Überlebenstraining vorbereitet. Gemeinsam mit Ilse überprüfen wir gründlich jedes einzelne Teil unserer Ausrüstung, wiegen das Gepäck, welches wir bald durchs Gebirge schleppen müssen, und stellen sicher, dass wir alles dabeihaben, was wir für eine Nacht in der

Wildnis benötigen – und kein Gramm mehr. Per Auto machen wir uns dann auf den Weg nach Zirl, wo wir die Ehnbachklamm hinaufsteigen. Ich bin froh über meine hochgebirgstauglichen Wanderschuhe und mein Training der letzten Wochen. Mit einem zwölf Kilogramm schweren Rucksack die immer steiler und unwegsamer werdende Schlucht hinaufzuklettern, ist herausfordernd. Ilse erläutert uns während einer Pause diverse Überlebens- und Orientierungsregeln. Ähnliche Trainings absolvieren Astronaut:innen für den Fall, dass sie nach einer Landung in unwegsamer Wildnis ausharren müssen, bis sie gefunden und gerettet werden.[34] Wir simulieren außerdem, dass sich einer meiner Teamkollegen verletzt, sodass wir unsere Erste-Hilfe-Kenntnisse anwenden können.

Eine Person samt Gepäck auf einer Trage entlang des schmalen Pfades, der nur mit Halteseilen begehbar ist, zu transportieren, wäre Herausforderung genug. Aber Gernot erhöht den Stressfaktor noch, indem er per Funk in unerwarteten Momenten Aufgaben stellt und uns das NATO-Alphabet üben lässt. Funksprache soll uns genauso wie viele Reaktionen in Krisensituationen so zur Routine werden, dass wir im Ernstfall keine Zeit mit Nachdenken verschwenden. Als er mir jedoch zusätzlich eine Rechenaufgabe stellt und peinlicherweise mein Gehirn streikt, ist mir zwischendurch kurz nach Fluchen zumute. Dankbar ruhen wir uns bei der Mittagspause im Schatten aus. Obwohl es so weit oben in den Bergen und besonders in der Schlucht am Fluss halbwegs kühl ist, spüren wir auch hier die Sommerhitze. Weiter geht es mit Wundversorgung, Druckverbänden und Abbinden bei stark blutenden Verletzungen. Diese Handgriffe üben wir ebenfalls bei jedem Trainingsblock, damit wir sie auch unter Stress sicher beherrschen. Simone entlockt mir einen Schmerzensschrei, was zeigt, dass er meinen Arm fest genug abgebunden hat. Nachdem Gernot mit unseren Verbänden zufrieden ist, widmen wir uns anderen Aspekten des Überlebens: Feuer machen, Orientierung, Biwak aufbauen, Feldtoilette anlegen und

Wasser finden. Auch wenn ich nicht zum ersten Mal in meinem Leben campen gehe, fühle ich mich nach einigen Stunden deutlich besser fürs Überleben gerüstet, zumindest solange die Umwelt nicht allzu lebensfeindlich ist.

Der spätere Nachmittag gehört der Geologie. Dr. Anna Losiak, eine polnische Geologin, die auf planetare Geologie und Einschlagskrater spezialisiert ist, erläutert uns sehr anschaulich die Entstehungsgeschichte der Alpen mithilfe von verschiedenfarbiger Knete. Sie lässt uns Gesteine bestimmen, Proben entnehmen und vor allem immer wieder Fundorte und Aufschlüsse beschreiben. Auch hier sollen uns die Sprache und die Abläufe in Fleisch und Blut übergehen.

Am Abend erreichen wir unseren Übernachtungsplatz weit oben am Berg in einer Flussbiegung, die einen Uferstreifen frei lässt. Wir rollen unsere Isomatten und Schlafsäcke aus, entfachen ein Feuer und dürfen – nach vorheriger Anmeldung und Genehmigung – einen Signal-Rauchtopf zünden. Etwas nervös strecke ich mit der rechten Hand den an einen Feuerwerkskörper erinnernden Signaltopf gen Himmel, halte mir mit der linken Hand mein Ohr zu und presse meinen ausgestreckten Oberarm an das andere Ohr. Dann drücke ich ab. Ein lauter Knall ertönt, und ein rotes Licht zieht eine Kurvenbahn am nächtlichen Himmel. Es ist wichtig, das einmal selbst gemacht zu haben, um im Notfall zu wissen, wie es funktioniert und aussieht. Ich kann definitiv sagen: Es ist laut. Noch lange sitzen wir am flackernden Feuer, tauschen Geschichten und Erinnerungen aus und bewundern den Sternenhimmel.

Feuer und Feuerstühle

Am nächsten Morgen brechen wir unser Lager zeitig ab, verwischen die Spuren unserer Anwesenheit und packen unsere Rucksäcke. Etwas wehmütig, dass es schon wieder vorbei ist, machen wir uns an den Abstieg. Als wir am späten Vormittag zurück im Tal und in Innsbruck sind, verstauen wir unsere Ausrüstung, steigen in unsere Overalls und laufen ein Gebäude weiter zur Innsbrucker Feuerwehr. Heute trainieren wir den Umgang mit Brandgefahren. Wir erhalten eine Einführung zum richtigen Verhalten im Brandfall, den verschiedenen Brandursachen, Feuerlöschern und Löschmethoden und sehen einige beeindruckende Filme darüber, wie schnell sich Flammen und Rauch ausbreiten können. Dann geht es an den praktischen Teil. Wir üben den Umgang mit Feuerlöschern, Feuerdecken und Handschuhen. Es ist das erste Mal in meinem Leben, dass ich einen Feuerlöscher auslöse und benutze. Etwas ungeschickt halte ich den schweren Zylinder und ziele mit der Düse. Ich bin überrascht, wie schnell die 30 Sekunden vorbei und die sechs Liter leer sind.

Immer wieder trainieren wir den Ablauf bei Feuer in unserem Raumanzug-Simulator. In Anbetracht dessen, dass die Person im Anzug nicht in der Lage wäre, ein Feuer im Anzug selbstständig zu löschen oder diesen auch nur allein auszuziehen, ist es beruhigend, dass wir so gut auf alle Eventualitäten vorbereitet werden.

Nach einem späten Mittagessen und Interviews mit dem ORF und der *ZEIT* geht es weiter zur nächsten Adresse, einem Verleiher von Quadbikes. Auch auf dieses Training habe ich mich extrem gefreut. Wir erhalten eine technische Einführung und einige Erläuterungen und dürfen dann zunächst auf dem Gelände und später auf der Landstraße fahren. Schnell habe ich den Dreh heraus und genieße den Fahrtwind, der an meinem Helm zerrt. Die Wärme, die uns beim Feuerlöschen im Overall noch den Schweiß herunterlaufen ließ, ist jetzt angenehm, um beim Fahren nicht zu frösteln. Wir erreichen eine Kiesgrube, in der wir weitere Fahrübungen absolvieren. Zunächst testen wir, wie uns das Bremsen auf dem losen Untergrund ins Rutschen bringt und wie wir Schlingern kontrollieren können. Der Kies spritzt, als ich erst vorsichtig und dann immer mutiger in Kurven drifte. Ich höre ein lautes »Wohooo« von einem meiner Kollegen und lache vor Freude am Moment laut auf.

Dann wagen wir uns an immer steilere Hügel und üben, diese stehend hinauf- und hinunterzufahren. Ersteres erfordert hauptsächlich Geradeausfahren und Gasgeben, Letzteres vor allem den Mut, von der Spitze des Hügels »hinunterzukippen«. Wir bringen auch die Winden zum Einsatz, um ein Quad einen Hügel hinaufzuziehen. Zum Abschluss fährt unser Ausbilder auf eine Anhöhe, die auf der anderen Seite in einem steilen Abgrund endet, und scherzt: »Und jetzt da hinunter.« Unser Lachen verklingt unsicher, als uns klar wird, dass er das ernst meint. Es kostet mich einige Überwindung, aber wieder einmal sage ich mir: »Wenn es nicht möglich und sicher genug wäre, würde er es nicht von uns verlangen. Also wird es schon gehen.« Mit etwas zitternden Knien rutsche und fahre ich als Zweite den Abhang herunter, halte den Lenker gerade und lehne mich so weit es geht nach hinten, um den Schwerpunkt niedrig und weit auf der Hinterachse zu halten. Unten angekommen, höre ich den Jubel meines Teams und freue mich, dass ich mich getraut habe.

Den Abend verbringen wir bei Robert und Colleen mit den inzwischen fast traditionellen Sommerrollen, Gesprächen und einem Dart-Turnier.

Am nächsten Vormittag sind der obligatorische Morgenlauf, die weiteren Übungen zur Nutzung von Funksprache und die Geschicklichkeitsübungen mit den Handschuhen schon selbstverständlich. Auch ein weiteres Donning und Doffing mit Simone und Thomas in den Anzügen fühlt sich schon deutlich routinierter an. Am frühen Nachmittag tauschen wir noch unsere Bücher eine Runde weiter und verabschieden uns für dieses Mal voneinander.

Viel Zeit bleibt nicht bis zum nächsten Training. Ich fahre zwischenzeitlich nach Bielefeld an die Universität für einen Block meines Promotionsstudiums. Außerdem übe ich mich in der Königinnendisziplin der Öffentlichkeitsarbeit – ich besuche einen Kindergarten. Wir sind angehalten, unsere Vorträge und Bildungsaufgaben durch öffentliche Auftritte zu üben. Kindergartenkindern komplizierte Sachverhalte einfach zu erklären, kann sehr schwierig sein, und sie stellen clevere Fragen. Ich nutze meinen Heimvorteil und besuche die Gruppe meiner jüngsten Tochter. Es macht mir Spaß, mit den begeisterten Kindern Bilder der Planeten des Sonnensystems zu betrachten und vom Mars zu erzählen.

Block IV – ISS und Sojus in Stuttgart

Eine Woche später stehe ich in einem Seminarraum des Instituts für Raumfahrtsysteme (IRS) der Universität Stuttgart. Hier wird der vierte Block unseres Basistrainings stattfinden. Wir werden von Prof. Dr. Reinhold Ewald begrüßt, der hier im Fachgebiet Astronautik und Raumstationen lehrt und forscht. Er war 1997 als deutscher Astronaut im All und verbrachte 20 Tage auf der MIR. Uns erwarten Vorlesungen von Gernot zu den Themen »Grundlagen der Raumfahrt und Orbitalmechanik«, »Transferstrategien«, »Kommunikation im All« und »Antriebssysteme«. Auch wenn wir aller Voraussicht nach nicht ins All fliegen werden, müssen wir zumindest die theoretischen Grundlagen in diesen Bereichen kennen, um die Abläufe zu verstehen. Im Anschluss erhalten wir als absolutes Highlight eine Einführung in den Sojus-Simulator der Universität. Wir lernen den Aufbau der Kapsel kennen und erfahren, dass immer jeweils drei Personen darin Platz nehmen können. Ein:e Pilot:in wird unterstützt durch eine:n Co-Pilot:in sowie eine:n wissenschaftliche:n Begleiter:in. Nacheinander nehmen wir in Dreierteams unsere Sitze ein und tauschen nach jedem Durchgang die Rollen, sodass jede:r von uns einen Versuch als Pilot:in wagen darf. Die Kapsel wird geschlossen, und da sie sehr detailgenau nachgestaltet ist, fühlt es sich recht realistisch an.

Gemeinsam mit Liad und Robert bin ich schließlich an der Reihe. Da wir mehr liegen als sitzen, müssen wir, um die Schalter und Knöpfe zu bedienen, unsere Arme weit zur Konsole strecken. Kein Wunder, dass die Kosmonaut:innen oft einen Teleskopstab benutzen. Alles ist mit kyrillischen Buchstaben beschriftet, und im Hintergrund hören wir über Funk Gespräche auf Russisch – sowohl um ein realistisches Gefühl zu erzeugen als auch um zu simulieren, wie viel gleichzeitig auf einen einstürmt. Die Simulation startet, und auf den Bildschirmen sehen wir die ISS in einiger Entfernung auftauchen. Zunächst begleite ich Liad durch seinen erfolgreichen Andockvorgang. Als Science Officer ist es meine Aufgabe, regelmäßig Entfernungs-, Drehungs- und Geschwindigkeitswerte abzulesen, zu notieren und anzusagen. Wieder wird unser Stresslevel durch Matheaufgaben erhöht, die wir parallel über Funk erhalten und lösen sollen. Als ich an der Reihe bin, im engen Pilotensitz Platz zu nehmen, sollen wir ein besonders schwieriges Manöver ausführen. Die Sojus soll von einem Port abdocken, sich einmal um die Station drehen und dann an einem anderen Port wieder andocken. Zunächst kämpfe ich sehr mit dem Joystick, über den die Brems- und Steuertriebwerke kontrolliert werden. Abdocken ist kein Problem, doch dann realisiere ich sehr schnell, dass die Sojus neben einem Haufen empfindlichen Metalls mit 28 800 Stundenkilometern um die Erde rast. Ich habe keine Zeit, um den Blick auf die (virtuelle) Erde zu genießen – zu empfindlich reagiert das Raumschiff auf jede kleine Bewegung. Die Orientierung im Raum fordert mich heraus, und ich nähere mich für einen Schreckmoment den Solarpaneelen so stark, dass ein Alarm losgeht. Krampfhaft umklammere ich den Joystick und verfolge hoch konzentriert das Fadenkreuz, welches mir beim Andocken den Weg weist. Normalerweise übernimmt eine Automatik diesen Vorgang, doch in Notfällen müssen die Pilot:innen auch manuell andocken können. Während der letzten Meter und Zentimeter zittere ich vor Anspannung. Doch erst als die erlösende Meldung des abgeschlossenen Dockvorgangs erklingt, spüre ich meinen verkrampften Nacken und den Herzschlag in meinen Schläfen. Unter unserem Jubel öffnet sich die Kapsel. Da stürmt Adrianos in den Raum und ruft uns alle aufs Dach des Gebäudes. Dort beobachten wir gemeinsam den Überflug der echten ISS. Was für ein Timing! Es ist eine surreale Vorstellung, dass ich gerade eben noch die Sojus dort angedockt habe und nun nach oben blicke und sie sehe. Ich mache mir bewusst, dass die ISS nur 400 Kilometer über uns schwebt und damit nur wenig weiter entfernt ist als meine Familie im 350 Kilometer entfernten Plauen. Ich spüre Gänsehaut, was nicht nur an der nächtlichen Kühle liegt. Ich fühle mich ehrfürchtig und dankbar für diese Erfahrung.

Orientierung am Sternenhimmel

Am nächsten Morgen starten wir mit einer weiteren Vorlesung zur Planetologie des Mars. Ich erfahre, dass seine Monde Phobos und Deimos wahrscheinlich eingefangene Asteroiden sind und Phobos voraussichtlich in 50 Millionen Jahren auf die Marsoberfläche stürzen wird. Anhand der bisher gesammelten Daten der Satelliten- und Rover-Missionen wissen wir, dass der Planet zwei sehr verschiedene Regionen hat. Die geologisch ältere Südhalbkugel ist erhöht und weist viele Einschlagkrater auf. Die geologisch jüngere Nordhalbkugel liegt mehrere Kilometer tiefer und könnte vor ca. 3,5 Milliarden Jahren einen riesigen Ozean beherbergt haben. Eine Theorie besagt, dass diese Ungleichheit durch einen gigantischen Asteroiden-Einschlag in der Frühzeit des Sonnensystems entstanden ist. In der südlichen Tharsis-Region befinden sich mehrere Vulkane, darunter der größte Schildvulkan im Sonnensystem. Mit einer Basis von der Größe Frankreichs und einer Höhe von 26 Kilometern über der umliegenden Tiefebene überragt der Olympus Mons den Mount Everest mit seinen knapp 9000 Metern als höchsten Berg der Erde fast dreimal. Auch von den Gipfeln der drei anderen Vulkane, die östlich des Supervulkans wie Perlen auf einer Schnur aufgereiht sind – Ascreus Mons, Pavonis Mons, Arsia Mons –, könnte ich aufgrund ihrer Höhe Sternschnuppen *unter* mir verglühen sehen. Sie ragen über die dünne Atmosphäre des Mars hinaus.

Auf dieses morgendliche Gehirnjogging folgt körperlicher Sport. Noch vor dem Frühstück begeben wir uns in eine Turnhalle auf dem Gelände. Während Guillermo per Video zugeschaltet ist und mit uns ein High-Intensity Interval Training (HIIT) absolviert, können wir offene Fragen zu unserem Trainingsplan besprechen. Handschuhtraining und Frühstück schließen sich dort ebenfalls an. Gegen 11:00 Uhr fahren wir zum Stuttgarter Planetarium. Dort bekommen wir eine private Vorstellung und üben im Anschluss die Orientierung am Sternenhimmel mithilfe einer Planisphäre. Mit dieser drehbaren Sternenkarte ist es möglich, basierend auf dem geografischen Standort die Position der Sterne und Sternbilder zu einem bekannten Datum und einer konkreten Uhrzeit zu bestimmen. Umgekehrt lassen sich Uhrzeit und Datum ermitteln, wenn die Position markanter Sterne sichtbar ist. Meine Bewunderung für die Seefahrenden und Navigierenden vergangener Jahrhunderte, die mit diesem und weiteren Instrumenten ihren Weg gefunden haben, wächst. Am Abend hält Gernot im Planetarium als Dank für die Unterstützung einen Vortrag über die Missionen des ÖWF. Robert und ich stehen im Anschluss für Fragen des Publikums zur Verfügung. Meine Nervosität hält sich diesmal im Rahmen. Dass ich alle Fragen beantworten kann, beruhigt mich. Das zeigt mir, wie umfangreich unser Training ist und wie viel ich in den vergangenen Monaten aufgesaugt und verinnerlicht habe. Dennoch spüre ich Anflüge des Impostor-Syndroms, weil ich weiß, wie viel ich trotz allem noch zu lernen habe.

HIIT und Weißwurst

Nach dem aufregenden Abend startet der nächste Tag wieder zeitig mit einer weiteren Mars-Vorlesung bei Gernot. Wir erfahren, dass ein Tag auf dem Mars 24 Stunden und 37 Minuten dauert. Wofür würde ich 37 Extraminuten pro Tag nutzen? Auch die Abfolge der Jahreszeiten ähnelt der auf der Erde. Je nach Position auf ihrer jeweiligen elliptischen Umlaufbahn sind Mars und Erde zwischen 54,6 und 401 Millionen Kilometer voneinander entfernt. Dementsprechend benötigt ein Signal vom Mars zur Erde, abhängig von der Entfernung, zwischen drei und 22 Minuten. In unseren Missionen simulieren wir eine mittlere Dauer von zehn Minuten. Ich speichere alle Informationen im dichter werdenden Netz zu »Raumfahrt« in meinem Kopf ab.

Nach dem obligatorischen HIIT und Handschuhtraining in der Turnhalle hat die Universität ein Weißwurstfrühstück organisiert, bei dem wir uns mit Mitarbeitenden und Studierenden austauschen können. Im Anschluss lauschen wir einer Vorlesung zur detaillierten Vorstellung der ISS. Eine Besichtigung der Laborräume für Robotik, des Windtunnels und des Reinraums sowie die Begleitung des Überflugs eines Satelliten stehen danach auf dem Programm. Am Nachmittag nutzt die Universität die Gelegenheit, eine Pressekonferenz zu geben. Dankesreden werden gehalten, Hände geschüttelt und unser Training in Lächeln und Winken fortgesetzt. Um uns auch psychologisch auf solche und viele andere herausfordernde Situationen vorzubereiten, verbringen wir den Rest des Tages mit Alex. Die Psychologin, die ich noch aus der Auswahl kenne, führt mit uns verschiedenste Team-Trainings durch. Bei den Aufgaben – manche in Paaren, manche im Team – ist zu spüren, wie gut wir uns inzwischen kennen und wie harmonisch wir zusammenarbeiten. Nichtsdestotrotz wird an diesem Wochenende auch klar, dass selbst in der harmonischsten Gruppe Risse auftreten können.

Während wir anderen beim Abendessen im Hotel den Tag auswerten, entscheidet sich ein Teammitglied spontan für ein Treffen mit Freunden. Am nächsten Morgen erscheint er, ohne Bescheid zu geben oder erreichbar zu sein, mehrere Stunden zu spät beim Training. Viel Verständnis schlägt ihm dafür nicht entgegen.

Ab in den Urlaub

Den letzten Trainingstag dieses Blocks verbringen wir in unserem Hotel. Nach dem Frühstück geht es in einem Seminarraum mit verschiedenen psychologischen Trainings mit Alex weiter. Wir erstellen Steckbriefe voneinander und betrachten diese im Anschluss wie eine Kunstausstellung. Ich fühle mich gut beschrieben und spüre, dass ich dem Team vertraue und mich sicher damit fühle, mich ganz zu zeigen. Im Anschluss werden uns im Kreis stehend paarweise jeweils die rechte und linke Hand zusammengebunden. Thomas' rechte Hand ist mit meiner Linken verbunden, meine Rechte mit Alons Linker. So sollen wir unter Zeitdruck Garn in eine Nadel einfädeln, einen Haufen Dosen aufstapeln und weitere Aufgaben lösen. Damit das jeweils mit der Aufgabe beschäftigte Paar dies schaffen kann, muss der ganze Kreis sich abstimmen und mitbewegen. Es stellt sich heraus, dass ich mit links zwar Dosen stapeln, jedoch eher eine Nadel ruhig halten als einen Faden durchs Nadelöhr führen kann. Unter den Anfeuerungsrufen des restlichen Teams schafft Thomas diese Meisterleistung. Diese Übung macht überdeutlich klar, wie wichtig Kommunikation ist und wie sehr wir aufeinander angewiesen sind.

Nach dem Mittagessen folgt eine weitere Runde Erste-Hilfe-Training mit vielen praktischen Einheiten. Gernot übt mit uns ein Szenario, in dem er ein Crewmitglied mit Hitzschlag simuliert. Ich soll als die zweite Person im Anzug herausfinden, wie schlecht es ihm geht. Gernot spielt die Aggression, Selbstüberschätzung und

Orientierungslosigkeit einer von einem Hitzschlag betroffenen Person so überzeugend, dass es mir schwerfällt, ihn zur Rückkehr zur Basis zu überzeugen. Als er jedoch beginnt, mich anzuschreien, werde ich auf einmal völlig ruhig und bestimmt, mache ihm eine klare Ansage und bewege ihn tatsächlich zur Rückkehr. Durch den Applaus der anderen tauche ich wie aus einer Trance auf und spüre, wie ich in meine eher zurückhaltende Persönlichkeit zurückfalle. Mir ist es etwas unangenehm, dass ich gerade so bestimmt aufgetreten bin. Gleichzeitig bin ich froh, zu wissen, dass ich in einer Krise instinktiv so reagieren kann.

Abschließend tauschen wir Bücher und Handschuhe aus und verabschieden uns voneinander – nur noch zwei Wochen bis zum letzten Trainingsblock und vor allem bis zu unserer Abschlussprüfung. Ich fahre von Stuttgart mit dem Zug direkt weiter zu meiner Familie in den Urlaub nach Südtirol. Mein Mann ist mit unseren drei Töchtern bereits am Vortag angereist, und ich bin ihm dankbar, dass er die anstrengende Packerei und Fahrt allein übernommen hat. Die nächsten zwei Wochen vergehen damit, zu wandern, im Pool zu planschen, Ötzi in seiner Kühlkammer im Museum in Bozen zu betrachten und abends den umfangreichen Stoff zu lernen. Wundervolles Wetter, die traumhafte Umgebung und leckeres Essen tragen trotz der Prüfungsvorbereitung zu ein wenig Entspannung bei.

Block V – Innsbruck

Erfüllt von Familienzeit und neuen Eindrücken, wenn auch nicht besonders erholt, fahre ich zwei Wochen später mit dem Bus nach Innsbruck. Mein Mann und die Kinder werden am nächsten Tag ohne mich zurück nach Hause reisen. Mich plagt das schlechte Gewissen, meine Familie wieder zurückzulassen. Vor allem meine Jüngste möchte mich nicht gehen lassen und macht deutlich, dass sie es doof findet, dass ich dauernd unterwegs bin. Bei der Fahrt durch die Berge genieße ich dann aber die Ruhe und stelle mich mental auf die völlig andere Welt ein, die mich erwartet. Ich bin nervös wegen der Prüfung und werde das Gefühl nicht los, dass ich noch mehr lernen und mehr Sporttraining hätte absolvieren können. In Innsbruck angekommen, fällt mir auf, wie gut ich mich mittlerweile in der Stadt auskenne. In den vergangenen Monaten war ich so oft hier, dass es sich ein bisschen wie Heimkommen anfühlt.

Nach dem Einchecken im Hostel und der Begrüßung des restlichen Teams decken wir uns im Supermarkt mit Lebensmitteln fürs Wochenende ein und kochen gemeinsam Abendessen. Danach erwartet uns noch eine Wiederholung und Prüfungsvorbereitung mit Gernot. Wir erhalten Gelegenheit, ein letztes Mal selbstständig an den Anzügen zu üben und alles genau anzuschauen. Den Tagesabschluss bildet ein Online-Meeting mit der Klasse von 2015. Iñigo, den ich von unserem kurzen Gespräch bei der Auswahl kenne, Dr. Carmen Köhler, Dr. Stefan Dobrovolny, João Lousada und Kartik Kumar beantworten uns alle möglichen Fragen. Schon vor einer Weile habe ich bemerkt, dass sich mein Selbstbild halbwegs an das Außenbild, welches all die Reporter:innen und interessierten Fragenden in meinem Umfeld von mir haben, angepasst hat. Ich habe so viel in so kurzer Zeit gelernt und mir ein riesiges Wissensgebiet erschlossen, bin fitter, technisch versierter, in Erster Hilfe und Geologie ausgebildet, habe eine Grundidee von Raumfahrt, habe viele hochinteressante Menschen getroffen und einzigartige Situationen erlebt. Doch im Gespräch mit den erfahrenen Analog-Astronaut:innen fühle ich mich wieder wie die Anfängerin, die ich bin. Ich habe noch keine Missionserfahrung, und auch wenn ich im Vergleich zum Laien auf der Straße viel weiß, habe ich doch gerade erst an der Oberfläche gekratzt. Besonders Carmen gibt mir jedoch mit ihrer fröhlichen und warmherzigen Art ein Gefühl von Zugehörigkeit und Willkommensein.

Knotenkunde und steigende Nervosität

Am Freitagmorgen steht ein letztes doppeltes Donning, diesmal für Adam und Liad, auf dem Programm. Wie viel Routine wir inzwischen haben, zeigt sich an der Dauer: In viereinhalb Stunden sind wir fertig. Nach einer Pause erhalten wir eine Einführung in ein Thema, welches ich am wenigsten in unserer Ausbildung erwartet hätte: Knotenkunde. Diejenigen von uns, die Erfahrung im Klettern haben, vor allem Robert, sind hier klar im Vorteil.

Am nächsten Morgen ist Robert dann allein mit dem Anziehen des Anzugs an der Reihe – womit nun alle mindestens einmal diese Erfahrung machen konnten. Die Hälfte des Teams, die nicht als Suittechs eingeteilt ist, übt das Aufbauen des WLAN im Freien. Der Nachmittag gehört dem Selbststudium. Die Nervosität steigt kontinuierlich, und der Abend bei Robert und Colleen bringt zwar ein wenig Ablenkung, jedoch auch viele Spekulationen über die morgige Prüfung.

Dann ist der große Tag auch schon da. Trotz aller Versuche, mir selbst zu versichern, dass ich ausreichend gelernt habe, spüre ich deutliche Prüfungsangst. Zwar ist das Wühlen in meinem Bauch nicht vergleichbar mit der Auswahl vor einem Jahr. Dennoch möchte ich mich weder vor unseren Ausbilder:innen blamieren noch sie enttäuschen.

Wir treffen uns 7:30 Uhr im Suitlab und erhalten unseren Plan für den Tag. Rotierend werden wir alle einzeln in den verschiedenen Fächern und Disziplinen geprüft. In einem Raum wartet Seda mit jeder Menge Gesteinsproben in Pappschachteln und Kisten auf mich. Neben vielen grundlegenden Fragen soll ich einige der Gesteine – manche selbst ausgewählt, andere von ihr festgelegt – beschreiben und so gut es geht bestimmen. Da die Geologie eine meiner Lieblingsdisziplinen ist, fühle ich mich diesen Aufgaben gewachsen. Ein angenehmer Start, und Seda scheint sehr zufrieden zu sein. Auf dem Weg zur nächsten Station begegne ich im Gang Adam und Thomas. Beide wirken angespannt, aber gut gelaunt.

Die folgende Stunde in Gernots Büro wird zum unangenehmsten Teil des Vormittags für mich. Zur Entstehung und Geologie von Mond und Mars kann ich noch flüssig antworten. Auch, welche Hinweise es auf Wassereis gibt und welche Detektionsmethoden wir kennen, fällt mir ein. Bei Subsystemen von Raumfahrzeugen wird es aber schon schwieriger, und je konkretere Fakten, Zahlen und Daten Gernot abfragt, desto mehr gerate ich ins Schleudern. Mein Gehirn funktioniert wunderbar vernetzt in Geschichten. Zahlen und Fakten parat zu haben, war hingegen noch nie meine Stärke. Zwar kann ich sie kurzfristig auswendig lernen – genauso schnell vergesse ich sie aber wieder. Dadurch verunsichert, tue ich mich dann auch schwer bei den Fragen zur Orientierung am Sternenhimmel und vor allem zu Kepler'schen Elementen und zur Berechnung von Transfers zwischen Orbits. Am Ende habe ich einen ziemlichen Blackout und gerate leicht in Panik. Ich würde mich gern rechtfertigen, höre mir dann aber einfach Gernots Einschätzung dazu an, wo ich dringend noch mal nacharbeiten sollte. Etwas geknickt und von mir selbst enttäuscht nutze ich eine kurze Pause, um einmal tief durchzuatmen. Schütteln und weitermachen!

Als Nächstes wird meine Reaktion in einem medizinischen Notfall getestet. Ich soll vor einem Raum warten, dann auf Zuruf hereinkommen und so handeln, als wäre das Szenario, das ich vorfinde, Realität. Als ich die Tür öffne, sehe ich eine Werkstatt, in der eine Person schreiend am Boden liegt und sich ihr Bein hält. Eine laufende Stichsäge liegt neben ihr, und aus einer Beinwunde spritzt Blut. Die beiden Assistent:innen, die mit einer Pumpe das Kunstblut rhythmisch aus der Wunde schießen lassen, blende ich aus, um mich voll und ganz auf die Situation zu fokussieren. Als Erstes sichere ich die Säge, um weitere Verletzungen zu vermeiden. Während ich die Person anspreche, rufe ich parallel um Hilfe und beginne mit einer schnellen Untersuchung zur genaueren Einschätzung der Situation. Schnell wird klar, dass es einige oberflächliche Verletzungen an den Händen gibt, das größte Problem aber die arterielle Verletzung am Oberschenkel mit rapidem Blutverlust darstellt. Ich greife mir einen herumliegenden Schraubendreher und ein T-Shirt und lege damit ein Tourniquet an, um die Blutung zu stillen. Im Anschluss sorge ich für Wärme als Schutz vor einem Schock und spreche mit der fast bewusstlosen Person, bis professionelle medizinische Hilfe eintrifft. Das Ganze dauert nur wenige Minuten, die mir aber viel länger vorkommen. Mein Overall und meine Hände sind mit Kunstblut bedeckt, und ich höre, wie die beobachtenden Ärzt:innen einander zuflüstern: »Nur 0,7 Liter Blutverlust, das war schnell.« Ich bin wirklich froh, über mich gelernt zu haben, dass ich in solchen Situationen ruhig werde, den Überblick behalte und mich in meinen Reaktionen sicher fühle. Egal was noch kommt, das nehme ich mir auf alle Fälle in mein Alltagsleben mit.

Nach dieser Aufregung und einer oberflächlichen Reinigung bin ich als Nächstes im Labor bei den Anzügen dran. Sebi und Michi stellen mir alle möglichen Fragen zu Begriffen, Hardware und Software, zu möglichen Fehlermeldungen und Stationen im Donning- und Doffing-Prozess. Auch wenn ich hin und wieder überlegen muss, kann ich dank der vielen Trainingsstunden das meiste sicher beantworten. Etwas unsicherer fühle ich mich bei den Fragen zum Aufbau des WLAN.

Als letzte Station erwartet mich eine Prüfung meiner Feinmotorik. Von Claudia erhalte ich die Aufgabe, aus einer Kiste mit rotem Sand und Gestein einen Star Wars X-Wing Starfighter aus Lego in Einzelteilen erst herauszusammeln und anschließend zusammenzusetzen. Mit Handschuhen und einem Zeitlimit, versteht sich. Mithilfe einer Pinzette durchsuche ich den simulierten Marsboden und finde neben Legoteilen auch Kristalle, ein Lego-Lichtschwert sowie die Figur eines Jedi-Ritters. Amüsiert stelle ich fest, dass sich all das

Training auszahlt. Schnell habe ich die meisten Teile durch systematisches Durchkämmen der Kiste gefunden, und auch der Zusammenbau ist zwar schwierig, aber machbar. Stolz präsentiere ich den fertigen Starfighter und realisiere gleich darauf, dass dies meine letzte Prüfung war. Geschafft!

Nach und nach versammeln wir uns im Aufenthaltsraum und besprechen aufgekratzt und erleichtert unsere Erfahrungen. Doch erst als Gernot uns allen zur erfolgreich absolvierten Prüfung gratuliert, sinkt es so richtig ein – wir sind fertig!

Wie es bei den Jahrgängen und Klassen der NASA-Astronaut:innen und vieler anderer Teams Tradition ist, haben wir nach vielen Diskussionen einen Namen und ein Teampatch für unsere Klasse von 2019 gefunden. Wir nennen uns die Tardigrades (Bärtierchen). Bärtierchen sind winzige, unwahrscheinlich widerstandsfähige Lebewesen. Sie können extreme Bedingungen wie Kälte und Trockenheit überdauern und später aus dem Ruhezustand wieder zum Leben erwachen. Im April dieses Jahres hatte die auf dem Mond zerschellte israelische Sonde »Beresheet« bei ihrer Bruchlandung ungeplant einige 1000 davon auf der Mondoberfläche verstreut.

Zur Feier unseres Abschlusses verteilen wir untereinander kleine Geschenke. Als ich an der Reihe bin und die kleinen Stempel mit Holzgriff und einer Windrose als Motiv austeile, freue ich mich über meine Idee und die Reaktion meines Teams. Auch die Apollo-Astronauten hatten Teamstempel, die symbolisch genutzt wurden. Die Windrose steht für den Aufbruch in unbekannte Abenteuer und die Kombination all unserer Fähigkeiten und fachlichen Hintergründe zu einem Team. Simone hat uns in Erinnerung an unsere Knotenkunde Anhänger geknotet. Von Alon erhalten wir alle ein kleines Schiff mit israelischer Flagge. Adrianos hat uns Mission-Patches der ESA-Missionen mitgebracht, an denen er beteiligt war. So hat jede:r ein Erinnerungsstück für alle dabei, und ich bin glücklich, etwas Bleibendes aus dieser Zeit mitnehmen zu können.

Mit der bestandenen Prüfung sind wir offiziell ins Corps aufgenommen. Solange wir uns alle zwei Jahre rezertifizieren, fit und zeitlich verfügbar sind, bleiben wir Teil des Analog-Astronaut:innen-Teams des ÖWF. Es fühlt sich sehr gut an, den steten Leistungsdruck hinter mir zu lassen. Das ganze Training, das Lesen, Recherchieren, Lernen und Reisen der letzten Monate – seit Einsenden meiner Bewerbung ist fast ein Jahr vergangen – kulminierten in dieser Prüfung. Ich bin stolz auf das Erreichte und gleichzeitig wehmütig. Die intensive Zeit mit dem Team, die einzigartigen Erlebnisse und Erfahrungen – all das wird in der Form nicht wiederkommen. Ich bin dankbar für alles, was ich erleben durfte, egal wie es weitergeht. Das nächste Ziel ist klar, doch liegt unsere nächste geplante Mission in Israel 2020 noch in einiger Ferne. Ich fühle, obwohl ich gerade erst Urlaub hatte, das Bedürfnis nach einer Pause.

VIER:

START MIT HINDERNISSEN – »WIR MÜSSEN UM EIN JAHR VERSCHIEBEN«

»The deeper the shadow, the brighter the light that follows.«[35]

Harriet Jacobs (Abolitionistin und Schriftstellerin)

Nachdem ich Anfang des Sommers einen Monat Freistellung genossen habe, reift der Entschluss, ab September 2019 noch einmal eine Auszeit von meiner Arbeit zu nehmen. Diese Pause ermöglicht es mir, einen schon länger gehegten Wunsch in die Tat umzusetzen. Ich melde mich bei einer Tauchschule an.

Mein Tauchlehrer Heiko – im Hauptberuf Polizist – geht mit mir zunächst alle theoretischen Details durch und gibt mir ein Buch und Videos zum Lernen der Grundlagen mit. Sobald ich meine gut trainierten Schnelllernfähigkeiten eingesetzt und die theoretische Prüfung samt Handzeichen, Tauchdauerberechnung und Gerätekunde bestanden habe, geht es ins Wasser. Ich erlebe meine ersten Tauchgänge im Hallen- und dann im Freibad im tiefen Becken. Besonderen Eindruck hinterlässt eine Situation, bei der ich das Ab- und Wieder-Aufsetzen samt Ausblasen meiner Brille unter Wasser trainieren soll. Bei den ersten Versuchen gerate ich in Panik, sobald das Wasser mir in die Nasenlöcher dringt. Zuerst lässt mich Heiko zur Erholung auftauchen. Beim dritten oder vierten Versuch hält er mich jedoch am Bein unter Wasser fest und zwingt mich so, mich zu beruhigen, die Brille mühsam wieder aufzusetzen und auszublasen. Erst dann lässt er mich auftauchen. Während ich hustend am Beckenrand hänge und versuche, das Wasser aus meinen Lungen zu bekommen, gibt er mir mit auf den Weg: »Was im Wasser passiert, muss im Wasser gelöst werden. Wer in Panik gerät, ist tot.« Schnell sammle ich Erfahrung und Übung und fühle mich bald in der kontrollierten Umgebung des Beckens sicher.

Geologie, so viel das Herz begehrt

Die erwerbsarbeitsfreie Zeit nutze ich auch, um meiner Begeisterung für Geologie nachzugehen. Nach einigen E-Mails und Telefonaten fahre ich an einem Sonntagmorgen Ende September nach Thüringen. Das Institut für Geowissenschaften der Universität Jena hat mir gestattet, an einer Exkursion des vierten Semesters des Geologie-Studiengangs teilzunehmen. Gemeinsam mit zwei Professor:innen sowie zehn Studierenden darf ich für sechs Tage durch den Harz und das Thüringer Schiefergebirge fahren und Felderfahrung sammeln. Wir übernachten in Jugendherbergen und legen jeden Tag viele Kilometer zurück, um die verschiedensten Gesteinsarten, interessante Faltungen und geologische Stätten zu besuchen. Während der ersten beiden Tage fühle ich mich noch sehr außerhalb meiner Komfortzone. Mir fehlen grundlegende Kenntnisse, beispielsweise was die Führung des Exkursions-Tagebuchs und Skizzen angeht. Ich beobachte die anderen genau und erfrage alles, was ich nicht verstehe. Bei den ersten Aufschlüssen – einem Steinbruch und einer Abbruchkante an einem Flussufer – höre ich gespannt zu, wie die Studierenden die Fragen der Profs beantworten, und erkenne vieles aus unserem Training wieder. Dass ich alle Begriffe bisher nur auf Englisch gelernt habe, bereitet mir leichte Schwierigkeiten, doch immer häufiger traue ich mich, selbst Antworten zu geben. Auch wenn ich ab und zu gründlich danebenliege, fasse ich allmählich Vertrauen in meine Kenntnisse. Wieder lerne ich innerhalb weniger Tage so viel wie sonst in etlichen Monaten nicht. Geologenhammer, Lupe und Skizzenbuch werden zu meinen ständigen Begleitern. Wir finden Basaltsäulen, die senkrecht und geometrisch aus der Erde ragen, und sehen vulkanische »Bomben« – kleine Steine, die durch einen Vulkanausbruch weit geschleudert wurden und in Schlamm eingebettet versteinerten. Sie werden an einem Wegrand sichtbar, den Napoleons Soldaten beim Marsch durch diese Gegend in einen Hang gehauen haben. Ich sammle Fossilien und klopfe zahllose Steine, tropfe Salzsäure, skizziere, notiere und fotografiere. Kurz: Ich bin voll und ganz in meinem Element. Wir trotzen Hitze, Regen und Nebel, wandern durch Schluchten, finden Feuersalamander und bewundern Ausblicke. Nach Stationen in Quedlinburg, Thale, am Kyffhäuser und im Thüringer Wald rollen wir nach einer äußerst intensiven Woche wieder in Jena ein. Wieder einmal ist es seltsam, mich von Menschen zu verabschieden, mit denen ich mich durch ein geteiltes intensives Erlebnis verbunden fühle. In dem Wissen, einander höchstwahrscheinlich nie wiederzusehen, verkneife ich mir Versprechungen, in Kontakt zu bleiben. Zurück daheim, schreibe ich den Exkursionsbericht und sende ihn an die Professor:innen. Ich bin schon ein wenig stolz, als ich das Feedback bekomme, dass es nicht zu bemerken ist, dass ich zuvor kein Geologie-Grundstudium absolviert habe.

Der Rausch der Tiefe

Kurz darauf geht die Tauchausbildung weiter. Für mich heißt das, erstmals im freien Wasser abzutauchen. Gemeinsam mit Mitgliedern des Tauchclubs Nemo fahre ich auf einen Zeltplatz an einem der Leipziger Seen. Bei meinem ersten Tauchgang bin ich etwas nervös.

Doch Heikos ruhige Art und seine gründliche Prüfung der Technik und des Sitzes der Ausrüstung geben mir Sicherheit. Sobald mein Kopf unter Wasser sinkt und ich schwerelos durchs Wasser schwebe, befinde ich mich in einer anderen Welt. Ich bewundere die Sonnenstrahlen, die durch die Algenwälder dringen, und die glitzernden Fischschwärme, die blitzschnell davonhuschen, sobald wir uns nähern. Zuerst bewege ich mich noch zu hektisch und muss viel justieren, um nicht abzusinken, aufzutauchen oder mich um die eigene Achse zu drehen. Schnell gewinne ich jedoch Übung darin, mit minimalen Bewegungen zu steuern. Weniger ist mehr, und ich spüre, wie ich immer ruhiger werde. Nach einigen solcher Ausflüge lege ich eine Winterpause ein, nur um im nächsten Sommer wieder mehrere lange Wochenenden an verschiedenen Seen Mitteldeutschlands zu verbringen. Ich sammle Erfahrung und gewinne Sicherheit, bis ich meinen Tauchschein als Advanced Open Water Diver erhalte. Beim Tauchen immer zu zweit im Buddy-System zu sein, ähnelt unseren EVAs in den Raumanzug-Simulatoren, ebenso wie das eigene Überleben in einer für Menschen unwirtlichen und lebensfeindlichen Umgebung der Technik und dem eigenen Können anzuvertrauen.

Mein Favorit ist das Tieftauchen. Am Tag meines ersten Tauchgangs in dreißig Metern Tiefe schwimmen Heiko und ich in voller Montur hinaus zu einer Boje, an der entlang wir hinabtauchen werden. Als ich dort einen Moment auf Heiko warte, lege ich mich auf den Rücken, lasse mich treiben und blicke hinauf in den endlos blauen Himmel über mir. Ich stelle mir vor, wie dort oben gerade eine Astronautin auf EVA schwerelos neben der ISS im All schwebt, hinab auf die Erde blickt und wir beide in diesem Moment Spiegelbilder füreinander sind.

Dann sinken wir hinab in die Dunkelheit. Taucher:innen erzählen abends am Lagerfeuer gern wilde Geschichten, und ich habe einige darüber gehört, dass Menschen in der Tiefe Beklemmungen bekommen oder die Dunkelheit ihnen zusetzt. Ich hingegen mag die absolute Dunkelheit und die Stille sehr. Nur mein Atemgeräusch ist zu hören. Der Strahl meiner Lampe erhellt gerade so meine Hände im trüben Wasser voller Schwebstoffe. Ich fühle einen tiefen Frieden und große Ruhe und genieße das schwerelose Gefühl und die Abgeschiedenheit von allen Außenreizen und alltäglichen Gedanken. Viel zu schnell nimmt unser Sauerstoffvorrat ab und die Kälte in der Tiefe zu. Beim Auftauchen wiederholen wir während unserer Dekompressionsstopps einfache Kopfrechenaufgaben, die wir zuvor schon bei geringer Tiefe gelöst hatten. Es ist für mich eine eindrückliche Warnung, wie stark die Denkleistung in der Tiefe abnimmt. Ich muss allerdings auch lachen, als ich bemerke, wie schwer sich mein Gehirn mit 17 + 8 tut, und erinnere mich daran, dass Lachen mit Mundstück nicht die beste Idee ist.

Mercury 13

Von diesem Tag an träume ich ab und zu davon, in der schwarzen, stillen Schwerelosigkeit zu schweben, und weiß beim Aufwachen manchmal nicht, ob ich im All oder unter Wasser war. Meine Faszination für die reizarme Tiefe erinnert mich an die *Mercury 13* genannten Frauen, die in den 1960er-Jahren auf eine private Initiative von Dr. William Lovelace hin dieselben Auswahltests durchliefen und bestanden wie die Apollo-Astronauten. Einer der Tests bestand in der Untersuchung, wie lange sie es aushalten würden, ohne Sinnesreize zu sein (Sensory Deprivation). Dazu schwebten die Probandinnen in einer abgedunkelten Kammer mit körperwarmem Salzwasser ohne Geräusche. Es wird berichtet, dass die meisten männlichen Probanden spätestens nach zwei bis drei Stunden erste Halluzinationen in Form von Geräuschen oder Lichtblitzen bekamen und schließlich den Versuch beendeten. Im Gegensatz dazu begannen die Wissenschaftler sich bei den weiblichen Versuchspersonen nach mehreren Stunden zu sorgen. Als sie die Frauen schließlich herausholten und fragten, ob sie unangenehme Empfindungen gehabt hätten, antworteten diese, dass sie es im Gegenteil als sehr ruhig und erholsam erlebt hätten. Der Rekord der Frauen lag bei ungefähr zehn Stunden, während die Männer deutlich schlechter abschnitten. Trotz dieses und weiterer beeindruckender Ergebnisse, welche die Eignung der Frauen für die Raumfahrt unterstrichen, wurde das Projekt schließlich beendet.[36]

Die erste Frau im All wurde Valentina Tereshkova, eine sowjetische Kosmonautin, die 1963 an Bord von Wostok 6 ins All flog. Erst 20 Jahre später, 1983, als ich schon zwei Jahre alt war, sandte die NASA mit Sally Ride die erste weibliche Astronautin mit der Raumfähre Challenger (STS-7) ins All.[37]

Amadee-20-Crew für Israel

Zurück zum Herbst 2019. Anfang Oktober nehme ich an einer Konferenz für meine Doktorarbeit in Berlin teil. Abends klingelt mein Handy, und ich sehe mit einem leichten Déjà-vu-Gefühl Gernots Namen auf dem Display. Er ruft an, um mich zu fragen, ob ich bei der nächsten Mission in Israel dabei sein möchte und kann. Ich freue mich sehr, dass ich in Betracht gezogen werde, und sage unter Vorbehalt zu. Zuerst muss ich natürlich mit meiner Familie klären, wie meine wochenlange Abwesenheit organisatorisch bewältigt werden kann. Auch die anderen vorgesehenen Teammitglieder sind beruflich und familiär eingespannt, sodass Verfügbarkeit und Urlaub oder Freistellung vom Arbeitgebenden essenzielle Bedingungen sind. Zur Sicherheit werden immer mehrere Back-ups, also Reserve-Teammitglieder, benannt. Wir werden uns alle gemeinsam für die Mission vorbereiten, und falls eine:r der gesetzten Kandidat:innen ausfällt, springt der Ersatz ein. Schließlich wird die Crew für die Mission in Israel aus João als Commander, Iñigo als Deputy Commander, Thomas, Robert, Alon und mir bestehen. Ich bin erleichtert, die beiden erfahrenen AAs als Teamleiter an Bord zu haben. Carmen, Adrianos und Liad werden gemeinsam mit uns als Back-ups trainieren.

Mit Beginn der Vorbereitungen für die 2020 geplante Mission nehmen auch die Medientermine und Interviews spürbar zu. Anfang November fliege ich nach London, wo mein Bruder mit seiner Familie lebt. Neben dem Familienbesuch ist auch die European Mars Conference Anlass meiner Reise.[38] Am Tag der Konferenz treffe ich zum ersten Mal seit unserer Prüfung mein Team. Es ist großartig, sie wiederzusehen! Zudem lerne ich weitere Personen aus dem Bereich Mars- und Analogforschung kennen, zum Beispiel Robert Zubrin, Begründer der Flashline Mars Arctic Research Station auf Devon Island in Kanada.[39] In mehreren spannenden Vorträgen erfahren wir Neues von verschiedenen Forschungsgruppen und Habitaten.

Zum Abschluss der Konferenz findet unsere Graduationszeremonie statt. Nach einer seiner mitreißenden Reden reicht Gernot der Reihe nach jedem Teammitglied einen Löffel mit simuliertem Mars-Regolith, den wir tatsächlich herunterschlucken sollen. Etwas trocken, das Ganze – zum Glück gibt es einen Schluck Wasser dazu. Es heißt, dieses Ritual sei Tradition, was unsere Kolleg:innen aus dem vorangegangenen Jahrgang jedoch lachend verneinen. Wir sind uns uneinig, ob wir sicherstellen sollen, dass die nächste Klasse, die nach uns ausgewählt wird, auch in diesen sauren Apfel oder besser gesagt staubigen Löffel beißen muss. Das Finale bildet die offizielle Bekanntgabe der Crew und der Back-ups für Amadee-20 in der Negev-Wüste in Israel.

Immer in Bewegung – Veränderungen und Begegnungen

Schon zwei Wochen später bin ich wieder unterwegs, diesmal nach Marseille zu einem Kongress, auf dem ich ein Poster zu meiner Doktorarbeit präsentiere. Nach drei Tagen ist auch mein sehr eingerostetes Französisch ein wenig aufgefrischt, und ich genieße nach etlichen Stunden in Kongresssälen verregnete und stürmische Spaziergänge ans Meer. Das war die letzte Reise dieses aufregenden und intensiven Jahres, und ich bin froh, die Weihnachtszeit diesmal etwas ruhiger angehen lassen zu können. Der Wunsch, mehr Zeit für meine Kinder und meine Promotion zu haben, ist dann auch der Grund, warum ich mich entscheide, nach der Freistellung nicht zu meiner Arbeit im Gesundheitsamt zurückzukehren. Ich möchte flexibler arbeiten und plane, mich als Beraterin und Dozentin selbstständig zu machen. Leicht fällt mir die Entscheidung nicht, doch als ich das Kündigungsgespräch geführt und alles geklärt habe, fühle ich mich befreit und erleichtert. Nach dem Jahreswechsel verbringe ich mit meiner Familie einen Skiurlaub im Bayerischen Wald. Von dort unternehme ich einen Abstecher nach München, um einen der Sponsoren für die bevorstehende Mission kennenzulernen. Der Uhrenhersteller Fortis stattet schon seit geraumer Zeit Kosmonaut:innen aus, so wie Omega dies für die Astronaut:innen tut. Auch für unsere Mission wird Fortis eine limitierte Edition von weltraum- und damit auch tauchtauglichen Uhren herausbringen. Zusätzlich wird in Kooperation mit Fortis eine Filmcrew der Firma *What The Film* (WTF) die Mission begleiten und dokumentieren.

Pandemie

Im Spätwinter nähert sich ein einschneidendes globales Ereignis, welches das Leben von Milliarden Menschen in die Zeit davor und danach unterteilen wird. Zuerst sind es nur Gerüchte und vereinzelte Meldungen, dann wird innerhalb weniger Tage klar, dass etwas Gewaltiges passiert. Ein Kongress, zu dem ich reisen will, wird wegen einer neuen Erkrankung, die sich aus China kommend weltweit ausbreitet, abgesagt. Täglich werden die Nachrichten dramatischer, und die Ungewissheit ist groß. Am 16. März beginnt für uns schließlich der Lockdown mit Ausgangssperre und Schulschließungen. Während sich eine gespenstische Stille über den gesamten Planeten ausbreitet und Videos menschenleerer Großstädte und zurückkehrender Tiere geradezu dystopisch wirken, wächst in meinen vier Wänden – wie überall auf der Welt – die familiäre Belastung. Mein Mann ist in einem systemrelevanten Beruf tätig, sodass unsere jüngste Tochter in die Notbetreuung des Kindergartens gehen darf. Die beiden älteren Kinder betreue ich daheim im hastig auf die Beine gestellten Homeschooling, was ungefähr drei Tage lang Neuheitswert besitzt und danach zum absoluten Kraftakt gerät. Parallel versuche ich, weiter an meiner Promotion zu arbeiten und meine Selbstständigkeit zu starten. Ich berate Verwaltungen mit meiner Expertise in Infektionsschutz und Katastrophenmanagement. Inzidenzen und Statistiken werden für mich wie für so viele zur täglichen Routine. Auch die Vorbereitungen für die Mission geraten ins Stocken – dennoch wollen dafür weiterhin Meetings und E-Mails abgearbeitet werden. Meine einzigen Auszeiten von der räumlichen Enge und dem Druck der vielen Anforderungen und Erwartungen an mich sind lange Laufrunden. Ich genieße die Ruhe, das Alleinsein und die Strahlen der Frühlingssonne auf der Haut. Abgesagte Termine, Masken nähen, Treffen online abhalten, weniger reisen – wäre es nicht so anstrengend, die unausgelasteten, gelangweilten und gleichzeitig überforderten Kinder ununterbrochen zu betreuen, könnte ich der Situation durchaus einiges abgewinnen. So viel Leid Covid-19 auch über die Welt gebracht hat – einige der Veränderungen haben mein Leben nachhaltig geprägt und verbessert.

Ende April wird endlich die wochenlange Isolation gelockert.

Dress Rehearsals (DR)

Nachdem die ersten dramatischen Pandemiewochen überstanden sind, versuchen wir, mit unserer Missionsvorbereitung zu einer Art neuem Normal zurückzufinden. Ende Mai nehme ich am ersten missionsspezifischen Training, einem sogenannten Dress Rehearsal (DR), teil. Es findet erstmals in der Geschichte des ÖWF online statt. Die Vertreter:innen der verschiedenen wissenschaftlichen Teams (Principal Investigators, PIs) stellen uns ihre geplanten Experimente vor. Sie erstellen für jedes Experiment ein sogenanntes SEIF (Standard Experiment Information Form), in welchem alle notwendigen Informationen zusammengefasst sind. Diese studieren wir ebenso wie die Procedures, die für jeden Schritt eines Experiments erstellt werden. Ich freue mich sehr, João, Iñigo und Carmen durch die gemeinsamen DRs besser kennenzulernen. Unser Team trifft sich ebenfalls einmal monatlich online, um die Vorbereitungen zu koordinieren und aktuelle Themen zu besprechen. Obwohl diese Treffen am Abend oft das Letzte sind, bevor ich müde ins Bett falle, freue ich mich jedes Mal, die anderen zu sehen. Die Weltraumwelt ist immer wieder eine angenehme Abwechslung zu meinem Alltag.

Zu Beginn des Sommers können die Kinder endlich wieder in die Schule gehen. Die letzten Wochen haben sehr an unser aller Kräften gezehrt. Umso mehr freue ich mich darauf, im Juni zum ersten Dress Rehearsal in Präsenz nach Innsbruck reisen zu dürfen. Ich hole Thomas in München vom Flughafen ab und wir praktizieren etwas ungelenk eine der neuen Ellbogen-Begrüßungen. Thomas und ich übernachten bei Robert und Colleen und genießen ihre Gastfreundschaft, den Ausblick auf Innsbruck sowie den Morning Run, den wir um der alten Zeiten willen zusammen unternehmen. Es ist toll, einige der Experimente endlich live zu erleben und erste Abläufe zu üben. Zwar tragen wir alle Masken und halten so gut es geht Abstand, doch ein Anschein von Normalität tut gut. Am zweiten Tag findet ein Donning mit Iñigo im Anzug statt. Nach der langen Zeit merke ich, wie viele Details in meiner Erinnerung bereits verblasst sind. Natürlich gehört auch

Geologie zum Programm, und wir polieren unsere Expertise im Entnehmen von Bodenproben auf.

Wir müssen um ein Jahr verschieben

Auch nach unserem Präsenztreffen bleiben viele Unsicherheiten, da verschiedene Experimente aufgrund von Corona vorerst zurückgezogen wurden und unklar ist, was im Herbst auf uns zukommen wird. So findet auch das nächste DR Anfang Juli mit angezogener Handbremse und überschattet von Ungewissheit statt. Dennoch setze ich mein Fitnesstraining fort, fahre mehrfach zum Tauchen und drehe mit dem WTF-Team einen Werbefilm für Fortis in der Deutschen Raumfahrtausstellung. Dass ich eines Tages im MIR-Modell vor einer Kamera stehen würde, hätte ich als Kind niemals gedacht.

In den Sommerferien fahre ich mit meiner Familie nach Paris und an die französische Atlantikküste in den Urlaub. Dort erreicht mich Ende Juli der Anruf mit der finalen Entscheidung: Aufgrund der Planungsunsicherheit und absehbaren Reisebeschränkungen wegen Covid-19 wird die Mission um ein Jahr verschoben. Obwohl ich es schon geahnt hatte, ist es eine Enttäuschung. All das Training und die Planung erst einmal umsonst. Die Spannung und das Training ein weiteres Jahr aufrechtzuerhalten, wird schwierig. Nachdem ich mich allerdings an den Gedanken gewöhnt habe, kann ich auch den etwas nachlassenden Druck hinsichtlich meines Sportprogramms genießen und die frei werdende Zeit anders füllen.

Ende August findet in Innsbruck das DR III statt. Es fühlt sich fast ein wenig sinnlos an, die lange Fahrt anzutreten. Ob ich mir die Dinge, die wir an diesem Wochenende üben, tatsächlich über ein ganzes Jahr hinweg merken werde? Hinzu kommt, dass ich an diesem Wochenende Geburtstag habe und diesen statt mit meiner Familie beim Filmdreh mit WTF und Fortis im Anzug verbringe.

Ich fahre einen Tag eher als die anderen heim, um wenigstens den Schulanfang meiner jüngsten Tochter nicht zu verpassen.

2. Pandemie-Winter

Ab diesem Zeitpunkt lasse ich mein Fitnesstraining etwas schleifen und fahre es erst ein Jahr später wieder deutlich hoch. Ich miete mir ein Büro an und genieße es, in Bezug auf meine Arbeit flexibel zu sein. Nach bangen Wochen, in denen wir hoffen, dass es nicht passiert, werden die Schulen erneut geschlossen. Ich begleite nun nicht nur zwei, sondern drei Schulkinder im Homeschooling. Parallel dazu unterrichte ich online als Dozentin, gebe Workshops, übersetze Bücher und schreibe an meiner Promotion. Als es Januar und dann Februar wird und das Homeschooling kein Ende nehmen will, entscheide ich, mir wieder eine halbe Stelle in Festanstellung zu suchen. Ich werde an der Akademie für Öffentliches Gesundheitswesen in Düsseldorf als wissenschaftliche Mitarbeiterin eingestellt. Später wechsle ich auf die Stelle der Referentin für Hygiene und Infektionsschutz. Obwohl ich versuche, nachts an meiner Doktorarbeit zu arbeiten, geht es nur schleppend voran, und ich denke mehrfach daran, aufzugeben. Auch nach Ostern geht das Homeschooling weiter, gleichzeitig arbeite ich mich in meine neue Arbeit ein. Zum Glück wird es zumindest Frühling, was die trübe, blasse Überlastung der vergangenen Monate etwas mildert. Außerdem lerne ich meinen Partner kennen, der ebenso wie ich eine offene Ehe führt, was für uns beide eine alles verändernde Begegnung darstellt. Über die nächsten Monate integrieren wir uns mehr und mehr in das Leben des:der jeweils anderen.

Missionsvorbereitung

Nach mehr als einem halben Jahr Pause und intensivem Leben außerhalb des ÖWF-Raumfahrt-Kosmos fühle ich Abstand vom

Thema. Auch der Kontakt mit meinem Team ist etwas eingeschlafen. Nach und nach rückt die Mission jedoch wieder in den Fokus. Unter anderen Vorzeichen kläre ich meine Freistellung mit meiner neuen Arbeit, und eine Pressemitteilung des ÖWF über die bevorstehende Mission bringt verschiedene Medientermine mit sich. Im April 2021 führt das ÖWF eines von mehreren Analog Mission Basic Trainings (AMBT) durch. Diese bereiten gemeinsam mit den darauf aufbauenden Analog Mission Advanced Trainings (AMAT) Interessierte darauf vor, während der Missionen des ÖWF im Mission Support Center (MSC) mitzuarbeiten. Als Vertreterin der AAs berichte ich bei diesen Online-Veranstaltungen von unserer Auswahl und Ausbildung und beantworte Fragen der Teilnehmenden. Für eine Kampagne meines Heimatlandkreises stehe ich außerdem erneut in der Deutschen Raumfahrtausstellung vor der Kamera.

Im Juni nimmt auch die praktische Missionsvorbereitung wieder Fahrt auf. Wir treffen uns zum DR IV in Innsbruck und frischen unsere Kenntnisse am Anzug, in Erster Hilfe, Geologie und dem Durchführen der Experimente auf. Das intensive Fitnesstraining, zahlreiche Meetings und ein ausführlicher E-Mail-Austausch nehmen viele Stunden pro Woche in Anspruch.

Im August findet dann endlich das letzte Präsenztraining vor der Abreise statt. Wir versammeln uns ein letztes Mal in Innsbruck, üben mit den Anzügen, gehen die Experimente Schritt für Schritt durch, besprechen unsere Packlisten und drehen weitere Filmszenen mit WTF. Nach diesem Wochenende wird die gesamte Hardware in zwei große Container gepackt und per Schiff und Lkw nach Israel transportiert. Für die extrem aufwendige und komplexe Logistik, sämtliche Genehmigungen und Zolldokumente ist Sophie Gruber zuständig. Die junge Physikerin ist eines der Vorstandsmitglieder des ÖWF und beeindruckend ruhig und organisiert. Davon nehme ich mir gern etwas mit. Denn obwohl ich mich einerseits gut vorbereitet fühle, habe ich andererseits noch einige offene Fragen.

Vieles lässt sich schlecht vorausplanen, wenn wir auf eine Reise gehen, die es in der Form an dem Ort noch nie gab. Was packe ich ein für vier Wochen auf dem Mars? Was brauche ich in einer Wüste? Einige Tipps erhalten wir von unseren erfahrenen Kolleg:innen aus vorangegangenen Missionen.

Men and Women in Black

Wie schnell ein Jahr vergeht und wie viel gleichzeitig in diesem einen Jahr passiert ist. Dieses Mal verbringe ich meinen Geburtstag in Berlin. Dort bin ich zum WunderNova-Sommerfest eingeladen, einer Veranstaltung, die Jugendlichen anhand zahlreicher Frauen aus verschiedensten Bereichen Vorbilder nahebringen möchte. Ich treffe dort viele beeindruckende, inspirierende, engagierte Frauen – Forscherinnen, CEOs, Politikerinnen und Künstlerinnen.

Am Vorabend des Events findet ein Kennenlernabend in einem eleganten Restaurant statt. Ich stehe dort etwas verloren herum und halte mich an meinem Glas mit Begrüßungssekt fest, als mir eine Frau auffällt, die ein paar Meter weiter ähnlich allein dasteht wie ich. Also fasse ich mir ein Herz und spreche sie an. Sie stellt sich als Susanne vor, und ich höre an ihrem leichten Akzent, dass sie vermutlich aus einem nordischen Land stammt. Im Nu sind wir in eine angeregte Unterhaltung vertieft und stellen fest, dass wir zeitgleich in der Nähe von Washington, D. C., gelebt haben. Wir tauschen uns darüber aus, wie unsere Töchter und Partner damit umgehen, dass wir in der Öffentlichkeit stehen, und unterhalten uns über den Ablauf des Abends. Schließlich fällt mir ein, nachzufragen: »In welcher Rolle bist du denn eigentlich heute hier?«

»Ach so, ja, ich bin Susanne Hyldelund, die Botschafterin des Königreiches Dänemark in Berlin – und du?«

Ich versuche, mich nicht an meinem Sekt zu verschlucken und so zu tun, als wäre eine solche Begegnung für mich ganz alltäglich.

»Als Analog-Astronautin«, antworte ich möglichst souverän. Wie immer ist das ein guter Gesprächsaufhänger, da sofort die Nachfrage kommt, was denn das »Analog« bedeute. Unser Gespräch wird unterbrochen, als auf einmal mehrere Personen in schwarzen Anzügen mit Knopf im Ohr den Raum betreten und offensichtlich sichern. »Was ist denn jetzt los?«, frage ich etwas beunruhigt.

»Ach, das ist nur die französische Botschafterin, die kommt immer mit ihren Men and Women in Black. Ich hab so was nicht, ich bin nicht so wichtig«, erklärt mir Susanne. So fühle ich mich zu Beginn des Abends von den Titeln und hochrangigen Positionen der Frauen an meinem Tisch ziemlich überfordert. Nach und nach löst sich meine Scheu bei angeregter Unterhaltung und ausgezeichnetem Essen auf, da alle herzlich, interessiert und offen auftreten. Am Ende sind wir alle nur Menschen, die schlafen, lieben, träumen und leben.

Am nächsten Tag, meinem Geburtstag, findet das WunderNova-Sommerfest in einer Villa am See statt. Den teilnehmenden Jugendlichen merke ich dieselbe Berührungsangst an, die ich gestern noch selbst empfunden habe. Daher bemühe ich mich, ihnen an dem Tisch, den ich betreue, die Unsicherheit zu nehmen, und führe viele angeregte Gespräche. Elke Büdenbender, die Frau des Bundespräsidenten, kommt am Nachmittag ebenfalls dazu und unterhält sich mit den Jugendlichen. Auch mit den anderen Frauen tausche ich mich weiter sehr bereichernd aus.

Knallrot werde ich, als Angela De Giacomo, unsere wunderbare Gastgeberin, die versammelten 300 Menschen zu einem Ständchen zu meinem 40. Geburtstag anleitet – diese »Geburtstagsparty« wird, was die Prominenz angeht, in diesem Leben sicher nicht mehr zu toppen sein. Dennoch fühle ich mich wohler, als ich nach dem Wochenende nach Hause komme und meine Lieblingsmenschen mir ihr Ständchen singen. Das bin dann doch mehr ich.

Countdown

Anfang September gebe ich weiter fleißig Interviews für lokale Radiostationen und Zeitungen in meiner Heimatstadt. Die letzten Wochen bis zur Abreise vergehen wie im Flug. Ich versuche, meine Abwesenheit auf der Arbeit gut vorzubereiten. Gleichzeitig bemühe ich mich, neben meinem Fitnessprogramm noch möglichst viel Zeit mit meinen Kindern zu verbringen. Ich bastle einen Kalender aus 31 kleinen Päckchen, eins für jeden Tag, bis ich zurückkomme, verstecke kleine Zettel mit Botschaften im ganzen Haus, bereite Arzttermine, Geburtstage und Geschenke vor. Die Tage haben einfach nie genug Stunden, und abends falle ich todmüde ins Bett. Ich versuche, noch mal meine Freund:innen und Familienmitglieder zu sehen und an meiner Doktorarbeit weiterzuschreiben, spüre aber, dass ich froh sein werde, wenn es endlich losgeht und die Anspannung endet.

FÜNF:

MISSION AMADEE-20 IN ISRAEL – MIT DEM QUAD DURCH DEN STAUB DER NEGEV-WÜSTE

»Energy rightly applied and directed will accomplish anything.«[40]

Nellie Bly (Pionierin des investigativen Journalismus und Weltreisende)

»AMADEE« – dieses eine Mal handelt es sich nicht um eines der beim ÖWF allgegenwärtigen Akronyme. Der Name des von 2018 bis 2028 laufenden Forschungsprogramms des ÖWF ist eine Hommage an den österreichischen Ursprung und steht für den zweiten Vornamen eines der berühmtesten Musiker des Landes – Wolfgang Amadeus Mozart. Jede Feldmission baut auf den Ergebnissen der vorherigen Mission auf, mit dem Ziel, technische Innovationen, wissenschaftliche Erkenntnisse und praktische Erfahrungen miteinander zu verbinden.[41] Allen Simulationen gemeinsam ist, dass die Missionsarchitektur realistisch abbildet, wie die verschiedenen Teams miteinander arbeiten und kommunizieren. Auf der »Erde« gibt es ein Mission Support Center (MSC), welches, anders als das Mission Control Center für die ISS, eine mehr unterstützende und weniger kontrollierende Funktion innehat. Dies liegt primär daran, dass durch die Zeit, die für die Signalübertragung zwischen Erde und Mars verstreicht, eine völlig neue Art der Zusammenarbeit notwendig wird. Blinkt auf der ISS eine Alarmlampe, so heißt es oft »Houston, wir haben ein Problem«. Dann können die Teams auf der Erde die notwendigen Anweisungen in Echtzeit zu den Astronaut:innen im Orbit schicken. Ein Hilferuf vom Mars kommt hingegen, wie wir im Training in Stuttgart gelernt haben, im Durchschnitt erst nach zehn Minuten auf der Erde an. Selbst wenn die Antwort sofort gegeben werden kann, dauert es noch einmal zehn Minuten, bis auf dem Mars im Chat zu lesen ist: »Dieses Signal bedeutet, dass der Sauerstoff im Anzug in fünf Minuten ein kritisch niedriges Level erreicht.« Zu spät für die Rettung des:der unglücklichen Raumfahrenden im Anzug.

Astronaut:innen auf dem Mars müssen also viel autonomer agieren und ganz andere Fähigkeiten, Ausrüstung und Zugriff auf Informationen mitbringen als Menschen, die derzeit ins All fliegen.

Missionsarchitektur

Das MSC in Innsbruck steuert während der Mission als Schaltzentrale die wissenschaftlichen Aktivitäten von der »Erde« aus. Im Flight Control Room koordiniert der:die jeweils diensthabende Flugdirektor:in (FD) wie ein:e Orchesterdirigent:in das Flight Control Team (FCT). Mit Reinhard, Willi, Guillaume und Simone haben wir sehr erfahrene Personen in dieser Rolle. Im Flight Control Room werden die Telemetrie-Daten erfasst, mit der Crew auf dem »Mars« über die Position EARTHCOM per Chat kommuniziert und alle Entscheidungen in letzter Instanz getroffen. Unterstützt wird das FCT durch weitere Teams, welche zuarbeiten, Daten analysieren und Entscheidungen vorbereiten. So ist die Flugplanung (FP) etwa verantwortlich für die Erstellung des im zweiten Trainingsblock erstmals erwähnten Daily Activity Plans (DAP). Sie berücksichtigt dafür Sicherheitsaspekte, optimale Wegplanungen, Wetterprognosen und die Bedürfnisse der Wissenschaftler:innen und Crew. Das Team im Remote Science Support (RSS) ist vor allem an den wissenschaftlichen Daten der Feldcrew interessiert und wertet diese zügig aus, um bei Bedarf neue Vorschläge für die Flugplanung auszuarbeiten. Dieses Team führt fachliche Diskussionen mit den PIs, reflektiert die Messdaten und zieht bei Bedarf externe Expert:innen hinzu. Die dritte Gruppe kümmert sich um die Medienarbeit und den Ground Support mit der IT-Abteilung. Der Ground Support ermöglicht den reibungslosen Ablauf der MSC-Arbeit – vom Catering über die Transportlogistik bis hin zur Security. Die IT-Abteilung als »elektronischer Arm« des Ground Support garantiert das perfekte Funktionieren eines komplexen Netzwerkes. So können etwa externe Kontrollzentren zugeschaltet, Telemetrie-Daten übertragen oder Daten im ÖWF Multimissions-Datenarchiv gespeichert werden. Auch Ärzt:innen (BME) und Psycholog:innen, die zusammen das Human Factors-Team (HF) bilden, spielen eine wichtige Rolle in der Überwachung und Betreuung aller Beteiligten, besonders natürlich der Crew auf dem »Mars«. Sie sind an finalen Entscheidungen wie dem »Go« für EVAs beteiligt. Bis zu 40 Menschen aus verschiedenen Nationen arbeiten so im MSC teilweise in Schichten gemeinsam am Erfolg unserer Missionen. Aufseiten des »Mars« in dem jeweiligen Gastland sind die sechs Analog-Astronaut:innen sowie das On Site Support-Team (OSS), bestehend aus zusätzlichen zehn bis 15 Personen, im Einsatz. Unser Mars liegt für die nächsten vier Wochen in der Negev-Wüste in Israel.

Tag 1 – Tel Aviv bei Nacht

Es ist der erste Samstag im Oktober 2021. Dass es nun so weit ist und die Mission endlich stattfindet, kann ich noch gar nicht richtig fassen. Zwei Tage lang habe ich meine Reisetasche gepackt und immer wieder einzelne Stücke getauscht oder hinzugefügt. Gewicht spielt bei uns glücklicherweise nicht dieselbe Rolle wie bei einer realen Reise zum Mars. Ein Kilogramm Fracht zur ISS wird aktuell mit Kosten in fünfstelliger Höhe beziffert. Dennoch gibt es natürlich Begrenzungen der Fluggesellschaften. Ich packe Kleidung, meinen Overall, Arbeitshandschuhe, Sonnen- und Insektenschutz, ein Nähset, Ohrstöpsel und Notfallmedikamente ein. Neben einem Notizbuch, meinem Laptop und weiteren praktischen Gegenständen finden vor allem emotional wichtige Dinge Platz: Spiele, Schokolade, Geschenke, Fotos meiner Lieblingsmenschen. Am Ende werde ich viel zu viele Anziehsachen dabeihaben, denn da ich fast durchgängig meinen Overall tragen werde, brauche ich nur Zivilkleidung für die Reise.

Bei aller Vorfreude ist der Abschied wehmütig. Mehr als vier Wochen werde ich weder meine Kinder noch meine beiden Partner, keine Familienmitglieder oder Freund:innen sehen. Als ich im Zug in das orange Leuchten des Sonnenaufgangs getaucht gen München fahre, fallen ein paar Tränen. Doch bis ich am Flughafen in München aussteige, hat die Vorfreude wieder die Oberhand gewonnen. In der Schlange am Gate höre ich hinter mir »Anikaaa«. Carmen und Claudia, die als OSS mitkommen, laufen winkend und laut rufend auf mich zu. Begeistert fallen wir uns in die Arme.

Es geht wirklich los! Wir fliegen Richtung Mars!

Am Gate treffen wir auch Max vom WTF-Team. Er wird uns auf dem Flug begleiten, teilweise filmen und gemeinsam mit seinen Kolleg:innen die erste Woche in Israel fürs Drehen des Dokumentarfilms über die Mission nutzen. Wenige Stunden später treffen wir bei unserer Zwischenlandung in Istanbul João, unseren Commander aus Portugal. Einen weiteren Flug und unruhige Nickerchen später befinden wir uns im Landeanflug auf Tel Aviv. Trotz der späten Stunde dauert es auf dem Ben Gurion Airport eine ganze Weile, bis wir dank unserer Empfehlungsschreiben dem hinzugezogenen hochrangigen Sicherheitspersonal plausibel erklären können, was wir vier Wochen lang in der Wüste vorhaben. »Mars-Mission« klingt zugegebenermaßen wenig glaubwürdig.

Nach dem obligatorischen PCR-Test bringt uns ein Shuttle zum Hostel, wo wir auf den Rest der Crew und einige Mitglieder des OSS-Teams treffen. Trotz der Müdigkeit zelebrieren wir auf der Dachterrasse mit Blick auf die erleuchtete Skyline von Tel Aviv den Start der Mission. Unser Lachen mischt sich in der lauen Sommerluft mit der heraufwehenden Geräuschkulisse der nächtlichen Großstadt. Als ich schließlich erschöpft im Bett liege, bin ich noch zu aufgedreht, um einzuschlafen. Meine Gedanken kreisen um die Fragen: Warum wollen wir eigentlich zum Mars fliegen? Und wie werden wir das bewerkstelligen?

Außerirdisches Leben?

In der Gegenwart ist der Mars ein kalter, lebensfeindlicher, verstrahlter Ort ohne nennenswerte Mengen von Wasser und Sauerstoff. Zwar kann es im Sommer am Äquator schon mal bis zu 20 °C warm werden, doch meist herrschen Minusgrade, die an den Polen nachts im Winter bis zu –125 °C betragen können. Bis vor ungefähr 3,5 Milliarden Jahren sah das vermutlich anders aus. Damals hatte der Mars eine dichtere, wahrscheinlich wärmere Atmosphäre, bevor sie von Sonnenwinden aufgrund des schwachen oder fehlenden Magnetfeldes weggeweht wurde. Viele der bisher durch Rover und Satelliten gesammelten Daten weisen darauf hin, dass es fließendes Wasser auf der Marsoberfläche gab und bis zu drei Kilometer tiefe Ozeane, welche Landschaften geformt und vielleicht sogar bakteriellem Leben Heimat geboten haben. Andere Theorien gehen davon aus, dass der Mars vor langer Zeit mindestens genauso kalt war wie heute und die Erosionsspuren eher durch flüssiges CO_2, Lavaströme oder Seen unter Gletschern geformt wurden. Heute findet sich Wassereis an den Polen unter einer Schicht von CO_2-Eis, im Permafrostboden sowie in Kratern, die immer im Schatten liegen.

Sogenannte Archaeen und extremophile Bakterien existieren seit Milliarden Jahren in den unwirtlichsten Lebensräumen der Erde – von heißen unterseeischen Quellen mit immensem Druck, dem Eis der Arktis bis hin zu Salzseen und giftigen, sauren Quellen. Sogar im Kühlwasser von Kernkraftwerken wurden trotz der hohen radioaktiven Strahlung schon Bakterien nachgewiesen. Es ist daher nicht ausgeschlossen, dass auch auf dem Mars mikrobielles Leben entstand und tief unter der Oberfläche oder in Höhlen mit ihren stabileren Umweltbedingungen die Jahrmilliarden überdauert hat. Zumindest könnte es sein, dass Fossilien gefunden werden oder Gesteine, die nur durch biologische Aktivität entstehen konnten. Es ist außerdem bekannt, dass in den Kindertagen unseres Sonnensystems durch Meteoriteneinschläge Material vom Mars bis zur Erde geschleudert wurde. Nach aktuellem Wissen entwickelten sich die ersten Bakterien auf der Erde vor ca. 3,5 Milliarden Jahren. Entwickelte sich das Leben auf dem Mars schon eher? Gelangten die ersten biologischen Moleküle gar vom Mars auf die Erde? Oder entwickelte sich das Leben unabhängig voneinander auf zwei Planeten im selben Sonnensystem? Wenn ja, wie sah oder sieht das marsianische Leben aus? Und falls das Leben sich tatsächlich zweimal parallel entwickelt hat, was sagt das über die Wahrscheinlichkeit aus, dass dasselbe auf weiteren der unzählbaren lebensfreundlichen Planeten im Universum passiert? Indem wir diese Fragen beantworten, erfahren wir mehr über einige der ältesten Fragen der Menschheit: Wo kommen wir her? Und sind wir allein in der Weite des Weltalls?

Vorbereitungen für eine lange Reise

Antworten auf diese Fragen verspricht sich die Forschung durch die Entsendung von Menschen auf den Mars. Nur alle 26 Monate stehen Mars und Erde so günstig zueinander, dass die Dauer einer Mission überschaubar bliebe. Jeweils sechs bis neun Monate Hin- und Rückflug würden ein Fenster von zwölf bis 16 Monaten auf dem Planeten eröffnen. Dabei wartet die Crew auf dem Mars, bis sich beide Planeten in einer günstigen Position für einen treibstoffsparenden Rückflug befinden. Die Gesamtdauer von knapp drei Jahren stellt enorme Ansprüche an die Versorgung und Lebenserhaltung der Astronaut:innen. Ein kürzerer Aufenthalt auf dem Mars von wenigen Wochen könnte durch einen schnelleren – erheblich treibstoffintensiveren und damit teureren – Rückflug ermöglicht werden. Eine solche Mission würde nur etwa anderthalb bis zwei Jahre dauern. Die Entwicklung fortschrittlicher Antriebstechnologien verspricht kürzere Reisezeiten. Erste Marsumrundungen mit Menschen an Bord sind für die 2030er-Jahre geplant. Die erste Marslandung soll wenige Jahre später erfolgen. Zuvor werden robotische Missionen Vorräte, Habitate, Rückkehrmodule sowie Rover, Kraftwerke und Fabriken zur Herstellung von Treibstoff, Wasser und Sauerstoff auf den Mars bringen, damit alles optimal für die Ankunft der Menschen vorbereitet ist. Beim Losfliegen muss nicht nur die Erdanziehung überwunden und auf ausreichend Geschwindigkeit beschleunigt werden. Das Raumschiff steuert auch nicht direkt den Mars an, da dieser sich in den Monaten, die die Reisenden für die viele Millionen Kilometer lange Strecke brauchen, auf seiner Umlaufbahn weiterbewegt. Stattdessen zielt die Flugbahn auf den Punkt im All, an dem sich der Mars den Berechnungen nach bei Ankunft befinden sollte. Ein winziger Fehler in der Berechnung der Flugbahn könnte katastrophale Auswirkungen haben. Auch der lange Flug an sich wäre gefährlich. Es braucht nicht nur ausreichend Treibstoff und Versorgungsgüter, auch kosmische Strahlung und besonders Sonneneruptionen und daraus resultierende Sonnenstürme können tödliche Strahlungsdosen auf die Reisenden schleudern. Ist dies alles überwunden, so nähert sich das

Raumschiff Monate später dem Mars. Es hat inzwischen eine Reisegeschwindigkeit von 28 000 Kilometern pro Stunde erreicht und muss abbremsen, um nicht in der Atmosphäre zu verglühen oder wie ein Stein auf dem Wasser an ihr abzuprallen und in die Weiten des Alls zu verschwinden. Die Landung auf dem Planeten stellt noch einmal eine ganz eigene Herausforderung dar. Sie wird in Raumfahrtkreisen die »Acht Minuten des Terrors« genannt, denn in dieser kurzen Zeit muss eine Landekapsel mit hoher Geschwindigkeit im richtigen Winkel in die Atmosphäre eintreten. Durch einen Hitzeschild abgebremst, öffnet sich schließlich ein Fallschirm für die weitere Verlangsamung. In den letzten Momenten sorgen dann Bremstriebwerke für präzises Navigieren und eine möglichst sanfte Landung. Die größte Schwierigkeit ist, dass alle Prozesse automatisiert ablaufen müssen, da Funksignale zur und von der Erde zu spät kommen, um einzugreifen.

Mit Gedanken an lange Monate der Monotonie im tiefdunklen All, turbulente Landungen, eisige rote Wüsten und Bakterien, die tief verborgen in Höhlen überdauert haben, schlafe ich endlich doch ein.

Tag 2 – In die Wüste

Die Nacht in Tel Aviv ist kurz. Am Morgen treffen wir uns vor dem Hostel und laufen zum auserkorenen Frühstücksrestaurant. Es ist schon früh heiß und schwül, Motorräder schlängeln sich laut hupend durch Autoschlangen, und immer wieder heulen Sirenen. Unzählige Menschen laufen an uns vorbei: von Frauen in Vollverschleierung über Beduinen und orthodoxe Juden in ihrer Tracht bis zu Gruppen in Kippa, Turban oder Partyoutfit.

Max vom Filmteam ist immer dabei. Nicht alle scheinen das so zu verdrängen wie ich. Einmal wundere ich mich, warum niemand auf eine Bemerkung von mir antwortet, und als ich mich umdrehe, sehe ich, dass alle mit Abstand hinter mir laufen, um nicht im

Bild zu sein. Beim Frühstück stoßen endlich auch Alon und Liad zu uns. Fast alle bestellen wir Shakshuka, um uns kulinarisch auf unser Gastland einzustellen.

Zurück am Hostel, beladen wir den Kleinbus, der uns in die Wüste nach Mizpe Ramon bringen soll, randvoll mit unseren Taschen und Koffern. Dann reihen wir uns auch schon in die Autoschlangen ein, um die Stadt wieder zu verlassen. Je weiter wir aus dem Zentrum herausfahren, desto niedriger und schäbiger werden die Häuser. Durch die vielen Polizeistreifen und später die Flutlichtlampen, Überwachungskameras und Stacheldrahtzäune um jede Tankstelle und jeden Bauernhof wird uns eindrücklich bewusst, dass Anschläge hier eine reale Bedrohung darstellen. Wie schnell sich dies auf grausame Weise bestätigen und wie viel Leid auf allen Seiten die Menschen hier ereilen wird, ahnen wir in diesen Wochen noch nicht.

Wir fahren durch überraschend grüne Landstriche. Endlose Olivenhaine, Obstbaumplantagen und bewässerte Baumwollfelder ziehen am Autofenster vorbei. Zwischendrin sehen wir ab und zu große Industrieanlagen. Manches wirkt sehr europäisch und vertraut, anderes völlig fremd. Mit der Zeit werden die Hügel links und rechts der Autobahn immer trockener, brauner und karger. Die Zypressen werden kleiner und seltener, dann wandelt sich das Bild immer mehr zur Wüste.

Nach fast drei Stunden Fahrt erreichen wir etwa 80 Kilometer südlich von Be'er Scheva den kleinen Ort Mizpe Ramon. Er liegt am Rand des Makhtesh Ramon, eines riesigen Kraters in der zentralen Negev-Wüste, benannt nach dem beim Columbia-Space-Shuttle-Unglück verstorbenen israelischen Astronauten Ilan Ramon.[42] Mit einer Länge von etwa 40 und einer Breite von neun Kilometern ist er der größte Erosionskrater der Welt. Auf 900 Metern Höhe ist es hier so trocken, dass kaum natürliche Vegetation vorhanden ist. In Mizpe befindet sich das Field Office (FO), also der Stützpunkt unseres OSS-Teams. Zusammengesetzt aus ÖWF-Personal und Mitwirkenden aus Israel, ist dieses Unterstützungsteam für alle logistischen und organisatorischen Belange vor Ort zuständig. Viele sind durch D-Mars, eine israelische Analog-Simulation, zum Projekt gekommen.

Judith Kümmel, im echten Leben Pilotin großer Verkehrsmaschinen, ist die Quartiermeisterin des Teams und damit verantwortlich für unsere Versorgung und Logistik. Sie begrüßt uns herzlich und gibt uns eine Einführung in die Räume und die Verteilung der Ausrüstung. Mit ihrer pragmatischen Art und dem nie erschöpfenden Vorrat an herzlichen Umarmungen, Süßigkeiten und kleinen Aufmerksamkeiten wird Judith für mich zu einer der Seelen der Mission. Die erste Sicherheitseinweisung wiederholt wichtige Grundlagen: niemals allein das Gelände verlassen, immer ein Funkgerät bei sich tragen, bei Schlangenbissen ein Foto von der Schlange machen, ruhig hinsetzen und per Funk Hilfe rufen, viel Wasser trinken, nie ohne Hut und Sonnenschutz rausgehen. Wir bekommen auch eine Einweisung für die Autos, mit denen wir in den nächsten Tagen mehrfach zur Basis im Krater fahren werden. Wir parken immer so, dass sofortiges Losfahren möglich ist. Die Schlüssel bleiben in der Zündung oder an einem vorgesehenen Schlüsselbrett. Jede Nutzung muss in eine Liste eingetragen werden. Bald schwirrt mir der Kopf, und ich mache mir verstohlen Fotos von den giftigsten Schlangen, Spinnen und Skorpionen, die auf einem Poster im Hauptraum hängen. Heimlich hoffe ich darauf, einige davon zu Gesicht zu bekommen. Mit Abstand, versteht sich.

Das Habitat im Krater

In Gruppen fahren wir in den Ramon Krater zur ersten Besichtigung des Habitats hinab. Der Krater wurde ausgewählt, weil er nicht durch einen Einschlag, sondern durch Erosion, durch Wind und Wasser, entstanden ist. Damit bietet er geologisch und optisch sehr ähnliche Bedingungen wie ein potenziell interessantes Landeareal auf dem Mars. Auf halber Strecke, bevor die Straße sich in großen Serpentinen zum Grund hinabwindet, halten wir an einem Aussichtspunkt. Der Ausblick vom Kraterrand ist spektakulär! Erneut werden wir vom Filmteam begleitet, welches unsere Begeisterung einfängt. Der Wind zerrt an meinen Haaren, als ich meine Augen mit der Hand beschatte und in die sonnenflirrende Wüste blicke. Kleine Kegel vulkanischen Ursprungs wechseln sich mit vom Wind erodierten Hügelketten ab. Die Farben changieren von Dunkelgrau über Rötlich zu Orange und Gelb. Farbige Gesteinsbänder durchziehen manche Steilhänge, und die Hügel verlieren sich in der Ferne. Das andere Ende des Kraters ist nicht zu erkennen. Ganz nah bewegen sich plötzlich einige Steinböcke am Abgrund, die, solange sie stillstanden, gar nicht auffielen. Sie trauen sich nah an unsere Gruppe heran und sorgen für einige »Leben auf dem Mars«-Witze.

Ich frage mich, wie sich der Wind anhören würde, stünde ich auf dem Mars am Rand eines Kraters.[43] Da die Geschwindigkeit, mit der sich Schallwellen in Gasen verbreiten, temperaturabhängig ist, dauert es über große Entfernungen hinweg auf dem Mars länger, bis ein Ton ankommt, als auf der wärmeren Erde. In der etwa 100 Mal weniger dichten Marsatmosphäre wäre die Lautstärke außerdem sehr gedämpft. Um einen Ton genauso laut zu hören, müsste ich also näher an einer Geräuschquelle stehen. Die Marsatmosphäre mit ihren 96 Prozent CO_2-Gehalt absorbiert zusätzlich hohe Frequenzen. Diese Schwächung bestimmter Tonhöhen, Attenuation genannt, würde dazu führen, dass bei größeren Entfernungen hauptsächlich tiefe Töne wahrnehmbar wären. Mich fasziniert der Gedanke, wie ähnlich und doch fremd sich ein anderer Planet aufgrund anderer physikalischer Gegebenheiten anfühlen kann.

Die gleißende Sonne erinnert mich ebenfalls an unsere Vorlesungen. Auf dem Mars beträgt die Intensität der Sonne aufgrund der größeren Entfernung weniger als die Hälfte der Strahlungsstärke auf der Erde. Wahrscheinlich fühlt sich ein Mittag auf dem Mars eher wie ein später Nachmittag auf der Erde an. Die Sonne erscheint dort deutlich kleiner und blasser. Dennoch bräuchten wir stärkeren Sonnenschutz, da ohne schützende Atmosphäre die UV-Strahlung viel stärker ist. Der Gedanke an Sonnenbrand bringt mich zurück ins Hier und Jetzt.

Wir besteigen die Autos und fahren die Serpentinen hinab in den Krater. Das Habitat taucht nach einer 20-minütigen Fahrt durch die Kraterlandschaft in einem ehemaligen Steinbruch vor uns auf. Als Erstes sehe ich die metallene Luftschleuse, das Airlock, welches den Eingang bildet, dann die beiden durch einen Gang verbundenen achteckigen Module, die Solarpaneele und den Generator. Überall wuseln Menschen herum, die fieberhaft mit der endgültigen Fertigstellung beschäftigt sind. Wie würde ein Habitat auf dem Mars aussehen? Welche Funktionen muss es erfüllen? Dazu existieren verschiedenste Studien, Modelle und Ansätze. Zum Schutz vor Strahlung sind halb oder vollständig unterirdische Behausungen denkbar. Durch 3D-Druck könnten von Robotern vor der Ankunft der Astronaut:innen Unterkünfte aus vor Ort vorhandenen Materialien hergestellt werden. Denkbar sind auch Module, die auf der Erde gebaut und mit Vorgängermissionen auf den Mars gebracht werden. Zwei solcher miteinander verbundenen Module sollen unsere Basis in der Wüste simulieren.

Hier werden wir also die nächsten vier Wochen verbringen. Alon Shikar, der Architekt des Habitats, führt uns herum und erklärt uns die technischen Systeme. Wir müssen verstehen, wie Wasser, Abwasser, Kühlung und Heizung, Energieversorgung und Kommunikation funktionieren, um auf Fehlfunktionen reagieren zu können. Alles muss autark sein und möglichst ein Back-up für etwaige Ausfälle besitzen. Wir werden versuchen, mit so wenig Strom und Wasser wie möglich auszukommen, und unser Abwasser wird als Grauwasser für die Spülung verwendet, ehe es in einer biologischen Kompostieranlage landet. Als Umweltingenieurin bin ich fasziniert von der Komplettlösung, die sechs Menschen über vier Wochen lang mitten in der Wüste möglichst nachhaltig und sparsam mit allem Lebenswichtigen versorgt. Dennoch werden wir auf mitgebrachte Ressourcen und Unterstützung durch OSS, welche auf dem Mars durch Roboter ausgeführt werden wird, angewiesen sein. Schon die Schwierigkeit in solch einer abgelegenen, lebensfeindlichen Umgebung auf der Erde ist immens. Wie wäre das erst auf einem anderen Planeten?

Biosphäre 2: Ein ehrgeiziges Experiment

Die Idee, ein autarkes System zu schaffen, um Menschen auf einem anderen Planeten überlebensfähig zu machen, ist nicht neu. In der trockenen Wüste von Arizona erhebt sich beispielsweise eine futuristische Glaskuppel, die in den frühen 1990er-Jahren entstand. Die Biosphäre 2, in Anlehnung an die Erde als erster Biosphäre, war als 100-jähriges Experiment geplant mit dem Ziel, eine vollständig geschlossene, selbstversorgende Umwelt zu schaffen. Als Modell für zukünftige Weltraumkolonien sollten jeweils acht Menschen – vier Frauen und vier Männer – für zwei Jahre in Isolation darin leben. Auf einer Fläche von 12 000 Quadratmetern produzierten Pflanzen Sauerstoff, die Bewohner:innen bauten Nahrung an und hielten Nutztiere. Doch die Kreisläufe entpuppten sich als wesentlich komplexer als erwartet. Die Mission kämpfte mit sinkenden Sauerstoffwerten, Hunger und psychologischen Problemen. Einige Tier- und Pflanzenarten starben aus, Kakerlaken und invasive Ameisen vermehrten sich hingegen unkontrolliert. Trotz dieser Schwierigkeiten hielt die erste Crew zwei Jahre lang durch. Doch aufgrund interner Konflikte, Management- und Finanzierungsproblemen sowie Sabotagevorwürfen endete das Projekt schließlich. Trotz des Scheiterns lieferte Biosphäre 2 wertvolle Erkenntnisse über die Komplexität geschlossener Ökosysteme. Das Experiment war eine Mahnung, wie wenig wir über die feinen Balanceakte der Erde wissen, und ein Beweis für die Herausforderungen zukünftiger Weltraumkolonien. Heute dient Biosphäre 2 der University of Arizona als Forschungszentrum für Klimafragen und Umweltstudien.[44]

Wie wichtig neben den technischen Aspekten und Ressourcenmanagement der Faktor Mensch in Form von Isolationsstress, Gruppendynamik und zwischenmenschlichen Beziehungen ist, zeigte sich auch in anderen Projekten. Zwischen Juli 1999 und April 2000 wurde eine simulierte Langzeitmission namens SFINCSS-99 (Simulation of a Flight of International Crew on Space Station) am Institut für Biomedizinische Probleme in Moskau durchgeführt. Ein Teammitglied brach die Mission vorzeitig ab, weil es im Team zu massiven Konflikten und sogar zu Gewaltausbrüchen kam. Details wurden nie öffentlich gemacht, doch es wurde berichtet, dass Streit um Schokolade sowie Belästigung eines weiblichen Crewmitglieds zentrale Rollen spielten.[45] Ab 2008 führte dasselbe Institut in Zusammenarbeit mit der ESA drei weitere Langzeitsimulationen unter dem Titel »Mars 500« durch. Erst 14, dann 105 und zuletzt 520 Tage wurden vier bis sechs Personen isoliert und stellten die Reise zum Mars, die Landung und die Rückreise nach. Auch hier wurde deutlich, wie wichtig der Faktor Mensch für den Erfolg solcher Unternehmungen ist.[46]

Blaue Sonnenuntergänge

Das Kreischen einer Säge auf Metall lässt mich zusammenzucken. In die Seitenwand des Habitats werden kleine schlitzförmige Fenster geschnitten. Eine Besichtigung des Inneren der Station fällt aufgrund der letzten Bauarbeiten flüchtig aus. Dann verschwindet auch schon die Sonne hinter dem Kraterrand. Die Farben verändern sich, und das letzte Licht ergießt sich über die Felsen. Wunderschön! Voller Ehrfurcht genießen wir das beeindruckende Naturschauspiel. Auf dem Mars würde dieses Erlebnis ganz anders aussehen. Aufgrund des Staubes in der Atmosphäre werden andere Farben herausgefiltert als auf der Erde. Sonnenauf- und -untergänge sehen eher bläulich als orange aus. Vielleicht wäre am nächtlichen Marshimmel sogar die Erde als kleiner, blau schimmernder Punkt zu erkennen.

Bis unsere Gruppe in Mizpe zum Abendessen eintrifft, ist es spät geworden. Ich habe Mühe, der Unterhaltung zu folgen. Nach zwei Tagen Reise bin ich erschöpft und freue mich darüber, unter dem sternenbedeckten Himmel durch die Wüstennacht ins Field Office schlendern und in mein Bett fallen zu können. Stunden später erwache ich desorientiert in völliger Dunkelheit und brauche einen Moment, um mich daran zu erinnern, wo ich bin. Vorsichtig, um meine Zimmergenossinnen nicht zu stören, werfe ich einen Blick aufs Handy. Obwohl Israel während der Sommerzeit Deutschland zwei Stunden voraus ist, hat mein angespanntes Nervensystem schon 6:00 Uhr Ortszeit keine Ruhe mehr zum Schlafen. Meine Gedanken schweifen zurück zum ersten Anblick der Basis im Krater. Wie es wohl künftigen Astronaut:innen bei ihrer Ankunft auf dem Mars ergehen wird? Die Abfolge der Erkundung eines Planeten wird von den technischen Möglichkeiten und den Bedingungen vor Ort bestimmt. Auf der Erde segelten Forschungsreisende früherer Jahrhunderte ins Unbekannte, um weiße Flecken auf den Landkarten zu erkunden. Sie konnten nur vermuten, wo sie auf Land treffen würden. Für den Mars hat die Menschheit einen leichteren Start. Mithilfe von Satelliten können bereits jetzt detailgenaue Karten der Marsoberfläche erstellt werden. Nach der Landung an einem geeigneten Ort werden diese im nächsten Erkundungsschritt aktualisiert und verfeinert. Dazu werden Daten von Rovern und Drohnen gesammelt. Menschen können aufgrund der Strahlung und lebensfeindlichen Bedingungen erst im letzten Schritt gezielt für forschungsrelevante Punkte und Probenahmen eingesetzt werden. Die eingeschränkte Leistungsfähigkeit und Belastbarkeit des Menschen begrenzen die Zeit außerhalb des schützenden Habitats. Nur im Raumanzug und auch immer nur für kurze Zeit können Menschen auf der Planetenoberfläche aktiv sein. Dafür können sie, anders als Roboter, ihre Erkenntnisse an Ort und Stelle auswerten, spontan Entscheidungen treffen und ihre Intuition nutzen. Vor Ort können sie in wenigen Stunden Strecken zurücklegen, für die ein von der Erde aus gesteuerter Rover viele Monate benötigt. Stellen wir uns vor, wir würden ein Auto ferngesteuert einparken. Aus über 50 Millionen Kilometer Entfernung kommt das Bild der Einparkkamera erst nach zehn Minuten bei uns an. Wir würden uns nur Zentimeter für Zentimeter vortasten, um nicht plötzlich das Auto des Nachbarn zu touchieren. Dieses Schneckentempo überbieten Menschen locker, wenn sie dort aus der Basis heraus einen Rover in Echtzeit steuern oder selbst zu Fuß oder per Fahrzeug unterwegs sind.

Ebendiese Explorationskaskade werden wir in den nächsten Wochen testen. Dabei werden wir ganz sicher Fehler machen und auf unerwartete Probleme stoßen. Aber genau das ist eine der Hauptaufgaben unserer Mission, und ich bin sehr gespannt, was uns alles auffallen und begegnen wird. Was werden wir lernen?

SECHS:

BRIDGEHEAD-PHASE – FRAUENPOWER IM SONNENUNTERGANG

»The desert is a natural extension of the inner silence of the body.«[47]

Gertrude Bell (Entdeckerin und Archäologin)

In der nun beginnenden Bridgehead-Phase bereiten wir gemeinsam mit dem OSS-Team und den Partner:innen vor Ort den Start der Isolations-Phase der Mission in einer knappen Woche vor.

Tag 3 – Bedienungsanleitung ja oder nein, das ist hier die Frage

Der heutige Tag markiert für mich eine angenehme Veränderung. Ab sofort tragen wir nur noch unsere Overalls und müssen uns keinerlei Gedanken mehr über unsere Kleidung machen. Wir genießen ein gemeinschaftliches Frühstück an langen Holztischen im Innenhof des Wohnkomplexes des FO und haben viel Spaß mit den verschiedenen kulturellen Versionen, das Pita-Brot zu füllen oder zu belegen. Hummus darf dabei natürlich nicht fehlen. Gegen 8:30 Uhr folgt das morgendliche Briefing, welches ab sofort zum täglichen Ablauf gehört. Dabei benennen die Teamleiter:innen alle anstehenden Aufgaben, verteilen Rollen, und alle offenen Punkte und Anliegen werden gesammelt und besprochen. Noch fühlt sich alles ein wenig chaotisch an, aber das wird sich in den nächsten Tagen sicher sortieren.

Das Habitat bewohnbar zu machen, hat oberste Priorität. Jede Stunde ist so intensiv, dass ich mich bald fühle, als wären wir schon ewig hier. Zusammen mit Nachrichten von daheim, die ich sporadisch zu lesen schaffe, erzeugt das Wissen, wie lange ich noch weg sein werde, leichtes Heimweh. Die Tatsache, dass ich die gesamte Zeit über abgelenkt und beschäftigt bin, macht es einfacher. Ich bin froh, dass wir die ersten Tage Gelegenheit haben, die Umgebung ein bisschen zu erkunden. Dank unserer israelischen Teamkolleg:innen können wir auch ein bisschen Hebräisch lernen, landestypisches Essen genießen und abseits der touristischen Pfade wandeln.

Einen Bezug zum Essen hat auch unser erstes Experiment namens MICROBIOME, welches wir heute Vormittag starten. Dieses Experiment des Helmholtz-Zentrums in München hat das Ziel, herauszufinden, wie sich unsere Magen-Darm-Flora und unsere Hautbakterien durch die Ernährung, die Stresssituation und die Isolation während der nächsten Wochen verändern werden. Dafür entnehmen wir vor dem Start der Isolationsphase sowie während und nach der Mission Abstriche aus Nase und Ellenbogen für die Bakterien-Kultur und anschließende PCR (Polymerase Kettenreaktion) für spätere Gen-Analysen. Außerdem müssen wir regelmäßig Stuhl- und Urinproben entnehmen, die Röhrchen beschriften und einfrieren. Auch Analog-Astronaut:innen sind sich für diverse Fäkalwitze nicht zu schade, so viel steht fest.

Noch ein weiteres Experiment startet heute. Es heißt MOVE, wird von der Norwegischen University of Science and Technology in Trondheim durchgeführt und passt gut zu Microbiome. Wer kennt es nicht, dass die Verdauung und gewohnte Rhythmen während einer Reise oder durch Stress aus dem Takt geraten. Auch für

Astronaut:innen gilt, dass ihre Verdauung ein wichtiger Gradmesser für ihre Gesundheit, ihr Immunsystem und ihren psychischen Zustand darstellt. Das Experiment untersucht, wie unsere Verdauung und unser Wohlbefinden durch die psychische Belastung beeinflusst werden. Dazu gibt es nummerierte Bilder, bei denen Stuhlgang mit Lebensmitteln verglichen wird (»wie Weintrauben«, »wie ein Maiskolben«, »wie Suppe«). Jede:r von uns erhält eine Mappe mit den Abbildungen und einer Tabelle, in der täglich die Nummer des zutreffenden Bildes notiert werden soll. Selbstverständlich sorgt auch das für eine Reihe von Running Gags. Noch Monate danach kann ich die abgebildeten Lebensmittel nicht ohne diese Assoziation zu mir nehmen.

Nachdem ich meine Experimentierpflichten erfüllt, sämtliche dazugehörenden Fragebögen ausgefüllt und noch ein Telefoninterview mit einer Zeitung geführt habe, beladen wir zwei Autos und machen uns wieder auf den Weg hinab in den Krater. Dort passieren wir den Checkpoint, der ab heute von israelischen Freiwilligen besetzt wird. Sie werden rund um die Uhr die Umgebung sichern und Tourist:innen und unangemeldete Medienvertreter:innen abhalten. Die Fahrt ist wieder spektakulär. Die Landschaft sieht in jedem Licht anders, aber immer beeindruckend aus. Keine einzige Wolke ist am Himmel zu entdecken, von dem erbarmungslos die Wüstensonne brennt. Windböen wirbeln immer wieder kleine Staubteufel auf. Die roten Hügel erstrecken sich in alle Richtungen. Fast kann ich mir mit halb geschlossenen Augen vorstellen, die Marsoberfläche vor mir zu sehen. Am Habitat angekommen, verbringen wir den Vormittag damit, uns mit den Quadbikes vertraut zu machen. Ich teste zunächst die etwas ungewohnten Hebel und Knöpfe aus und fahre ruckelnd an. Nach einigen Versuchen mit Bremse und Gas gewinne ich schnell an Sicherheit und taste mich an die Strecke zwischen Habitat und Checkpoint heran. Auf dem Rückweg fahre ich mit zusammengekniffenen Augen durch die

Staubwolke, die ich auf dem Hinweg selbst produziert habe. Ein Gefühl von Freiheit durchströmt mich, als ich beschleunige und der warme Wüstenwind an meinem Helm und Overall zerrt. Ich bremse am Anstieg, der zum Habitat führt, ab und drehe den Schlüssel im Zündschloss. Als ich den Helm abnehme und das Quad an Thomas übergebe, kühlt der Wind angenehm meinen verschwitzten Kopf. Ich bin dankbar, dass wir zu einer Jahreszeit mit Temperaturen um die 30 °C hier sind und nicht im Hochsommer. Während die anderen nach und nach ebenfalls Fahrpraxis sammeln, müssen die zwei Container, in denen unsere Ausrüstung aus Österreich nach Israel verschifft wurde, leer geräumt werden. Wir schleppen zahlreiche Kisten unter der brennenden Sonne hin und her. Florian, erneut als Missionsfotograf dabei, ruft uns zum Shooting für Pressefotos zusammen. Einige Schritte neben dem Habitat trotzen wir der blendenden Sonne und posieren einzeln und als Team. Zwischendurch haben wir kurz Zeit, um auf einen der umliegenden Hügel zu klettern. Kaum drehe ich mich außerhalb der Sichtweite des Habitats um, bin ich mitten im Nirgendwo. Hier möchte ich mich nicht verlaufen! Nach fünf Minuten außerhalb des Habitats bin ich außerdem extrem froh über meine Wasserflasche. Die ist allerdings schnell leer, und mir wird bewusst, wie glücklich wir uns schätzen können, sie in der Basis nachfüllen zu können. Die Trockenheit, Hitze und Entfernung vom nächsten Ort machen mir bewusst, wie abhängig ich von einer Wasserquelle und Essen bin und wie aufwendig es ist, dies alles in ausreichender Menge hier in die entlegene Wüste zu transportieren. Wie ungleich schwerer wird es sein, entsprechende Ausrüstung und Versorgung auf einen viele Millionen Kilometer entfernten Planeten zu befördern!

Zur großen Freude meiner inneren Biologin beobachten wir im Laufe des Tages verschiedene Tiere. Am Morgen hatten wir uns darüber unterhalten, dass wir im unteren Bett Bedenken wegen Skorpionen haben. Als ich spaßeshalber das Kissen im oberen Bett anhob, saß dort stattdessen eine fingernagelgroße gelbe Spinne. Später entdecke ich in der Wüste zwei seltsam trippelnde Vögel mit langem Schwanz. Eine Recherche ergibt, dass es sich um »Arabian Warbler« handelt. Beim Fotoshooting erspähen wir außerdem eine Eidechse, die sich zwischen Felsen in einer Spalte kühl hält.

Zurück im Habitat, bauen wir Möbel zusammen und stellen amüsiert fest, welch ausgezeichneter Stresstest das für zwischenmenschliche Beziehungen bedeutet: Thomas möchte die Bedienungsanleitung lesen, Liad einfach drauflosbauen und Robert den Prozess optimieren. Anschließend erhalten wir von den anwesenden Wissenschaftler:innen Einführungen in weitere Experimente. Gegen Abend frischt der Wind stark auf, doch sobald die Sonne hinter dem Kraterrand verschwindet, legt er sich wieder. Bei Scheinwerferlicht arbeiten wir weiter, bis wir erschöpft ins Field Office zurückkehren und in die Betten fallen.

Tag 4 – Medien

Zeitig am Morgen genieße ich wieder das Frühstück im Freien in der großen Runde. Etwas nervig sind dabei nur die allgegenwärtigen Fliegen. Sie stechen zwar nicht, aber ich muss sie permanent von meinen Augen, Ohren, der Nase und dem Mund wegwedeln. Unser morgendliches Briefing findet direkt im Anschluss statt. Da unklar ist, ob wir heute schon die erste Nacht im Habitat schlafen werden, fahren wir mit gepackten Taschen in den Krater. Im Habitat erwartet uns eine Lieferung mit Lebensmitteln. Alon und ich führen eine Inventur durch und räumen alles in unser Lager hinter der Küche. Es fehlen noch einige Dinge von unserer Liste. Die Ernährung wird bei zukünftigen Mars-Missionen selbstverständlich eine essenzielle Rolle spielen. Auch heute schon ist Essen auf der ISS ein wichtiges Thema, zu dem viel geforscht wird. Die Weltraum-Nahrung besteht aus speziell verarbeiteten und haltbaren Lebensmitteln. Die meisten Mahlzeiten sind gefriergetrocknet und müssen mit Wasser rehydriert werden. Frisches Obst und Gemüse sind seltene Freuden, die nur in kleinen Mengen bei Versorgungsflügen mitgeliefert werden können. Für längere Missionen muss die Ernährung an die längere Reisedauer angepasst werden. Nachschub wie derzeit auf der ISS ist dann nicht mehr möglich. Der Fokus wird auf haltbaren, nährstoffreichen und eventuell vor Ort produzierbaren Lebensmitteln liegen. Insekten, Pflanzen oder Algen könnten als Nahrungslieferanten dienen. Weitere Herausforderungen bestehen darin, Lebensmittel kompakt zu lagern, Energie effizient zu nutzen und die Abfallproduktion zu minimieren. Auch der Einfluss der Ernährung auf die Psyche ist nicht zu unterschätzen. Obwohl dieses Thema bei unserer Mission kein vorrangiges Forschungsziel darstellt, ist unsere Ernährung – genau wie für die Astronaut:innen auf der ISS – sorgfältig geplant. Sie soll uns alle Nährstoffe liefern, die wir für unsere Gesundheit und Leistung in den schweren Anzügen benötigen. Die Fachhochschule Oberösterreich hat uns einen veganen Essensplan erstellt. Sobald OSS alle notwendigen Lebensmittel besorgt hat, können wir beginnen, nach diesem zu kochen. Keine gefriergetrocknete Weltraumnahrung für uns, sondern einige frische Lebensmittel für den Beginn und sehr viel Dosen- und Trockennahrung wie Reis, Nudeln und Linsen für die späteren Wochen.

Um – wie im Training gelernt – WLAN in der Umgebung durch Verteilung von Routern einzurichten, wandern wir mit den Antennen in die umliegenden Hügel. Die körperliche Arbeit im unwegsamen Gelände bei Hitze und Wind ist sehr anstrengend, doch jeder neue Ausblick belohnt mich dafür. Sand und Geröll, so weit das Auge reicht, Wadis durchschneiden die Landschaft, die Luft flirrt über dem Boden, und der Wechsel aus ziehenden Wolkenschatten und Sonnenlicht zaubert aus dem verschiedenfarbigen Gestein immer wieder neue Muster und Bilder. Ich finde seltsam eckig verwitterte Steine und bewundere die schwarzen Vulkankegel in der Ferne. Den Anblick einer roten Libelle und eines Schwärmers – eine Mottenart – habe ich in der Wüste allerdings nicht erwartet. Ob sie mit dem Wind hierhergeweht wurden oder irgendwo in einer Schlucht im Schatten doch ein Wasserloch zu finden ist?

Zurück im Habitat, schleppe ich Kisten und befestige Rollos an unseren Betten, wobei das Wort Bett luxuriöser klingt, als es tatsächlich ist. Im hinteren, etwa 50 Quadratmeter großen Wohnbereich des Habitats befinden sich drei aus Pressspanplatten gezimmerte, bienenwabenartige Doppelstockboxen. In die obere Box gelangen wir mit einem Hocker. An den Eingängen hängen nun Rollos als Sichtschutz, und dank eines Sponsors haben wir komfortable Matratzen und Bettzeug. Ich bin gespannt, wie ich darin schlafen werde. Im Wohnbereich befinden sich außerdem ein Esstisch mit sechs Stühlen, eine kleine Küchenzeile sowie Schränke als Stauraum. Hinter dem Wohnbereich schließt sich der Sanitärtrakt mit zwei Pump-Toiletten sowie einer Dusche und einem Waschbecken an. Durch einen Gang gelangen wir vom Wohnbereich in den vorderen, noch einmal genauso großen Labor- und Technikbereich. Dort befinden sich die OPS-Konsole, Regale und Tische für Aufbau und Durchführung der Experimente, eine Laborstrecke sowie der Bereich für Donning und Doffing. Von dort führt das Airlock mit einer Innen- und einer Außentür als Schleuse nach draußen. Nur waagerecht über der OPS-Konsole und senkrecht in einigen der Winkel zwischen den Wandpaneelen befinden sich kleine, verglaste Schlitze als Sichtfenster nach draußen. Der Boden besteht aus Holzplatten und die Wände aus kunststoffbespannten Stahlgerüsten. Durch die Materialien und den Aufbau fühlt sich das Habitat trotz des beschränkten Platzes relativ großzügig an. Noch immer fehlen ein paar Kleinigkeiten, und am Abend soll das Hab einmal komplett gereinigt werden, weswegen wir zum Schlafen doch ein letztes Mal zurück ins FO fahren werden. Die Stimmung im Team ist gut, und ich genieße es, dass AAs und OSS gemeinsam arbeiten, bevor wir später während der Isolationsphase nur noch per Chat Kontakt haben werden.

Über den Tag verteilt gebe ich mehrere Interviews. Einige Journalist:innen sind vor Ort, andere am Telefon. Auch für unsere Sponsor:innen werden kurze Videosequenzen gedreht. Für WTF und Fortis darf ich mit dem Quad Staubfahnen produzieren, was auf den Drohnenaufnahmen wirklich spektakulär aussieht. Auch mit Vanessa Hafner, der Vertreterin des Logistikunternehmens Gebrüder Weiss, welches uns die Container nach Israel verschifft hat, drehen wir einen Spot. Abends stehen noch zwei Stunden Aufnahmen mit einem Fernsehsender an. Einige Szenen wiederholen wir mehrfach. Besonders nach den Anstrengungen des langen, heißen Tages und mit Kopfschmerzen aufgrund der Unmöglichkeit, so viel zu trinken, wie ich ausschwitze, lässt der Spaßfaktor irgendwann nach. Aber ich sage mir, dass auch das Teil unserer Rolle ist, und bin zufrieden, wenn die Filmteams zufrieden sind.

Von unserer israelischen Partnerorganisation D-Mars kommen ebenfalls jeden Tag andere Leute, um uns zu unterstützen. Es ist interessant, aber auch anstrengend, sich mit allen zu unterhalten und anzufreunden. Aber es lohnt sich, weil wir früher oder später auf alle angewiesen sein werden.

Tag 5 – Noch mehr Medien und Einzug ins Habitat

Der Wecker einer Zimmernachbarin, die für die erste Schicht am Checkpoint eingeteilt ist, weckt mich nach einer kurzen Nacht schon um fünf Uhr. Zu dritt bereiten wir im Innenhof das Frühstück für inzwischen 30 Personen vor, und ich genieße noch einmal bewusst das Stimmengewirr und die Neckereien. Einerseits fühle ich mich nach der kurzen Zeit den Menschen schon sehr verbunden und bin ein bisschen traurig, dass ich sie bald für mehrere Wochen nicht mehr sehen werde. Gleichzeitig kann ich es kaum erwarten, dass wir als Team allein sein und mit dem, wofür wir eigentlich da sind, der Forschung, anfangen können. Da wir gestern nicht noch mal ausgepackt hatten, sind wir nach dem Briefing schnell fertig und fahren wieder in den Krater. Unterwegs sehen wir einen Storch am Straßenrand stehen, mitten in der Wüste. Ob er wohl gerade eine kurze Pause auf seinem Weg ins Winterquartier einlegt?

Wir beginnen den Tag damit, den allgegenwärtigen Sand aus dem Habitat zu befördern. Es kommen immer mehr Autos an, bis wir fünf Filmteams und jede Menge PIs zählen. Heute findet der erste Einsatz der Raumanzug-Simulatoren mit Robert und João statt. Die beiden großen Boxen mit den Anzügen werden geöffnet und die »Prinzessinnen« aus ihrer Transportruhe befreit. Ich unterstütze das Donning als Suittech. Wir gehen die Inbetriebnahme der beiden Anzüge mithilfe unserer Checkliste Schritt für Schritt durch. Während wir es im Training zuletzt mit von der vorherigen Nutzung weitestgehend fertigen Anzügen zu tun hatten – wie es auch ab morgen wieder der Fall sein wird –, müssen wir diesmal wirklich jedes Einzelteil und jede Verbindung prüfen. Wie zu erwarten war, klappt vieles unter Feld-Bedingungen nicht auf Anhieb, sodass wir deutlich länger als geplant brauchen. Zusätzlich werden wir immer wieder von den Filmteams unterbrochen, deren Priorität natürlich darauf liegt, ihre knappe Zeit optimal auszunutzen. Ich merke, dass ich bereits ein Besitzgefühl für unser Habitat entwickle. Mich stören die vielen Menschen, die hindurchlaufen, »unser« WC nutzen, in unsere Bettenboxen schauen und sich sogar an unseren Vorräten bedienen, als wir kurz nicht aufpassen. Zudem stellen sie teilweise provokante Fragen: »Und Sie lassen einfach Ihre Kinder allein? Sind Sie neidisch auf die ›echten‹ Astronaut:innen? Wer ist der Seltsamste in Ihrem Team?«

Sobald sie das Gefühl haben, dass etwas passiert, stürzen sie herbei. Mehrfach bemerke ich mitten in einer angeregten Unterhaltung, dass auf einmal zu unseren Füßen oder über unseren Köpfen ein flauschiges Mikro in mein Sichtfeld gekrochen kommt. Erst als Robert und João das Habitat in den Anzügen verlassen, kehrt für eine Weile Ruhe ein, weil ihnen die Kameras nach draußen folgen. Ich bin gespannt, was aus den ganzen Aufnahmen später wird. Im Moment habe ich den Überblick verloren, welches Team für welches Medienunternehmen tätig ist.

Als gegen 20:00 Uhr endlich alle außer uns das Habitat verlassen haben, ist es bereits dunkel. Da Iñigo erst in ein paar Tagen nachkommen wird, sind wir zu fünft. Endlich können wir die Türen provisorisch schließen, sauber machen und anfangen, uns einzurichten. Die erste Nacht auf dem Mars!

Wir kochen Abendessen und besprechen den Tag. Dabei bemerken wir noch vieles, was gleich geklärt und erledigt werden muss. Mit dem Abarbeiten dieser Liste und einem weiteren Telefoninterview sind wir bis Mitternacht beschäftigt. Dann liege ich endlich oben in einer der Doppelstockbettwaben – meinem einzigen bisschen Privatsphäre für die nächsten Wochen. Ich genieße die Ruhe, den gemütlichen Wind, der geräuschvoll übers Dach streicht, und die unerwartet weiche Matratze. Ich hätte gern geduscht, aber damit bin ich erst morgen nach meinem EVA dran. Was für ein verrückter, chaotischer Tag! Ich möchte bitte so schnell keine Kamera mehr sehen.

Tag 6 – EVA und die Milchstraße

Die erste Nacht im Habitat ist bequem, aber kurz, und dank meiner Ohrstöpsel schlafe ich trotz der nächtlichen Geräuschkulisse aus Wind, Schnarchen, Generator und piepsenden Batterien tief und fest. Schon nach so kurzer Zeit fühle ich mich hier ein bisschen daheim. Der Sonnenaufgang kommt so weit im Süden genauso schnell wie der Sonnenuntergang. Unser Frühstück improvisieren wir aus sehr reifen Bananen, Avocados und Brot. Nach und nach trudeln das OSS-Team sowie die PIs und Filmcrews ein, die sich durch unsere spätabendliche Putzaktion, das erste Einrichten und die Übernachtung noch stärker wie Eindringlinge anfühlen als am Vortag. Heute sind Carmen, die als Teil des OSS-Teams eintrifft, und ich am Nachmittag mit einem gemeinsamen EVA an der Reihe. Es wird der erste EVA mit zwei Frauen in der Geschichte des ÖWF sein. Ich mache mich angesichts der Temperaturen und der geplanten Dauer von fünf Stunden auf eine extreme körperliche Herausforderung gefasst und trinke seit dem Morgen, so viel ich kann. Um zehn steht ein Radiointerview für mich auf dem DAP. Langsam gewöhne ich mich an das Lesen dieses vollen, bunten Tagesplans. Es ist jedoch erkennbar, dass das FP-Team jetzt zu Beginn der Mission relativ wenige Informationen über die Lage vor Ort besitzt, ihr Situationsbewusstsein also noch nicht optimal ausgeprägt ist. Aufgrund vieler Unwägbarkeiten passen vor allem die angegebenen Zeiten meist nicht zur Realität. Der Wetterbericht, die Koordinaten der Regionen und »Points of Interest« (ROI, POI), also der Orte, an denen wir beim EVA Experimente durchführen und Proben nehmen sollen, sowie die zusätzlichen Angaben zu den Experimenten, die der DAP ebenfalls enthält, sind jedoch sehr wertvoll.

Wir entpacken weiter verschiedene Experimente und bauen sie auf. Dabei entdecke ich eine Gottesanbeterin im Habitat. Erstaunlich, wie viele Tiere es hier in der Wüste gibt. Beim Auspacken der Kisten finden wir auch mehrere kleine Überraschungen und Geschenke. Judith hat uns eine Box mit Süßigkeiten, Spielen, nützlichen Werkzeugen und Büromaterialien eingepackt. Eine der israelischen Forschungsgruppen hat ein Kuscheltier und eine Karte zum Experiment dazugelegt. Wir freuen uns riesig darüber. Gerade in einer stressigen Situation in der Fremde fühlen sich solche Gesten besonders wertvoll an. Am Mittag beginnen wir mit dem Donning, das heute schon wesentlich ruhiger und schneller abläuft. Dennoch ist es mit viel Wartezeit für Carmen und mich verbunden, die wir zum Erzählen nutzen. Wir bekommen beide ein Extra-Mikro im Anzug befestigt, um den beiden verbliebenen Filmcrews noch direktere Aufnahmen zu ermöglichen. Dann ist es endlich so weit, und wir erhalten durch Alon als OPS das »Go« des MSC zum Verlassen des Habitats übermittelt. Robert als Suittech setzt mir auf mein zustimmendes Nicken hin vorsichtig meinen Helm auf. Mit einem Klick rastet dieser ein, und sofort verstummen alle Umgebungsgeräusche. Ich höre nur noch das Rauschen der Ventilatoren und dann Alons Stimme im Ohr. Ein Blick hinüber zu Carmen zeigt mir ihr strahlendes Gesicht hinter dem Glas ihres Helmes. Ich freue mich sehr, diesen Moment mit ihr zu teilen. Wenige Minuten später verlassen wir schwerfällig die Luftschleuse. Mein letztes Training im Anzug ist lange her, und die ersten Schritte nach draußen sind ein unbeschreibliches Gefühl. Im Anzug steckend nehme ich die Umgebung ganz anders wahr und bin zunächst voll damit beschäftigt, auf meine Schritte und Bewegungen zu achten. Ich spüre schon nach wenigen Metern, wie das Gewicht mich in dieser realen Umgebung noch einmal ganz anders belastet als im Labor. Mein Respekt vor den Anstrengungen der nächsten Wochen wächst. Ich halte inne und drehe mich so, dass ich weder das Habitat noch unsere Safeties sehen kann. Mein Blick schweift über die roten, kahlen Hügel, und ich spüre das Geröll unter meinen Füßen. Obwohl ich natürlich nicht vergesse, dass ich mich auf der Erde befinde, kommt dieser Moment der Vorstellung, wie sich die ersten Schritte auf dem Mars anfühlen könnten, wohl so nah wie nur irgend möglich.

Carmen und ich fahren ein paar Meter mit den Quads – auch dies ist im Anzug ein ganz anderes Gefühl. Vor allem ist es durch das Gewicht und die Bewegungseinschränkung eine Herausforderung, überhaupt auf den Sitz zu steigen. Der hohe Schwerpunkt führt dazu, dass bereits kleine Unebenheiten gefährliches Schwanken auslösen können und wirklich nur ganz geradliniges und vorsichtiges Fahren möglich ist. Leider verlieren wir während der Fahrt die WLAN-Abdeckung. Im Nachhinein stellt sich heraus, dass der Router noch nicht richtig konfiguriert war. So können Carmen und ich untereinander und mit der Basis nur über Funk mit den Back-up-Radios kommunizieren, was sehr umständlich und voller Rauschen ist. Um zu sprechen, muss ich jedes Mal am Chest-Pack des Anzugs vor meinem Bauch einen Knopf drücken. Außerdem verliert OPS im Habitat mit der WLAN-Verbindung auch die Telemetrie zu meinem Anzug, was bedeutet, dass sie meine Werte nicht mehr sehen und auch nicht zu den Ärzt:innen auf der Erde übertragen können. Leider verlieren sie so auch die Kontrolle über die Regulation der Ventilatoren in meinem Anzug. Meine Innentemperatur steigt stetig und liegt bald bei über 33 °C. Ich darf mich auf meinem Quad etwas ausruhen, während Carmen eine Filmszene aufnimmt. Unsere Ärzt:innen vor Ort entscheiden dann, den Einsatz abzubrechen, weil es ihnen bei der Hitze ohne Telemetrie zu gefährlich ist. Also fahren wir zurück zur Basis und ruhen uns im Habitat auf den Suitcars sitzend aus, während die anderen versuchen, die Ursache für den Verbindungsabbruch zu finden. Einmal Aus- und wieder Anschalten als erstes Mittel der Wahl hilft auch in diesem Fall.

Als alles wieder funktioniert, gehen wir ein zweites Mal hinaus und fahren zurück zur letzten Stelle mit Kontakt. Endlich sind wir dort, die Filmleute sind bereit, es herrscht perfektes Licht, Carmen und mir geht es gut – da sind erneut sämtliche Verbindungen weg. Die Ärzt:innen und das MSC entscheiden, wieder abzubrechen. Wir versuchen noch, zu verhandeln, weil wir uns gut fühlen und gern zum Wohle der Filmleute die Aufgabe erledigen wollen. Aber keine Chance. Also fahren wir frustriert wieder zurück und machen uns an das einstündige Doffing.

Trotz der Enttäuschung genieße ich als positiven Nebeneffekt die Dusche, die mir nach dem EVA zusteht. Herrlich! Laut Umweltbundesamt liegt der durchschnittliche tägliche Wasserverbrauch in Deutschland pro Person bei etwa 126 Litern. Davon werden etwa 45 Liter für Baden, Duschen und Körperpflege verwendet.[48] Während in der Schwerelosigkeit auf der ISS und während künftiger Flüge zum Mars die Körperpflege primär über feuchte Tücher erfolgt, stehen uns immerhin im Schnitt 28 Liter alle zwei Tage zum Duschen zur Verfügung. Wie ich mich auf mein Badezimmer und eine lange, heiße Dusche freue! Es geht recht schnell, dass einem solch scheinbar banale Dinge fehlen, vor allem unter solchen intensiven Bedingungen, die jeden Tag wie eine halbe Woche erscheinen lassen. Ich vermisse neben meinen Menschen auch meine Laufrunden, Haferflocken und Privatsphäre.

Gegen Abend verlassen die anderen wieder nach und nach den Krater, und schließlich sind wir allein. Nach dem Essen und Debriefing versammeln wir uns in der kalten Wüstennacht mit Decken und Stühlen draußen vorm Habitat. Solange wir noch hinaus dürfen, wollen wir es ausnutzen, dass wir uns in einem Lichtreservat befinden. Über uns spannt sich die Milchstraße in beeindruckender Helligkeit. Tausende Lichtpunkte blinken auf uns herab. Manche dieser Sterne sind so weit entfernt, dass ihr Licht bereits zur Erde unterwegs war, als hier noch die Dinosaurier lebten. Überwältigt sitzen wir schweigend in unseren Stühlen, die Nacken auf den Lehnen, und genießen den Blick hinaus in die Weite des Universums. Ab und zu ziehen Satelliten ihre Bahn. Gelegentliche Sternschnuppen lösen ein begeistertes »I saw one – there! Did you see it?« aus. Ich wünsche mir etwas aus tiefstem Herzen. Da wir am nächsten Morgen ausschlafen können, sitzen wir noch bis tief in die Nacht einträchtig schweigend draußen.

Tag 7 – Black Day

Mitten in der Nacht werde ich wach, weil es ein klopfendes Geräusch gibt. Erst nach einer Weile steht einer der Männer auf und findet heraus, dass unser – selbstverständlich professionell mit Duct Tape befestigter – Notausgang durch den Wind aufgerissen ist und gegen den Rahmen schlägt. Nachdem dieser wieder befestigt ist und ich eingeschlafen bin, meldet unsere Serverbox durch lautes Piepen Protest an, weil die Solarbatterie leer ist. Sie schaltet zwar eigenständig auf die interne Batterie um, doch das Piepen muss manuell abgestellt werden. Trotz der unruhigen Nacht und meines extremen Schlafmangels wache ich kurz nach sieben auf. Zum Frühstück gibt es wieder Toastbrot mit Mandelaufstrich, Banane und Avocado. Heute ist Black Day, also unser erster freier Tag. Wobei frei schon sehr relativ ist – wir haben dennoch einiges vor. Während im Habitat von Lukas, unserem IT-Spezialisten, nach der Ursache des gestrigen WLAN-Ausfalls gesucht wird, fahren wir hoch nach Mizpe Ramon zum Field Office. Dort findet als Erstes ein Teambuilding mit OSS und vor allem den israelischen Teammitgliedern statt. In einer Vorstellungsrunde sollen wir uns für zehn Minuten mit einer Person unterhalten, mit der wir bisher noch gar nicht gesprochen haben. Im Rahmen der Übung fällt mir das leichter als sonst. Mein Gesprächspartner erklärt mir die Bedeutung hebräischer und arabischer Namen aus der Gruppe, genauso wie interne Witze über den Ruf verschiedener israelischer Städte. Ich bin einmal mehr froh, dass ich relativ schnell Worte einer neuen Sprache aufschnappe, und sammle hebräische und arabische Begriffe. Das Eis ist gebrochen. Mitten in den schönsten Unterhaltungen werden wir für die nächste Übung in Gruppen eingeteilt und in drei Kreise, die Inseln symbolisieren, gestellt. Eine Gruppe ist stumm und darf nicht sprechen. Eine weitere Gruppe ist blind und bekommt die Augen verbunden. Den Mitgliedern der dritten Gruppe werden die Hände hinter dem Rücken gefesselt. Dann erhalten wir die Aufgabe, alle Gruppenmitglieder – unter Berücksichtigung einiger Regeln – auf eine Insel zu bringen. Mit einigen Versuchen und viel gutmütigem Lachen und kreativer Kooperation schaffen wir es tatsächlich vor Ablauf der Zeit. Bei der anschließenden Auswertung sind wir uns einig – wir fühlen uns nach diesem Vormittag stärker verbunden und haben Respekt vor der Leistung jeder einzelnen Person und ihrem Beitrag zur Gruppe.

Den Rest des Tages, immerhin unser letzter Nachmittag in Freiheit, wollen Alon, João, Robert, Thomas und ich allein genießen. Wir erkunden Mizpe Ramon. Die Stadt besteht aus wenigen Straßenzügen mitten in der Wüste. Alon nimmt uns mit auf eine Party von Freunden. In einem Innenhof zwischen einigen Wohnblocks spielt Musik, es gibt Hummus, Tanz, Spiele und viele herumlaufende Kinder. Alle sind sehr freundlich und sprechen uns aufgrund unserer Polo-Shirts interessiert an. Die meisten haben schon von der Mars-Mission im Krater gehört, und wir erhalten viele gute Wünsche zum Abschied. Auf der Suche nach einem Restaurant schlendern wir durch die Stadt. Ein bisschen erinnert mich alles an die kleinen Städte im ländlichen Westen der USA. Die Läden sind einfache Räume mit Rolltoren zur Straße hin, in denen es alles auf einmal gibt. Die Gaststätten bestehen meist nur aus einem kleinen Raum mit einer Theke sowie drei Tischen und noch ein paar zusammengewürfelten Tischen draußen unter Palmen. Die Sonne brennt wie gewohnt, aber im Schatten weht ein erfrischender Wind. Wir entscheiden uns für ein kaukasisches/israelisches Lokal. Mit dem Wirt, der Russisch und Hebräisch spricht, ein paar israelischen Touristen, die auch ein bisschen Deutsch können, und João, der neben Portugiesisch und Spanisch auch Deutsch, Englisch und Russisch beherrscht, verbringen wir eine lustige Zeit. Mehrfach werden wir an diesem Nachmittag gefragt, ob wir für den Shabbat Essen mitnehmen wollen. Da von Sonnenuntergang am Freitag bis

Sonnenuntergang am Samstag nicht gekocht wird, handhaben das die meisten hier so. Freitägliche Nachmittagspartys mit Freund:innen sind genauso üblich, denn ab Freitagabend verbringen viele Zeit mit der Familie.

Nach dem Essen ziehen wir weiter in eine der drei Bars des Ortes, in der gerade eine solche Nachmittagsparty stattfindet. An einem der Tische unter aufgespannten Tüchern sitzend lauschen wir bei einer Runde Bier der Live-Musik. Mir tut es sehr gut nach den letzten Tagen, einfach im Schatten zu sitzen und den Moment zu genießen.

Gegen fünf fahren wir nach dieser erholsamen Auszeit wieder zurück ins Habitat. Dort wird immer noch nach Fehlern gesucht und die Basis von einem Reinigungsteam final geputzt, und wir helfen kurz entschlossen mit. Die Erschöpfung ist dann schon wieder ziemlich groß. Dennoch sind wir dankbar für alle Hinweise, die uns Claudia und Carmen als erfahrene Missionsteilnehmerinnen im Anschluss bei einem letzten Training zu OPS geben. Die Informationen helfen mir, mich noch etwas besser auf die kommende Isolation vorbereitet zu fühlen. Mir wird außerdem bewusst, wie unterschiedlich schon jetzt die Erfahrungen der Teams sind. Ich empfinde unsere Tage als voll und anstrengend, doch für OSS und MSC ist es in meiner Wahrnehmung sogar noch anstrengender. Claudia, Carmen, Judith, Florian und ihr Team sind mit Gal und Galoy, ihren israelischen Kolleg:innen, Tag und Nacht vor Ort im Einsatz. Ihre Liste an Erledigungen und Besorgungen, um Habitat, Field Office und die Transportlogistik missionsbereit zu machen, scheint schier endlos. Dabei sind Gals und Galoys Ortskenntnis, Vernetzung und Expertise von unschätzbarem Wert. MSC muss aufgrund der Zeitverschiebung nach Österreich sehr früh anfangen. An ausreichend Informationen aus dem Feld zu kommen, um gut planen und reagieren zu können, stelle ich mir zudem sehr aufreibend und teilweise auch frustrierend vor.

Leider ist es mit unserer entspannten Stimmung schnell wieder vorbei. Wir erhalten den DAP für den morgigen Tag, und abweichend vom FP sind Carmen und ich wieder fast sechs Stunden im Anzug eingeteilt. Sowohl in der Mittagshitze als auch durchgängig bis zum Sonnenuntergang sollen wir nach draußen, um zwei Experimente und auch noch die gestern abgebrochenen Medienaufgaben durchzuführen. Uns ist bewusst, dass das fast unmöglich zu schaffen sein wird, und wir reagieren ungläubig. Meine blauen Flecken vom Exoskelett nach dem letzten EVA zeigen sich gerade erst, da kommt schon der nächste und dann gleich extrem ausgedehnte EVA. Nach langer Diskussion finden wir eine Variante, die hoffentlich funktionieren wird.

Später am Abend, sicher auch ausgelöst durch den Schreck und die aufreibende Diskussion, geht es mir nicht so gut. Ich vermisse meine Lieben und fühle mich traurig. Ich lenke mich mit Fotos vom Tier des Tages ab. OSS hat heute eine Baby-Viper gefangen, die sich ins Field Office verirrt hatte. Natürlich wurde sie wieder in die Freiheit entlassen. Wieder ist es 0:30 Uhr, als ich schlafen gehe in dem Wissen, dass mein Wecker 7:00 Uhr klingeln wird. Ich habe vergessen, wie es sich anfühlt, ausgeruht und erholt zu sein.

Tag 8 – EVA 2 – Frauenpower im Sonnenuntergang

Am Morgen startet ein weiteres Experiment, eine Verhaltensbeobachtungsstudie namens MSG. Das israelische Eco-Encounter Study Institute möchte untersuchen, wie sich Isolation und Enge auf unser individuelles Empfinden, unsere Aktivität sowie den Gruppenzusammenhalt auswirken. Dazu tragen wir ab sofort alle einen Bluetooth Tracker am Overall. Überall im Habitat hängen Empfänger, sodass permanent aufgezeichnet wird, wo wir uns befinden. Nachts legen wir die Tracker in unsere Schlafkabinen.

NATO-Alphabet- und Funksprache-Übungen an der OPS-Konsole während des Basistrainings im Suitlab.

Beim Basistraining üben wir das Beschreiben von Gesteinsproben.

Die Klasse von 2019 beim Wildnis-Überlebens-training in der Ehnbachklamm in den Alpen. Alon, Simone, Thomas, ich, Robert, Adam und Liad (in Rot von links) lauschen den Geologie-Lektionen von Dr. Anna Losiak.

Lehrstunde bei der Berufsfeuerwehr in Innsbruck während Block III des Basistrainings.

Liad, Thomas, Robert und ich (von links) beim Andock-Training im Soyus-Simulator in Stuttgart.

Die »Tardigrades« – Teamfoto der Klasse von 2019 beim Block IV des Basistrainings in Stuttgart. Von vorne nach hinten: Alon, Thomas, Liad, Robert, Adrianos, ich, Adam, Simone.

Ich beim Donning des Hard Upper Torsos des Raumanzug-Simulators während eines Dress Rehearsals für Amadee-20. Robert (links) und Alon (rechts) sind Suittechs.

Die Flight Crew im Habitat in Israel – João (Commander), Iñigo (Deputy Commander), ich, Thomas, Robert, Alon (von links).

Ramon-Krater in der Negev-Wüste in Israel: Kurz nach Sonnenuntergang ist das Habitat von innen erleuchtet.

Drohnen-Aufnahme des Habitats im Ramon-Krater.
Im ehemaligen Steinbruch befinden sich Solarpaneele, orange Transport-Container sowie das helle Habitat mit seinen beiden Modulen.

João und ich in den Raumanzug-Simulatoren vorm Airlock des Habitats während eines EVAs. João sitzt auf dem Quad.

All-female EVA im Sonnenuntergang: Carmen und ich auf einem Medien-EVA.

Mercator Rover in der Dämmerung vorm Habitat im Ramon-Krater in der Negev-Wüste.

Ich während eines EVAs im Ramon-Krater.

OSS, Architekten und AAs vor dem Habitat, Drohnenaufnahme

Bei einem Radiointerview nach Amadee-20.

Straße in Armash, dem Stützpunkt des Field Office während Amadee-24 in Armenien.

Diese einhörnige Ziege lebt im Komplex des Field Office des GOST-Teams in Armash in Armenien und versteckt sich mit Vorliebe unter den geparkten Autos.

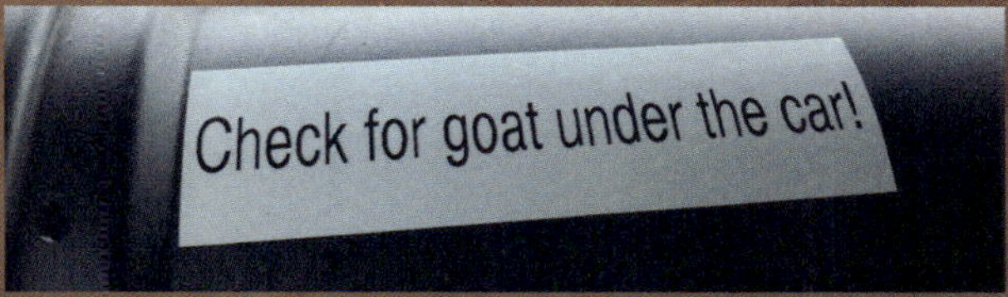

Warn-Hinweis in einem unserer Fahrzeuge. Vor jeder Abfahrt muss geprüft werden, dass sich die ansässige Ziege nicht unter dem Auto versteckt.

Das lang gestreckte, in den Hügel gebaute Habitat im Kaukasus, Drohnenaufnahme.

Flight Crew Amadee-24 während der Bridgehead-Phase in Armenien: Ich (Commander), Robert (Deputy Commander), Thomas, Simone, Carmen, Iñigo (von links).

Sport- und Wohnbereich des Habitats in Armenien. Das Gemälde stammt von einer lokalen Künstlerin und stellt die Sonne dar. Im Rücken geht es weiter zum Airlock, geradeaus gelangt man in die Küche und zu den Crew-Unterkünften.

Thomas vor dem Staying-Alive-Experiment der Uni Bremen. Der Photo-Bio-Reaktor wird von diversen Pumpen und Filtern versorgt.

Ich im Raumanzug-Simulator auf dem Quad vor dem Ararat während des Medien-EVAs am Missionsstarttag von Amadee-24 in Armenien.

GOST (graue Overalls) und AAs (rot-schwarze Overalls) vor dem Habitat, der Armash Mars Analog Research Station, während der Bridgehead-Phase.

Kaukasus-Gebirge in der Umgebung des Habitats der Armash Region in Armenien.

Mit dem iROCS-Rover vor dem Habitat.

Beim Aussäen von Radieschen für das Hort3Space-Experiment.

Radieschen-Keimlinge des Hort3Space-Experiments nach zwei Wochen kurz vor der Ernte.

Blick auf die Landschaft vor dem Habitat, durch die Schutzbrille des Raman-Spektrometers fotografiert.

Flight Control Room des Mission Support Centers in Wien während Amadee-24. Im Vordergrund die Flight Directors Reinhard (links) und Guillome (rechts).

Die verschiedenen Bildschirme im Flight Control Room zeigen den Polares-Chat, den Daily Activity Plan sowie Procedures.

Doppelter Regenbogen über dem Habitat in Armenien – ein Symbol der Hoffnung nach der Regen-Evakuierung.

Carmen, Simone, Iñigo, ich und Robert (von links) auf dem Hügel neben dem Habitat nach der Walk-out-Zeremonie.

Blick auf den Ararat aus dem Habitat im Sonnenuntergang mit Mond.

Zum Experiment gehört auch eine Box mit Handys, die nur eine App auf der Bedienoberfläche haben, mit der wir dreimal täglich in bestimmten Zeitfenstern über eine Auswahl an Symbolen unsere Stimmung angeben müssen. Analog-Astronaut:innen sind notorisch neugierig, und so versuchen wir selbstverständlich als Erstes, die Handys zu hacken. Unter verblüfftem Jubel gibt Thomas beim dritten Versuch durch den Zufall des Jahrtausends den richtigen Wischcode ein. Allerdings können wir mit den hebräischen Apps ohnehin nicht viel anstellen. Dass Menschen unter Überwachung und in stressigen Situationen Humor und Kreativität als Flucht und Kompensationsstrategien nutzen, wird außerdem daran sichtbar, auf welche Ideen wir im Laufe der Zeit kommen, um durch unerwartete Platzierung der Tracker die Forschenden zu verwirren. Selbstverständlich setzen wir diese nicht um. Aber die Gedanken sind frei.

Zu fast jedem unserer Experimente gehören ein oder mehrere Fragebögen. Sie sind für die Erfassung von Daten sowie Vergleichbarkeit und Wissenschaftlichkeit natürlich enorm wichtig, führen bei uns allerdings zu einer rasch einsetzenden Fragebogen-Müdigkeit. Als erste Tätigkeit des Morgens nehme ich also mein Handy aus der Box und beurteile meine Stimmung. Unerwartet öffnet sich ein neuer Link, der einen wöchentlich auszufüllenden Fragebogen auf dem Handy freischaltet. Die ungefähr 30 Fragen sind halbwegs schnell beantwortet. Ich amüsiere mich im Anschluss bei der Beobachtung, wie meine Teamkollegen einer nach dem anderen aus ihren Schlafkabinen krabbeln, ihr Symbol abschicken und den neuen Fragebogen entdecken. Alle fünf Minuten ertönt erneut: »Oh nooo! Not another one!«

Am Vormittag gebe ich ein weiteres langes Interview. Dann beginnen wir wieder mit dem Donning. Beim medizinischen Baseline-Check messen Carmen und ich uns gegenseitig Blutdruck, Temperatur, Herzfrequenz und Sauerstoffsättigung. Das Anziehen der

Anzüge geht heute viel schneller, weil durch den Einsatz von Lukas und unserer IT gestern alle aufgetretenen Probleme vorerst repariert sind. Carmen und ich bereiten nebenher ein weiteres Experiment vor. Das Dead Sea and Arava Science Center möchte mit MICRO-POTENTIAL untersuchen, wie bei Missionen auf dem Mars mikrobiologische Kontamination abläuft. Dabei interessiert sowohl, welches biologische Material die Astronaut:innen bei ihren EVAs in der Umgebung des Habitats verteilen, als auch, welches Material sie zurück ins Habitat bringen. Wir nehmen dafür im Verlauf der Mission an mehreren Punkten in zunehmender Entfernung vom Habitat Bodenproben, die auf mikrobielle DNA getestet werden. Wir lesen uns die Prozeduren zur Vorbereitung, Probennahme, Dokumentation und Nachbereitung noch mal Schritt für Schritt durch. Dann beschriften wir vorab die Probenahmegefäße und suchen uns die GPS-Daten der Points of Interest heraus. Wir versuchen, auf den uns zur Verfügung stehenden Karten die besten Wege mit dem Quad vorab auszusuchen, was mich an die Überlegungen der Explorationskaskade erinnert.

Als wir die Basis endlich in den Anzügen verlassen, steht die Sonne schon hoch am Himmel. Der erste POI ist nur wenige Schritte vom Habitat entfernt. Wir markieren ihn und entnehmen die ersten Bodenproben. Bald äußern die Ärzt:innen wieder Bedenken, weil die Temperatur in unseren Anzügen schnell auf 36 °C ansteigt. Ich bin daher sehr froh, als wir den vorgesehenen Sensor platziert haben. So können wir den Punkt später wiederfinden, und die investierte Zeit war nicht umsonst. Wie gestern als Lösung vorgeschlagen, begeben wir uns zum Abkühlen zurück ins Habitat. Wir dürfen die Helme abnehmen, kühles Wasser trinken und warten, bis die Sonne etwas tiefer steht. Dann verlassen wir das Habitat zum zweiten Mal und starten den Filmdreh mit WTF. Ich verspüre großen Druck, dass es diesmal klappen muss. Während Carmen und ich neben einem der Rover im Sonnenuntergang durch die Wüste stapfen, an einer der

WLAN-Antennen arbeiten und verschiedene andere Szenarios simulieren, unterhält uns OPS zwischendurch mit Musik, die über den Helmfunk abgespielt wird. Carmen und ich sind trotz der immer noch extrem anstrengenden und warmen Arbeit bester Laune. Ab und zu legen wir zur Freude aller Zuschauenden einige – schwerfällige – Dancemoves hin. Spaß muss sein. Die Filmleute sind im Anschluss sehr zufrieden, und ich bin gespannt auf den fertigen Film.[49]

Als wir endlich zurück im Habitat sind und die Anzüge ausziehen können, sind wir erschöpft, aber auch sehr erleichtert. Es ist ein gutes Gefühl, alle Aufgaben geschafft zu haben und PIs und Medienmenschen glücklich zu wissen.

Nach und nach fahren OSS, Filmteam und PIs zurück in die Zivilisation, und wir verabschieden uns wehmütig mit langen Umarmungen von Carmen, die morgen schon abreisen wird. Ich reinige die Anzüge nach dem heutigen Einsatz, verstaue unsere Proben und bin mit dem Kochen des Abendessens dran. Während ich in der Küche stehe, sehe ich auf einmal im Augenwinkel eine neugierige, hellbeige Maus aus einem Spalt zwischen Wand und Fußboden schauen. Ich mache mir kurz Gedanken um unsere Vorräte, werde jedoch von einem Kollegen abgelenkt.

Als ich anschließend als Einzige eine kurze Dusche genießen darf, verspüre ich ein schlechtes Gewissen. Alle anderen haben heute ebenfalls hart gearbeitet und geschwitzt. Aber oh, was für ein Luxus! Obwohl oder vielleicht auch weil wir nach dem Essen alle extrem müde sind und morgen der große Medientag zum Start der Isolation ansteht, haben wir noch ein weiteres psychologisches Experiment zu erledigen. INTERTEAM der Universität Bremen untersucht Teamwork-Prozesse unter hoher Arbeitsbelastung und Stress. Dass der menschliche Faktor für zukünftige Missionen entscheidend sein wird, begründet das Interesse an den psychologischen Aspekten von Analog-Missionen.[50, 51] Für dieses Experiment erhalten wir, ebenso wie MSC und OSS, zu verschiedenen Zeitpunkten während der Mission kleine Aufgaben, die als Team und manchmal auch in Kooperation mit den anderen Teams zu lösen sind. Es wird beobachtet, wie wir miteinander interagieren und kommunizieren, wie Informationen beschafft und weitergegeben werden und wie wir mit auftretenden Konflikten und Emotionen umgehen. Selbstverständlich sind auch hierfür vor, während und nach jedem Durchgang Fragebögen auszufüllen. Zusätzlich filmen wir uns selbst bei der Durchführung. Die erste Aufgabe besteht darin, ein unbekanntes Kartenspiel zu spielen. Dafür erhält jedes Teammitglied einen unterschiedlichen Teil der benötigten Anleitung in einem personalisierten Umschlag. Durch das Stellen von Fragen, die durch festgelegte Regeln beschränkt werden, müssen wir alle Informationen zusammentragen. Trotz der späten Stunde haben wir Spaß an der Aufgabe. Wir sind uns einig, dass wir das Experiment mögen und auf die nächsten Durchgänge gespannt sind. Während wir anderen im Anschluss ins Bett gehen, arbeitet João noch weiter. Da die tagsüber anfallende Datenmenge zu groß für eine direkte Übertragung über unseren zeitverzögerten Kanal »zur Erde« ist, sammelt er als Commander jeden Abend alle Berichte, Fotos, Videos und Fragebögen des Tages ein. Auch die Daten der Anzüge werden heruntergeladen. All dies wird einheitlich beschriftet, in einem Übernacht-Ordner gebündelt und dann nach und nach übertragen, sodass am nächsten Morgen die komplette Bandbreite wieder für die Kommunikation und Telemetrie-Übertragung zur Verfügung steht. Im MSC werden alle Daten sortiert, ausgewertet, an die PIs weitergeleitet sowie im wissenschaftlichen Datenarchiv für zukünftige Nutzung gespeichert.

Tag 9 – Media Day, Walk-in-Zeremonie und Abschied

João entschied kraft seiner Autorität als Commander gestern Abend spontan, uns heute früh eine halbe Stunde länger schlafen zu lassen.

Ich fühle mich dadurch zumindest ein winziges bisschen mehr ausgeruht. Beim Frühstück huscht wieder die Maus durch eine Ecke. Wir beschließen, sie Marvin zu taufen. Ein Maskottchen schadet nie. Mit OSS und allen anderen kommt heute endlich auch Iñigo an und wird überschwänglich begrüßt. Nun ist das Team vollzählig, und wir versuchen, ihm an einem Vormittag alles zu erklären, was er wissen muss. Mit vereinten Kräften bereiten wir das Habitat dann für den finalen Ansturm des Tages vor. Außerdem beginnen wir mit dem Donning für Alon und Robert, da wir pünktlich um eins zu Beginn der Zeremonie bereit sein sollen. Durch unsere winzigen Fenster beobachten wir, dass draußen Stühle, ein Buffett und ganz viel Technik aufgebaut werden. Es treffen mehr und mehr Reporter:innen, manche der PIs und einige Politiker:innen ein. Wenig überraschend bei einem Event, das mitten in der Wüste aus dem Boden gestampft wird, verzögert sich alles. Wir warten auf Abruf und können daher die Zeit kaum zum Erholen oder Arbeiten nutzen – da ist die viel beschworene Geduld in eintönigen Situationen, für die wir unter anderem ausgewählt wurden, gefragt. Zwei Stunden später als geplant treten wir dann endlich alle gemeinsam aus dem Habitat heraus. Sobald Alon und Robert in den Anzügen in der Tür erscheinen, werden sie fast unter Kameras und Mikrofonen begraben. Wir anderen geben ebenfalls verschiedensten Sendern und Zeitschriften Interviews. Alle Reporter:innen, mit denen ich spreche, stellen sich mir vor, doch es sind zu viele, um sich mehr als einzelne Länder zu merken. Natürlich sind viele israelische Medien vertreten. Aber auch Reuters berichtet, sodass unsere Mission in den nächsten Tagen in China, Portugal, Frankreich, den Niederlanden, UK, Österreich und weiteren Ländern aufgegriffen wird. Sogar die deutschen KIKA Logo-Nachrichten bringen einen Beitrag über uns. Zwischen den Interviews üben wir uns in Small Talk mit den hochrangigen Gäst:innen. Selbst ohne Anzug ist es heiß, sodass ich mich bald nach der Klimaanlage im Habitat sehne. Meine Kollegen in den Anzügen beneide ich so gar nicht. Schließlich halten die versammelten Minister:innen sowie die Vertreter:innen der Israelischen Raumfahrtagentur und des ÖWF ihre Reden. João spricht als Commander ebenfalls ein paar Worte. Er macht das hervorragend und klingt sehr staatstragend. Verstohlen zeigen wir ihm Daumen hoch. Musik spielt, ein Band wird offiziell durchgeschnitten, und dann stehen wir in einer Reihe vor der Schleusentür und lächeln in ungefähr 50 im Halbkreis auf uns gerichtete Kameras. Mit einem letzten Winken verschwinden wir ins Habitat, was unseren offiziellen Einzug beendet.

In mehreren Runden führen wir im Anschluss die Reporter:innen und Offiziellen durchs Habitat. Unsere Aufgabe ist es dabei, Fragen zu beantworten und unauffällig dafür zu sorgen, dass keine Fotos von sensiblen Informationen gemacht oder Gegenstände unbefugt angefasst werden. Mein strapaziertes Hirn produziert Tatort-Assoziationen, da alle in Anzug und Handschuhen, Haarnetzen und Überschuhen herumlaufen, um die bereits ausgepackten Experimente nicht zu verunreinigen. Wir werden fortlaufend gebeten, für Fotos zu posieren oder Dinge vorzuführen. Manche dieser Ansinnen müssen wir allerdings höflich ablehnen. Selten habe ich mich so sehr wie ein Tier im Zoo und so wenig wie eine Wissenschaftlerin gefühlt.

Einige Gespräche, vor allem mit den PIs und einigen sehr professionellen und gut informierten Reporter:innen, stechen positiv aus der Menge heraus. Trotzdem sind wir froh, als sich endlich die Tür hinter der letzten Gruppe schließt. Sobald die Besucher:innen in Kolonne den Krater verlassen, stehen für uns noch Einzelinterviews für das MSG-Experiment an. Parallel dazu räumen wir einige Dinge aus den Containern zurück ins Habitat, denn die weniger medienwirksamen Kisten hatten wir für den heutigen Tag noch einmal dort verstaut. Endlich kann ich auch die Kaffeemaschine aufstellen, die wir bisher versteckt hatten, damit sie nicht von allen benutzt und der Kaffee verbraucht wird. Als allerletzte Aufgabe des Tages findet ein Gruppeninterview für MSG statt, welches unter anderem deswegen wertvoll ist, da mir die tiefgründigen Antworten meines Teams neue Einblicke in ihre Gedanken gewähren. Nachdem sich auch die Forschenden verabschiedet haben, wird es noch mal richtig emotional. Für die nächsten drei Wochen verabschieden wir uns vom OSS-Team. Die letzten Tage haben uns zusammengeschweißt, und es ist traurig, dass wir uns jetzt nicht mehr sehen werden. Ich bin sehr froh zu wissen, dass sie im Augenwinkel immer da sein und uns als »gute Mars-Geister« unterstützen werden.

Die Erschöpfung überfällt mich mit Wucht. Kurz bevor wir uns gegen 22:00 Uhr zum Debriefing zusammensetzen, bekomme ich daher einen ziemlichen Schock. Der DAP für morgen erreicht uns vom MSC, und ich bin schon wieder für einen EVA eingeteilt. Bei der Hitze und meinem Zustand habe ich dabei nun erstmals echte Bedenken. Thomas bietet zu meiner Erleichterung an, mit mir zu tauschen, und ich bin froh, als FP zustimmt. Beim Debriefing und der Vorbereitung für morgen merken wir immer mehr, wie erschöpft wir alle sind und dass das Pensum der letzten Tage nicht länger durchzuhalten ist. Es tut gut, den Frust gemeinsam rauslassen zu können. Unsere Erleichterung wächst noch, als später am Abend die Nachricht vom MSC im Chat erscheint, dass das OSS-Team dasselbe kommuniziert hat. Der für morgen geplante EVA wird verschoben und stattdessen ein »Maintainance Day« zum Aufarbeiten beschlossen.

Gegen Mitternacht werfen wir einen allerletzten prüfenden Blick nach draußen und schließen dann zum letzten Mal und endgültig die Tür. Ab sofort befinden wir uns für drei Wochen in völliger Isolation und verlassen das Habitat nur noch im Raumanzug-Simulator.

SIEBEN:

ISOLATION – »FLIEG, DROHNE, FLIEG!«

»We can learn the art of fierce compassion – redefining strength, deconstructing isolation and renewing a sense of community, practicing letting go of rigid us-vs.-them thinking – while cultivating power and clarity in response to difficult situations.«[52]

Sharon Salzberg (Autorin und Meditationslehrerin)

Mit Beginn der Isolationsphase greift das Isolations-Protokoll. Die Kommunikation mit der Erde findet nur noch über den Chat mit Zeitverzögerung sowie über E-Mails statt. Private Nachrichten auf unseren Handys lesen und beantworten wir äußerst selten und auch dann nur mit Zeitverzögerung. Diese strenge Regelung ist nur nachts und an den wenigen freien Tagen, den Black Days, aufgehoben. Wir sind endgültig auf dem Mars gelandet.

Tag 10 – Maintenance Day, Isolation

Der erste Tag in Isolation beginnt wie besprochen mit Ausschlafen, Durchatmen und dem Abarbeiten liegen gebliebener Aufgaben. Ich wache trotzdem um sieben auf und kann nicht mehr einschlafen. Der Klassiker. Ich nutze die Zeit, um an der OPS-Konsole den Chat zu prüfen. Ob auf der Erde schon jemand wach und an der Earthcom-Konsole ist?

Es sind die kleinen Gesten und Rituale, die dazu beitragen, dass wir uns trotz der Isolation weiterhin mit den Teams im MSC und OSS verbunden fühlen. Sie helfen auch, den Spaß an der Sache trotz widriger Umstände nicht zu verlieren. Jeden Morgen gibt es einen »Morning Song«, den abwechselnd wir im Habitat, das MSC in Innsbruck und OSS im Field Office aussuchen. Im Chat lese ich den heutigen Vorschlag von OSS: »Under Pressure«. Das passt ausgezeichnet zu den vergangenen Tagen. Ich lasse den Song wie jeden Morgen laut über die mitgebrachte Box durchs Habitat schallen. Das hebt zuverlässig die Stimmung. Dazu gibt es jeden Tag eine Scherzfrage oder einen Wortwitz. Gestern lautete die Frage: »Warum machen Aliens so ungern Urlaub auf der Erde?« Während des Tages werden Antwortvorschläge in den Chat geschrieben, erst am Abend kommt die Auflösung: »Weil die Erde nur eine Bewertung mit einem Stern hat.«

Nach dem Frühstück und dem Briefing bringt OSS die erwartete zweite Hälfte unserer Essenslieferung ins Airlock. Es dauert mehrere Stunden, bis zwei von uns alle Kartons inventarisiert und verstaut haben. Jetzt haben wir alles da, um uns ab dem Abendessen an unseren Ernährungsplan zu halten. Ich trage für das Experiment STEMRAD heute den gesamten Tag eine Strahlenschutzweste, die wir für die israelische/US-amerikanische Firma Stemrad testen. Sie wiegt fünf Kilogramm, sieht fast wie eine Rettungsweste aus und trägt sich insgesamt eher sperrig. Doch nach einer Weile gewöhne ich mich daran. Eine baugleiche Weste wird mit ESA-Astronaut Matthias Maurer bei seinem nächsten Einsatz zur ISS fliegen. Ohne die schützende Atmosphäre ist Strahlung ein ernsthaftes Problem im All. Zwar befindet sich die ISS noch nah genug an der Erde, um einen gewissen Schutz zu genießen. Dennoch bekommen die Astronaut:innen dort eine tägliche Strahlenmenge ab wie die Menschen auf der Erde in einem Jahr. Ich soll die für weibliche Körper ausgelegte Weste drei Tage nacheinander für jeweils acht Stunden tragen. João übernimmt das Testen der für Männer entworfenen Version. Wenn es möglich ist, sollen wir auch zwei Nächte darin schlafen. Wir dienen als Kontrollgruppe, sollen die Beweglichkeit darin testen und so viel Feedback wie möglich – selbstverständlich in Form von Fragebögen – zur weiteren Verbesserung geben.

Neben Strahlung und dem Einfluss von Mikrogravitation auf Muskeln, Knochen und Kreislauf existieren im All natürlich noch weitere Gesundheitsgefahren. Besonders auf einer solch langen Reise wie zum Mars besteht das Risiko, dass Komplikationen wie Zahnschmerzen, Blinddarmentzündungen und andere Erkrankungen oder Verletzungen auftreten. Selbst wenn unter den Raumfahrenden eine medizinisch geschulte Person sein sollte – was, wenn gerade diese von einer schwerwiegenden Verletzung oder Erkrankung betroffen ist? Eine Evakuierung von der ISS aufgrund schwerwiegender Gesundheitsprobleme würde dank der bereitstehenden Landekapseln und der geringen Entfernung im Notfall nur einige Stunden benötigen. Diese Option steht den Marsreisenden nicht zur Verfügung. Neben einem intensiven Training aller Crewmitglieder in Erster Hilfe und medizinischen Grundlagen wird daher an weiteren Lösungen geforscht. Wie gut können medizinische Laien mithilfe von Anleitungsvideos Untersuchungen wie einen Ultraschall durchführen? Sind die entstehenden Bilder gut genug, damit Expert:innen oder eine KI damit Diagnosen stellen und die weitere Behandlung anleiten können? Genau diese Fragen soll ein weiteres unserer Experimente beantworten. Es nennt sich VFR-eFAST und wird in Kooperation mit dem Universitätsklinikum Örebro in Schweden und den Deutschen und Europäischen Gesellschaften für Luft- und Raumfahrtmedizin in München und Köln durchgeführt. Schon im Vorfeld wurde ein Teammitglied als Versuchsperson ausgewählt. Ich erhalte heute als Erste die Aufgabe, verschiedene Ultraschallaufnahmen von ihm anzufertigen. Dazu sehe ich mir zwei Anleitungsvideos an und filme die Prozedur dann per Kamera. Nach der Mission werden die von uns angefertigten Videos und Ultraschallbilder ausgewertet. Dabei werden unser Vorgehen und die von uns erzielten Ergebnisse sowohl untereinander als auch mit Studierenden der Medizin sowie medizinischem Fachpersonal verglichen. Ich empfinde mich als leicht im Vorteil gegenüber meinen Kollegen, da mir der Anblick und die Interpretation von Organen und Gewebe auf einem Ultraschallbild nach drei Schwangerschaften zumindest in den Grundzügen vertraut sind. Mein untersuchter Kollege und ich haben definitiv Spaß bei diesem Experiment: »Huch – ist *das* deine Leber? Mein Lieber, ich bin mir nicht sicher, ob die *so* aussehen sollte!«, gefolgt von: »Du hast ja doch ein Herz!« Später werden wir erfahren, dass unsere Aufnahmen mit etwas Übung ausreichend gut für eine Diagnostik ausfallen.

Nach Erfüllung unserer wissenschaftlichen Arbeiten bauen wir uns zwei Sofas aus dafür aufgehobenen alten Matratzen. Sollten wir jemals genug Freizeit dafür herausarbeiten, wären wir bereit für einen Filmabend. Dann erledigen wir noch den Haushalt, spülen Geschirr, räumen auf, laden die Batterien, und ich nähe einen losen Reißverschluss an einem der Anzugstiefel an. Als Analog-Astronaut:in gilt genauso wie für die Raumfahrenden auf der ISS, dass viele Stunden des Tages mit Haushalt und Reparaturen gefüllt sind. Es fühlt sich gut an, einige Aufgaben richtig abschließen und sich auf die nächsten Tage gründlich vorbereiten zu können. Abends gibt es laut Ernährungsplan Vollkornpasta mit Unmengen von sauren Gurken und saurem grünen Paprika. Gewöhnungsbedürftig. Während des Essens dauert es einen Moment, bis wir ein klopfendes Geräusch auf unserem Dach Regentropfen zuordnen können. Ein seltsames Gefühl hier in der Wüste. Ich hoffe, dass der Regen eine Abkühlung in den nächsten Tagen bedeuten wird. Erstmals seit meiner Ankunft in Israel liege ich vor Mitternacht im Bett und hoffe auf Ausgleich meines Schlafdefizites. Leider kann ich ewig nicht einschlafen, weil die anderen am Tisch direkt neben meinem Bett sitzen, erzählen und trotz Ohrstöpseln gut zu hören sind. Müdigkeit ist wirklich ein zermürbender Zustand, und der unterschiedliche Schlafrhythmus im Team birgt auf dem engen Raum durchaus Konfliktpotenzial. Unsere Freiheit endet da, wo die der anderen beginnt.[53] Irgendwann gegen halb eins schlafe ich dann endlich ein.

Tag 11 – Müde

Ich bin so müde! 5:30 Uhr wache ich wieder auf, weil es gewittert. Erneut trommelt Regen aufs Dach. Vor allem aber stürmt es, der Wind fährt unter die Bodenplatten, und bei stärkeren Böen vibriert die ganze Schlafkabine. Es ist also eine weitere sehr kurze Nacht. Ich merke, wie die Erschöpfung körperlich und emotional ihren Tribut fordert. Die Haut an meinen Fingernägeln ist entzündet und eingerissen. Meine Augen brennen, und ich fühle mich fiebrig. Dabei spüre ich erstmals so richtig, wie unangenehm fehlende Privatsphäre sein kann. Ich kann nicht einmal ein bisschen unbeobachtet weinen. Zum Glück bin ich in der Lage, so etwas für begrenzte Zeit wegzuschieben und trotzdem zu funktionieren.

Als meine müden Teammitglieder zum Frühstück erscheinen, will sich der Erste instinktiv an den gleichen Platz setzen, den er bei den vorherigen Mahlzeiten innehatte. Doch Robert kommt ihm zuvor. Er möchte verhindern, dass wir eine feste Sitzordnung an unserem Ess- und Briefing-Tisch entwickeln. Für mich ein sehr eindrückliches Beispiel dafür, wie schnell wir Routinen entwickeln, weil unser Gehirn immer darauf aus ist, durch Gewohnheiten Energie zu sparen. Kurz fühle ich mich unwohl, als der »eigene« Platz besetzt wird. Gleichzeitig hat es etwas Befreiendes, nicht an einem »Besitz« festzuhalten. Die innere Rebellin in mir steigt sehr gern auf diese kleine Subversion ein und unterstützt Robert, indem sie den Rest der Mission mit darauf achtet, nie zweimal nacheinander am gleichen Platz zu sitzen. Zum Frühstück gibt es Brot mit scharfem Linsenaufstrich und Naturjoghurt. Wir haben kistenweise leckere Vorräte, aber irgendwie führt das nicht zu leckeren Mahlzeiten. Alon macht das wett, indem er eine lustige Präsentation zur Erklärung des Frühstücks hält. Er proklamiert dramatisch aus dem Ernährungsplan, wie viele Gramm Saft jede:r bekommt (da alles in Gramm angegeben wird, haben wir ihn abgewogen), wie viele Scheiben Brot (wenn wir es toasten, verliert es zehn Gramm und jede:r kann vier Scheiben haben statt drei), welcher Kaffee wem gehört (nach Rang geordnet, Commander, Deputy Commander, Fußvolk) und so weiter. Wir lachen Tränen. Auch das zeigt, wie wichtig Essen – und Humor – für die Moral sind!

Für Thomas und Iñigo steht heute ein EVA auf dem Plan. Ich bereite ihren Micropotential-Durchgang vor. Zusätzlich zur Probenahme außerhalb des Habitats ist meine Aufgabe als Mikrobiologin, die Proben vor- und nachzubereiten, die DNA zu extrahieren und alles für die Lagerung vorzubereiten, sodass die Proben später im Labor weiter untersucht werden können. Im Habitat steht uns für die DNA-Extraktion eine Laborstrecke mit Zentrifuge, Abzug mit UV-Desinfektion, DNA-Extraktionskits und sämtlichen benötigten Chemikalien, Pipetten und Laborgefäßen zur Verfügung. Es ist ein schönes Gefühl, meine Expertise einbringen zu können. Sobald die Vorbereitungen abgeschlossen sind, schalte ich die Innenkameras ein, die für das Experiment namens MARSLOCK für jeden EVA die Nutzung des Airlocks sowie den Eintrag von Staub aufzeichnen. Dr. Christiane Heinicke von der Universität Bremen möchte mit diesem Aufbau untersuchen, welche Qualitäten eine realistisch genutzte Schleuse in einem Marshabitat erfüllen muss. Auch für dieses Experiment ist nach jedem EVA ein Fragebogen auszufüllen.

Als Nächstes helfe ich beim Donning. Dabei wird ein weiteres Experiment namens DEAR einbezogen. Die ESA hat uns Vierecke aus potenziellem Raumanzug-Material für ihre Materialforschung mitgegeben. Diese Stoffstücke werden an den Hosenbeinen des Anzugs befestigt. Vor und nach jedem Außeneinsatz fotografieren wir die Patches. Im Anschluss an die Mission werden diese dann eingetütet und im Labor der Materialforschenden mit verschiedenen Methoden gereinigt. Damit soll ein Beitrag zur Erforschung von Abnutzung und Reinigung von Materialien durch (Mond- und Mars-)Staub bei EVAs geleistet werden. Als Thomas und Iñigo das Habitat verlassen haben, ist Zeit für ein schnelles Mittagessen. Ich trage erneut während des gesamten Tages die Strahlenschutzweste. Trotz Gewöhnungseffekt bleiben viele Bewegungen mühsamer. Zusätzlich habe ich Kopfschmerzen von der Müdigkeit.

Auch der heutige EVA ist durch Verbindungsprobleme und die Hitze erschwert. Beim Doffing diskutieren wir mögliche Lösungen. Gemeinsam mit MSC beschließen wir, morgen noch einmal einen Tag Pause einzulegen, um alle Probleme mit dem Anzug zu beheben. Wir planen, an den darauffolgenden Tagen zeitiger aufzustehen, um EVAs vor Einsetzen der Mittagshitze durchzuführen.

Zum Tagesausklang gönnen wir uns bei Popcorn einen ersten Filmabend und schauen *Moon*. Während auf der MIR Gerüchten zufolge durchaus »medizinischer Cognac« zu finden war, gilt auf der ISS aus Sicherheitsgründen ein striktes Alkoholverbot. Unseren Filmabend begleitet daher für diejenigen, die mögen, eine zufällig in einem Koffer mitgereiste Flasche »medizinischen Ethanols« zu »Desinfektionszwecken«. Während des Films sehen wir auf einmal zwei Marvins durch den Küchenbereich huschen. Marvin 1 hat Familie mitgebracht.

Tag 12 – Troubleshooting, Rover und Drohnen

Nach dem Aufstehen fühle ich mich so erschöpft wie sonst am Ende eines anstrengenden Tages, und meine Haut fühlt sich entzündet und angespannt an. Es ist wirklich zum Heulen. Langsam bin ich wieder so müde wie zu den Zeiten, als meine drei Töchter ganz klein waren. Zum Glück gibt es zum Frühstück Haferflocken. Das ist nach Shakshuka für mich bisher das beste Frühstück. Alon leidet allerdings offensiv und matscht demonstrativ im grauen Brei herum.

Wir müssen feststellen, dass Marvin 1 und 2 gestern Nacht den Wettkampf mit uns für eröffnet erklärt haben. Sie sind in den Lebensmittelschrank eingedrungen und haben drei Mandelmilchpackungen jeweils an einer Ecke aufgeknabbert. Das gibt Ärger! Beim Briefing verteilen wir die heutigen Aufgaben, und meine erste ist, den Schrank mäusesicher zu machen. Auch hier erweist sich Duct Tape wie immer als extrem nützlich. Definitiv ein Ausrüstungsgegenstand, der auf keiner Raumfahrtmission fehlen darf. Neben dem Haushalt und Reparaturen stehen Videodokumentationen für diverse Medien auf dem Plan. Robert bestätigt einmal mehr seinen Ruf als unser MacGyver. Genauso wie dieser Seriencharakter aus meiner Jugend kann er alles reparieren und zum Laufen bringen. Er schafft es, den klemmenden Helm an einem der Anzüge zu richten, und ich lerne, dass Grafit aus Spänen einer geopferten Bleistiftmine ein ausgezeichnetes trockenes Schmiermittel ist. Denn jedes Spray würde sich sofort mit dem Sand verkleben und alles nur schlimmer machen.

Reparaturfähigkeiten – unterstützt durch MSC und die PIs per Chat – benötigen wir auch für eine unserer Drohnen. Verschiedene Rover und zwei Drohnen sind Teil unserer Mission und dienen der Testung verschiedener Aspekte der Explorationskaskade. Rover sind für die Erforschung des Mars seit Langem aktiv. Die erste erfolgreiche Landung einer Sonde gelang der UdSSR mit Mars 3 bereits 1971. 1976 folgten Viking I und II der USA. Allerdings scheiterten nahezu 30 Missionen im Vergleich zu den bisher elf erfolgreichen Landungen, was einmal mehr die technischen Schwierigkeiten einer solchen

Unternehmung, besonders der Landung in der dünnen Atmosphäre, unterstreicht. 1997 brachte der Mars Pathfinder den ersten Rover, Sojourner, zu unserem Nachbarplaneten. Obwohl nur eine Lebensdauer von sieben Tagen erwartet wurde, untersuchte er die Marsoberfläche am Ende 83 Tage lang. Die zwei Rover Spirit und Opportunity waren 2004 Teil der Mars Exploration Rover Mission. Spirit arbeitete über sechs Jahre, Opportunity beeindruckende 15 Jahre. Beide entdeckten Hinweise auf flüssiges Wasser in der Vergangenheit des Mars. Phoenix untersuchte im Jahr 2008 die Polarregion des Mars auf Wasser und Lebensbedingungen. Der seit 2012 aktive Curiosity-Rover gehört zur Mars Science Laboratory Mission. Mit seinem fortschrittlichen Labor untersucht er Gesteine, Bodenproben und die Atmosphäre, um nach Spuren früheren Lebens zu suchen. InSight erforscht seit 2018 den inneren Aufbau des Mars mittels seismologischer Methoden. Der seit 2021 aktive Perseverance ist der bisher technisch ausgefeilteste Rover. Neben der Suche nach mikrobiellen Lebensspuren sammelt er Bodenproben, die in Zukunft auf die Erde zurückgebracht werden sollen. Ein besonderes Highlight ist der Begleit-Drohnen-Helikopter Ingenuity, der als erste Drohne kurze Flüge auf dem Mars durchführte und die Umgebung erkundete. Neben den USA hat auch China mit Zhurong seit 2021 einen Rover auf dem Mars im Einsatz.[54] Bei künftigen Mars-Missionen werden Roboter über die bisherige Erforschung des Planeten hinaus für eine Vielzahl von Tätigkeiten eingesetzt werden. Die langsame Steuerung mit Zeitverzögerung von der Erde aus wird durch schnellere Alternativen ersetzt werden. Um die Umgebung des Habitats zu erkunden und interessante Stellen für Ausflüge und Probenahmen der Astronaut:innen zu finden, müssen die Rover und Drohnen navigieren und sich orientieren können. Außerdem sollten sie entweder autonom fahren und fliegen oder manuell durch Astronaut:innen beim EVA oder aus dem Habitat heraus gesteuert werden. All das testen wir mit verschiedenen Modellen.

Der MERCATOR-Rover des EXOSCOT genannten Experiments unterstützt uns zum einen, indem er auf Satellitendaten basierend autonom die Umgebung des Habitats erkundet. Dabei sammelt er Bild- und Laserscan-Daten, welche eine zentimetergenaue Auflösung und Verbesserung der Karten ermöglichen. So hat MSC ein besseres Situationsbewusstsein und kann die EVAs optimal vorbereiten. Zum anderen kooperiert die Entwicklungsgruppe von der Technischen Universität Graz mit einem Team der Universität Lissabon. Deren Experiment MEROP untersucht, wie durch optisches und haptisches Feedback die Fernsteuerung des mehrere 100 Kilogramm schweren Mercator-Rovers aus dem Habitat heraus optimiert werden kann. Als der Rover am Nachmittag fertig geladen ist, bin ich mit meinem ersten Durchgang dran. Das haptische Feedback erhalte ich über einen Handschuh an meiner rechten Hand, der vibriert, falls der Rover rutscht. Meine linke Hand lege ich in eine Vorrichtung, die die Neigung des Rovers überträgt. Beide helfen dabei, ein Gefühl für die räumliche Orientierung des Rovers zu erhalten. Auch die nach vorn und hinten ausgerichteten Kameras helfen beim Steuern. Ich merke jedoch schnell, dass Entfernungen schwer abzuschätzen sind und die Steuerung über einen Joystick sehr empfindlich reagiert. Jede:r von uns führt im Laufe der Mission verschiedene Durchgänge mit und ohne haptisches Feedback aus. Wir erfüllen unterschiedliche Aufgaben, wie die Inspektion des Habitats oder die Erkundung der Umgebung. Dabei filmen wir uns und kommentieren fortlaufend, was wir warum tun. Kurz fühle ich mich wie eine Gamerin, die für ihre Follower streamt. Im Anschluss füllen wir NASA-Standardfragebögen zur empfundenen Schwierigkeit und Komplexität der Aufgabe aus. So können die Forschenden vergleichen, welche Details wie hilfreich für welche Fragestellung sind.

Mit AMAZE der Universität Klagenfurt ist eine helikopterähnliche Drohne in der Größe eines Hundes bei unserer Mission im Einsatz. Ursprünglich als Technologiedemonstration zur Vorbereitung von Ingenuity konzipiert, konzentriert sich das Experiment während Amadee-20 auf die Erprobung von Algorithmen für eine GPS-unabhängige, visuelle Orientierung. Praktisch bedeutet das, dass die Drohne über fotografisch erstellte Karten und eine Kalibrierung autonom starten, fliegen und landen kann. Sie orientiert sich nicht satellitengestützt an Koordinaten, sondern an visuellen Merkmalen der Umgebung. Auch die zweite Drohne, AEROSCAN, soll autonomes Fliegen erproben. Von ähnlicher Größe und etwas leichter als Amaze, sieht sie jedoch eher wie ein schwarzes Modellflugzeug aus.

Ziel des Experiments der University of Houston ist es, eine autonome, solarbetriebene VTOL-Drohne (Vertical Take-off and Landing) für die Oberflächenanalyse und Photogrammetrie zu entwickeln, zusammenzubauen und zu testen. Auf ihren Flügen wird sie Fotos machen, aus deren 2D-Bilddaten die dreidimensionale Struktur der Landschaft berechnet wird. Praktisch bedeutet das für uns, dass wir die Drohne nur zusammenbauen, während eines EVAs mit hinausnehmen, am Startpunkt absetzen und später wieder einsammeln. Alles andere erledigt die Drohne theoretisch allein. Wie so oft funktioniert jedoch nicht alles reibungslos. Aeroscan weigert sich beim ersten Versuch, zu starten, was uns aber ebenfalls wertvolle Daten und Erkenntnisse liefert. Alon und ich unterstützen MSC und die PIs – mühsam über Chat mit Zeitverzögerung – bei der Fehlersuche. Gemeinsam gelingt es uns, den Motor der Drohne im Habitat ohne Rotoren zu starten.

Das Mittagessen schmeckt zum ersten Mal richtig lecker. Durch Alons Recherche finden wir heraus, dass der Essensplan, nach dem wir kochen, computergeneriert ist. Das erklärt einiges, besonders die seltsam beliebig anmutenden Gewichtsangaben, Zusammenstellungen und Würzhinweise wie »ohne Zimt«. Am Nachmittag gibt es Kaffee und laute Musik. Das trägt trotz aller Müdigkeit zu guter Stimmung bei. Auch ein weiterer Durchgang des Interteam-Experiments sorgt für Ausgelassenheit. Diesmal sollen wir zu sechst eine Party mit verschiedenen Optionen und Budgetlimits planen. Für mich ist heute außerdem der letzte Tag in der Strahlenschutzweste. Ich bin sehr froh, sie ablegen und kurz duschen zu dürfen. Zu meiner Freude gehen wir eher als sonst schlafen, da wir morgen eine Stunde zeitiger beginnen werden.

Tag 13 – OPS und die Psychologie

Marvin hat es nicht noch mal in den Schrank geschafft – unsere Aufrüstung hat gehalten. Den Deckel des herumstehenden Erdnussöls hat er dennoch zernagt. Ein weiterer Punkt geht an ihn.

Probenabgabe, Stimmungsemoji auf dem Handy wählen, Frühstück und Briefing erledigen wir heute zügig. Ich bin das erste Mal als OPS eingeteilt, sitze also den ganzen Tag an der Konsole, auf der die Kontrolle der Anzüge inklusive aller Daten von den Sensoren sowie der Chat mit OSS und dem MSC zusammenlaufen. Ich fühle mich an der Position ein wenig wie eine Spinne in ihrem Netz, die alle Fäden zusammenhält, oder wie die Direktorin in einem Flohzirkus. Es ist herausfordernd, weil viele Unterhaltungen parallel laufen, was den Chat schnell unübersichtlich macht, dazu kommt die Zeitverzögerung. Gerade während des Donnings fühle ich mich gestresst und unter Druck, da so vieles zeitgleich passiert. Ich muss ständig den Chat im Auge behalten und Informationen in alle Richtungen weitergeben. Teammitglieder im Habitat treten häufig mit Bitte um Weiterleitung von Informationen oder Fragen an mich heran. Dazu kommt das Headset, über das ich die beiden Kollegen im Anzug höre und ihnen Anweisungen und Informationen weiterleite. Alon meldet sich auch prompt und fragt, ob ich die Farbe der LEDs an Antenne und Chestpack seines Anzugs verändern kann. In meinen Notizen finde ich das entsprechende Phyton-

Skript und schalte auf Gelb um. Ich finde Spaß an der Sache und versuche es noch mit Pink und Blau, ehe wir uns auf Grün einigen. Zwar ist die Position für mich mental herausfordernd, gleichzeitig bereitet mir genau das Freude. Vor allem habe ich das angenehme Gefühl, mehr von dem mitzubekommen, was in den verschiedenen Bereichen gerade läuft. Es ist befriedigend, meinen Kopf so richtig zu fordern und mich der Aufgabe gewachsen zu fühlen. Gefordert, aber nicht überfordert zu sein, ist ein guter Zustand.

Der größte Nachteil ist, dass ich den ganzen Tag friere, während alle anderen schwitzen, da sich mein Platz direkt unter dem Kaltluft-Auslass der Klimaanlage befindet. Heißer Tee und ein Pullover unterm Overall helfen.

Ein weiteres Gefühl, das mich nie richtig loslässt, ist eine innere Unruhe wegen des Berges nicht abgeschlossener Aufgaben. Mein Notizbuch wird für mich immer wichtiger, um offene Punkte zu notieren und den Überblick zu behalten.

Passenderweise beziehen sich einige der Fragen in den heutigen Fragebögen auf diese Empfindungen. Eines unserer psychologischen Experimente stammt von der Goldsmiths University of London und trägt den Namen ACT, was für Akzeptanz- und Commitment-Therapie steht. Ein wichtiger Baustein dieser Therapieform ist Achtsamkeit. Diese stellt, einer aktuellen Studie zufolge, einen entscheidenden Faktor zur Stressreduktion in isolierten und extremen Umgebungen dar.[55] Künftige Mars-Forschende müssen so ausgewählt und geschult werden, dass sie in der Lage sind, anpassungsfähig und belastbar mit schwierigen Situationen umzugehen, effizient und proaktiv mit anderen zu kommunizieren, Sorgen und Traurigkeit zu verarbeiten und zu akzeptieren und im Hinblick auf die Ziele der Mission beharrlich zu bleiben. Der PI hat uns im Training mehrere Entspannungstechniken beigebracht und auch Teamdiskussionen moderiert und beobachtet. Vor, während und nach der Mission beurteilen wir, wie uns diese Werkzeuge unterstützen. Dazu füllen wir während der Mission jeden zweiten Tag einen Fragebogen aus mit Aussagen wie: »Stress hindert mich nicht daran, meine Aufgaben zu erfüllen«, »Ich habe Schwierigkeiten, abzuschalten«, »Ich fühle mich auch im Team allein«. Auf Skalen von »trifft völlig zu« bis »trifft gar nicht zu« schätzen wir uns selbst ein. Es ist interessant zu sehen, wie die Selbsteinschätzung sich je nach Aufgaben, Stimmung und natürlich auch äußeren Einflüssen verändert. Zusätzlich füllen wir jeden Abend einen Fragebogen für unser Human Factors-Team beim ÖWF aus. Dieser enthält Fragen zu Schlafqualität und -dauer, unserem Befinden, der Arbeitsbelastung und möglichen Problemen. Unsere Antworten werden zur Anpassung der Planung genutzt und führen glücklicherweise dazu, dass nach der Belastung der ersten beiden Wochen allmählich alles etwas langsamer und mit mehr Zeitpuffer getaktet wird. So sammeln wir jeden Tag viele neue Erfahrungen und Erkenntnisse – auch über uns selbst.

Zum Abschluss des Tages widmen wir uns unseren Fellfreunden. Wir stellen die Lebendfalle auf, die wir heute ins Airlock geliefert bekamen. Verführt von einem Müsliriegel, spaziert zu unserer Überraschung innerhalb von einer Minute Marvin direkt hinein. Unter viel Gelächter bugsieren wir ihn in die leere Flasche unseres Wasserspenders. Derweil huscht Marvin II wieder durch die Ecke. Wir erneuern die Falle, und wenige Minuten später schnappt diese erneut zu. Am Ende des Abends hocken vier Mäuse, deren Niedlichkeitsfaktor zugegebenermaßen hoch ist, in dem großen Wasserbehälter. Auf meine Initiative hin erhalten sie einen Karton als Versteck, Wasser sowie einen Müsliriegel und verbringen die Nacht bis zu ihrer Freilassung durch OSS in der Schleuse. Die arme Mäusefamilie erlebt wahrscheinlich ein Horrorfilm-Szenario wie: »Ich habe ein Geräusch gehört und gehe mal nachgucken.« Und dann geht eine Maus nach der anderen und kommt nicht zurück. Bis zum Morgen findet sich tatsächlich noch ein fünfter Marvin ein. Laut Strichliste an unserem Whiteboard liegen wir fünf zu zwei in Führung.

Tag 14 – SciOPS und Mikrobiologie

Mein Zeitgefühl kommt ziemlich aus dem Takt, und ich muss immer wieder nachschauen, welcher Wochentag und welches Datum ist. Unsere veränderten Schlafzeiten treffen meinen Biorhythmus offensichtlich mehr, als ich gedacht hätte. Nach der zweiten Nacht mit etwas mehr Schlaf wache ich fast euphorisch auf, ganz im Gegensatz zu meinen Teamkollegen, die verschlafen am Frühstückstisch kauern. Motiviert lege ich als Suittech auch direkt mit dem Donning los. In der Rekordzeit von einer Stunde und 38 Minuten sind wir fertig, doch da die Ärzt:innen in Innsbruck zwischenzeitlich Schwierigkeiten haben, unsere Telemetrie zu sehen, erhalten wir das »Go« für den EVA erst nach etwas Wartezeit. Immer wieder bereitet uns außerdem eines der EKGs Probleme. Sobald Robert und Thomas in den Anzügen das Habitat zum EVA verlassen haben, wechsle ich zur Position SciOPS – ich sitze also neben OPS und bin für alles, was mit den Experimenten zusammenhängt, zuständig. So frage ich in regelmäßigen Abständen die medizinischen Parameter der beiden Teamkollegen im Anzug ab. »Hunger?«, »Durst?«, »Müdigkeit?« Insgesamt zehn Punkte werden erfragt. Auf einer Skala von eins bis fünf bewerten die AAs im Anzug sich selbst und einander gegenseitig. »Alle 1«, ertönt die Antwort in meinem Ohr, und ich weiß, es geht ihnen gut und sie fühlen sich frisch und ausgeruht. Im Chat kläre ich alle Fragen zu den Experimenten des Tages und informiere MSC in regelmäßigen Abständen über unsere Fortschritte. Außerdem sage ich den beiden draußen die Prozeduren ihrer Experimente – Micropotential und Aeroscan sind heute dran – Schritt für Schritt an. Nebenher behalte ich die Telemetrie im Blick. Im Laufe des Tages verfasse ich einen Report, den ich am Abend vervollständige und der ebenfalls über Nacht ans MSC geschickt wird. Er enthält zusammengefasst alles wissenschaftlich Relevante des Tages. Der SciOPS-Report und die Position an sich sind nicht ganz so aufwendig und komplex wie OPS. Dafür ist sie spezieller, weil ich vorbereitet sein und die Experimente des Tages gut kennen muss.

Draußen setzen Robert und Thomas als Erstes die Drohne auf ihre Startposition. Der Flugplan für den Testflug ist einprogrammiert, und wir lösen den Start von drinnen aus. Alles andere läuft automatisch. Nach unseren gestrigen Bemühungen verfolgen wir gespannt, wie der Motor der Drohne startet. Zu unserer großen Freude hebt sie wackelig ab, tut sich erst etwas schwer, gewinnt dann aber an Höhe und stabilisiert sich bei ungefähr 30 Metern Flughöhe. Als Nächstes geht sie in Gleitflug über, um ihr Kartierungsflugmuster zu starten. Doch dann geht irgendetwas schief. Die Drohne gerät ins Schlingern, trudelt und stürzt mit der Nase voran ab. Robert und Thomas bringen das traurige Häufchen zurück in die Schleuse. Glücklicherweise haben wir genug Teile für eine komplette zweite Drohne dabei. Nach diesem etwas deprimierenden Ereignis erhalten wir Anweisungen für eine weitere außerplanmäßige Aktivität. Die Ärzt:innen möchten, dass beide einige Übungen durchführen, die sie wirklich anstrengen. So sollen Daten zur Belastung mit Anzug und bei Hitze gesammelt werden. Als Thomas und Robert im Anschluss zurück ins Habitat kommen, wirken sie sehr erschöpft. Eine der Anzughosen weist als Beweis der Belastung einen großen Riss auf. Nachdem dieser repariert ist, habe ich nach offizieller Beendigung des EVAs ein weiteres Experiment auf dem Tagesplan stehen. OGH (Off Grid Habitation) ist eine Studie der Architekten des Habitats. Um das Konzept, die Verbrauchsgüter, das Wohlbefinden der Bewohner:innen sowie die Funktionalität zu prüfen und in Zukunft zu optimieren, werden auf verschiedenen Wegen Daten gesammelt. Zahlreiche Sensoren messen unter anderem Temperatur, Sauerstoff- und CO_2-Gehalt in der Luft. Meine Aufgabe besteht heute darin, zu überprüfen, ob alle Sensoren funktionieren. Auch Wasser- und Stromverbrauch werden dokumentiert. Insgesamt können so Schlussfolgerungen gezogen werden, welche Aktivitäten und Bedingungen für zukünftige Habitate berücksichtigt werden müssen.

Ausdünstungen und Luftqualität sind auch Stichworte für unsere Overalls, die wir nun schon seit zwei Wochen täglich tragen. Während die Astronaut:innen auf der ISS Kleidung ebenfalls sehr lange tragen und sie im Anschluss mit Versorgungsfrachtern entsorgen und in der Atmosphäre verglühen lassen, steht unseren Overalls ein weniger feuriges Schicksal bevor. OSS holt die Kleidung aus dem Airlock ab und bringt sie uns einen Tag später gewaschen zurück. Der Anblick meiner Kollegen in Jogginghosen und T-Shirts ist nach der langen Zeit sehr ungewohnt. Ich verbringe den restlichen Nachmittag damit, gemeinsam mit João an einer unserer Bodenproben die DNA-Extraktion in unserem Minilabor zu testen. Dabei fühle ich mich in alte Uni-Labor-Zeiten zurückversetzt und genieße es, mein früheres Handwerk als Mikrobiologin auszuüben. Ich pipettiere, zentrifugiere, extrahiere und beschrifte – und sehe dabei wohl sehr glücklich aus, wie meine Kollegen mehrfach feststellen. Meinen Eltern schreibe ich am Abend augenzwinkernd in meiner täglichen E-Mail nach Hause: »Endlich hat sich das Studium ausgezahlt.«

Kurz vor dem Abendessen erreicht uns vom MSC eine Videobotschaft des Generaldirektors der ESA, Josef Aschbacher, der uns zur erfolgreichen Mission gratuliert und alles Gute wünscht. Während das natürlich Freude auslöst, finde ich ein zweites Video fast noch besser. Eine Kindergartengruppe, die eine Rakete und Raumanzüge gebastelt hat, stellt uns Fragen. Sehr niedlich. Darauf werden wir natürlich antworten. Robert kocht Abendessen, das unter den gegebenen Umständen sogar lecker ist. Aber nur ein Computer kann auf die Idee kommen, sauren Linsensalat zusammen mit süßem Grießauflauf zu servieren. Danach wird es ruhiger. Alle beenden Kleinigkeiten ihrer To-do-Liste oder schreiben nach Hause. Unterbrochen wird die Ruhe in unregelmäßigen Abständen von durchdringendem Piepen, denn wir müssen jeden Tag alle Batterien der Anzüge, die Funkgeräte, die EKGs, die Akkus der Kameras und vieles mehr laden. Immer wenn ein Gerät oder Akku fertig geladen ist, piept es. Da wir alle zuvorkommende, höfliche Menschen sind, machen immer mindestens zwei oder drei Personen Anstalten, aufzustehen, was zu einigen lustigen Tänzen führt. Mit unserem Debriefing beenden wir offiziell den Arbeitstag. Bergfest! Genau die Hälfte der Mission ist heute vorbei. Da wir morgen freihaben, können wir weitere geheime Vorräte herausholen und bis tief in die Nacht *Pandemic* spielen.

Tag 15 – Black Day

Ausschlafen kann ich leider nicht, also höre ich einen Podcast, bis die anderen wach sind. Nach einem langen Frühstück, bei dem wir ausnahmsweise essen, worauf wir Lust haben, zieht sich jede:r zurück – zum Schreiben, Trainieren, Duschen oder Lesen. Nachdem ich ein mitgebrachtes Buch beendet habe, kochen Thomas und ich Auberginen mit scharfer Soße und Granatapfelkernen. Ein Mittagsschlaf gelingt mir nicht, also gibt es stattdessen Kaffee und ein paar Stunden Arbeit an meiner Doktorarbeit. Durchs Fenster beobachten wir Vögel, die sich draußen am Kondenswasser der Klimaanlage sammeln. OSS berichtet im Chat von einem Ausflug nach Jerusalem – ein bisschen neidisch bin ich schon. Aber der ruhige Tag mit dem Team hat auch seinen Reiz. Abends spielen wir noch eine weitere Runde *Pandemic.*

Tag 16 – Meuterei und EVA 2

Am Morgen finde ich bei meiner Runde durchs Habitat einen weiteren Marvin in der Falle – schon sechs zu zwei für uns. Nach dem Frühstück beginnen wir mit dem Donning. Dabei zeigt sich erstmals deutlich das sogenannte »Us versus Them«, also »Wir gegen die anderen«-Phänomen. Trotz aller Bemühungen und Maßnahmen, um ein Gefühl von Zusammengehörigkeit und Teamgeist zwischen den verschiedenen Gruppen auf dem Mars und der Erde aufrechtzuerhalten, wird dies im Verlauf einer Mission immer schwieriger. Ein Grund dafür sind unterschiedliche Informationen und Wahrnehmungen der Situationen. Im Plan für den heutigen Tag sehen wir, dass meine Teilnahme am EVA aufgrund des zunehmend unzuverlässigen EKGs vom MSC abgesagt ist. Iñigo soll allein in Aouda.S das Habitat verlassen. Während unseres Trainings wurde die Wichtigkeit des Buddy-Systems mehrfach betont, daher sind wir strikt gegen einen Einzel-EVA. Fieberhaft suchen wir nach möglichen Lösungen. Mir kommt die Idee, das EKG von Aouda.S für Aouda.X zu nehmen. Es sollte sich mit dem A.X-Bluetooth verbinden und über den Anzug sozusagen huckepack senden. Da A.X dann zwar kein eigenes EKG, dafür aber die restlichen Telemetrie-Daten sendet, hätten wir von jedem Anzug zwar unvollständige, aber wenigstens halbwegs ausreichende Daten. Etwas meuternd beginnen wir also, doch beide Anzüge anzuziehen, und sind erleichtert, als 20 Minuten später die Antwort von der Erde kommt, dass sie unseren Vorschlag gut finden und annehmen. Einmal mehr führt mir die Situation vor Augen, wie schwer es ist, eine solche Diskussion unter Zeitdruck, mit Emotionen und vielen Argumenten im sterilen, knappen Chat mit Zeitverzögerung effizient zu führen. Sie erinnert mich daran, dass auch im All Situationen eintreten, in denen die Astronaut:innen mit den Entscheidungen von der Erde hadern. So wird erzählt, dass 1984 zwei Kosmonauten auf der russischen Raumstation Saljut 7 nach langen Arbeitstagen mit hoher Belastung gegen den Willen des Kontrollzentrums einen »Tag der Ruhe« einlegten. Auch auf der ISS hatte die NASA im Jahr 2007 den Eindruck, dass die Astronaut:innen die Kommunikationssysteme zeitweise ausschalteten, um passiv gegen die zunehmende Überwachung ihrer Arbeitsabläufe zu protestieren.

Sobald das »Go« von der Erde kommt, verlassen wir das Habitat. Ein weiterer Rover, ROVO genannt, begleitet uns. Dabei handelt es sich um einen etwa tischhohen Fahruntersatz mit einer Abstellfläche. Der Rover kann uns automatisch in einem gewissen Abstand folgen, aber auch manuell mit einer Fernbedienung gesteuert werden. Wir lernen seine Assistenzfunktion zum Abstellen und Transportieren von Werkzeug und Proben sehr zu schätzen. Ein weiterer großer Pluspunkt: Wir können unsere schweren Rucksäcke auf dem Handlauf des Rovers absetzen und uns so zwischendurch etwas erholen. Das erweist sich gerade heute als unschätzbare Hilfe, da wir ohne vollständiges EKG kein Quad fahren dürfen. Den etwa 500 Meter entfernten zweiten Probenahmepunkt für Micropotential müssen wir also zu Fuß erreichen, was über einen Hügel mit losem Geröll, durch ein Wadi und einen Anstieg hinauf in der Hitze eine echte Herausforderung darstellt. Unser ROVO folgt uns wie ein Hund über Stock und Stein und transportiert unsere Geräte. Alle zehn Minuten ruhen wir uns auf ihn gelehnt aus, trinken das kühle Wasser aus den Beuteln in unseren Anzügen und geben unsere medizinischen Daten durch. Dabei haben wir immerhin auch die Gelegenheit, die tolle Landschaft zu bewundern und die Touristen am Checkpoint, die uns mit Ferngläsern beobachten, verstohlen ebenfalls zu beobachten. Am POI angekommen, platzieren wir den Sensor, nehmen Bodenproben, fotografieren alles und machen uns dann auf den Rückweg. Der fühlt sich deutlich länger an als der Hinweg. Meine Schultern und Hüften spüren jedes einzelne der 50 Kilogramm. Völlig durchgeschwitzt, aber zufrieden fühlt sich das Eintreten ins Habitat wie Nach-Hause-Kommen an.

Das Ausziehen geht deutlich schneller als das Anziehen. Meine Bauchtasche ist an einer Seite aus der Aufhängung gerutscht, und an einem Handschuh bemerke ich eine kaputte Naht. Der Verschleiß und der Staub überall machen mir zum einen bewusst, dass die Anzüge bereits einige Jahre und Missionen unter dem Gürtel haben, und zum anderen, wie lebens- und technikfeindlich unsere Umgebung ist. Wieder einmal heißt es Saubermachen und Reparieren. Nach dem Mittagessen genieße ich meine kurze, aber immerhin heiße und wohlverdiente Dusche. Am Nachmittag nutzt Alon seine Softwareingenieurkenntnisse für ein Update bei Amaze. Robert kombiniert Original- und Ersatzteile, um Aeroscan zu reparieren, und Thomas versucht sich derweil ganz bodenständig als Klempner an unserem zunehmend kapriziösen WC. Wir diskutieren auch bereits einige Lessons Learned, also Lehren aus der Mission. Unser Hauptziel besteht darin, mögliche Fehlerquellen zu sammeln. Daher dokumentieren wir, was gut war und was nicht, und erarbeiten, wenn möglich, auch gleich Verbesserungsvorschläge. Nach einem ausführlichen Debriefing und Pizza zum Abendessen steht ein weiterer Interteam-Durchgang auf dem Plan. Diesmal sollen wir aus Spaghetti und Marshmallows in zwei Teams jeweils einen möglichst hohen Turm bauen. Zwar ist die Aufgabe ganz lustig. Doch sind wir alle zu müde, um sie richtig ernst zu nehmen. Es nervt mich außerdem zunehmend, gefühlt alle fünf Minuten einen Fragebogen ausfüllen zu müssen und permanent gefilmt zu werden. Ich tröste mich mit dem heimlichen Naschen einiger Marshmallows.

Tag 17 – SuitTech Lead und Fragebögen

Nach einer weiteren kurzen Nacht stehen wir halb sechs auf. Nachdem wir gestern gezeigt haben, dass es sicher genug ist, mit Aouda.S zu arbeiten, gibt es heute ein neues Ärgernis. Da dringend mehr Proben gebraucht werden, entscheidet MSC, die Anzüge zu trennen und Experimente separat durchführen zu lassen. Wir protestieren und erinnern erneut an die Bedeutung des Buddy-Systems. MSC bleibt jedoch bei seiner Anordnung. Zähneknirschend fügen wir uns.

Ich bin als Suittech Lead beim Donning eingeteilt. Sobald Thomas und Alon um zehn das Habitat verlassen, gehe ich zu Hausarbeit, Fragebögen und WC-Reparaturdienst über. Inzwischen funktioniert nur noch eine der beiden Toiletten, und wir hoffen inständig, dass diese uns nicht auch noch im Stich lässt. Alons Humor trägt uns wie so oft durch den Tag. Er bringt uns ein wichtiges hebräisches Wort bei. *Balagan* bedeutet große Unordnung oder Chaos und wird unser geflügeltes Wort für vieles. Überhaupt entwickelt sich in kürzester Zeit aus den vielen verschiedenen Sprachen des Teams eine ganz eigene neue Mischung. Obwohl Englisch unsere Alltagssprache ist, mischen wir deutsche, spanische und niederländische Begriffe mit Hebräisch und Portugiesisch. Wahrscheinlich würde eine Person, die nach einem Jahr dazukäme, vieles gar nicht mehr verstehen.

Später am Vormittag lachen Robert und João an OPS und SciOPS plötzlich schallend. Auf meine Nachfrage hin erfahre ich, dass sie über Funk hören konnten, wie Thomas versuchte, Staub von seinem Tablet zu pusten. Wieder einmal hat einer von uns vergessen, dass er einen Helm trägt.

Bei Pasta zum späten Mittagessen dreht sich die gesamte Unterhaltung um den vormittäglichen EVA, bei dem einer der Männer eine Panne mit seinem Uridom hatte. Unter Gelächter und gutmütigem Geplänkel werden Erfahrungen und Ratschläge getauscht. Ich lehne mich zurück, zufrieden, dass ich dieses Problem nicht habe. Den Nachmittag verbringe ich damit, aus den gesammelten Micropotential-Bodenproben die DNA zu extrahieren. Ich brauche dafür bis weit in den Abend hinein und muss mich höllisch konzentrieren, um keinen Schritt auszulassen und nichts durcheinanderzubringen. Im Anschluss fühle ich mich daher matschig und verspannt. Wenigstens ist es nach der Hitze der letzten zwei Wochen mit maximal 24 °C am Nachmittag heute merklich kühler. Beim Debriefing und Abendessen entspinnt sich eine große Diskussion über die Kommunikation mit MSC, das Trennen der Anzüge, den Umgang mit dem fehlerhaften EKG sowie der problemanfälligen Telemetrie-Übermittlung. Wir haben das Gefühl, nicht alle Gründe für bestimmte Entscheidungen zu kennen, und andersherum genauso. Außerdem empfinden wir Wünsche im Chat wie beispielsweise einen »erholsamen freien Abend« als höhnisch, wenn wir doch aufgrund des eben erst eingetroffenen Tagesplanes noch Vorbereitungen erledigen müssen. Auch Fragebögen warten noch auf uns. Wir erinnern uns gegenseitig daran, dass MSC das garantiert nicht böse meint, sondern dass sie mindestens genauso müde sind wie wir und ihr Bestes geben. Es ist interessant, mir selbst und uns als Team dabei zuzuschauen, wir schnell wir diese Abwehrhaltung einnehmen, wie leicht es ist, Äußerungen und Entscheidungen ungünstig zu interpretieren und in eine »Wir gegen den Rest der Welt«-Stimmung zu geraten. Obwohl das Phänomen bekannt ist und wir darauf vorbereitet wurden, passiert es doch, nicht zuletzt, weil die schriftliche Kommunikation die Übermittlung von Emotionen, deren Einschätzung und Interpretation stark einschränkt. Die knappen Sätze gepaart mit Müdigkeit und Erschöpfung führen schnell dazu, sich gegenseitig nicht verstanden oder gewertschätzt zu fühlen. Auch die Themen Hierarchien, Entscheidungen, Abhängigkeit und Autonomie spielen eine wichtige Rolle. Ich habe den Eindruck, dass ich etwas weniger frustriert bin als einige der anderen in meinem Team, weil ich im Hinterkopf behalte, dass alles nur eine Simulation ist. Lieber nehme ich Einfluss darauf, wie ich auf die Umstände reagiere, als mich gegen die Umstände zu wehren. Einmal mehr ist es faszinierend, wie sehr der Faktor Mensch Einfluss auf die gesamte Mission hat. Während unserer Diskussion beobachten wir, wie ein Marvin in die aufgestellte Falle spaziert und mit dem Köder wieder herauskommt. Ein Punkt für ihn. Wir erneuern den Köder und zack – Nummer sechs ist gefangen. Punkt für uns. Als Robert ihn für den morgigen Abtransport in die Schleuse bringt, stößt er sich schmerzhaft den Kopf – das zählen wir als Punkt für die Marvin-Seite. Es steht derzeit 7:4 für uns.

Tag 18 – EVA how to (not) get lost in the desert

Über Nacht gingen noch einige Mails zwischen unserem Commander João und dem MSC hin und her. Ich schätze Joãos ruhige und bedachte Art sehr, in der er versucht, zu vermitteln und Argumente zu sammeln. Unser Ziel während des heutigen EVAs lautet, unsere Helm-Innentemperatur niedrig zu halten. Wir wollen damit zur Entspannung der Situation und zur Beruhigung der Ärzt:innen, die einen Hitzschlag befürchten, beitragen. Priorität hat neben unserer Sicherheit natürlich die Durchführung weiterer Experimente. João und ich werden dafür getrennt unterwegs sein. Da auf dem Mars Navigation anhand von Satellitendaten wie auf der Erde aller Voraussicht nach nicht zur Verfügung stehen wird, müssen sich nicht nur Rover und Drohnen, sondern auch Menschen anders orientieren. Um zu testen, wie der Austausch von Richtungsangaben und Informationen zum aktuellen Aufenthaltsort während eines EVAs zwischen MSC und Astronaut:innen funktioniert, wurde SHARE entwickelt. Für dieses Experiment des Polytechnic Institute von Bordeaux fahre ich mit dem Quad an einen festgelegten Standort. Von dort versuche ich durch Anweisungen, die OPS von MSC erhält und per Funk an mich weitergibt, einen Zielpunkt zu Fuß zu erreichen. Mit diesem Experiment soll bei mehreren Durchgängen an verschiedenen Tagen auch geprüft werden, ob alle AAs mit gleichen Anweisungen denselben Punkt finden. Mein Durchgang endet, wenn ich das Ziel erreiche oder die Zeit abgelaufen ist. Der Außeneinsatz ist lang, heiß, über lange Strecken eher langweilig und frustrierend. Nachdem ich meinen Startpunkt relativ einfach gefunden habe, muss ich 20 Minuten auf die Anweisungen warten, bis sie »von der Erde« kommen. Ich warte also auf meinem Quad sitzend ganz allein in der Wüste. Zwar weiß ich meinen Safety in einem Auto einige Meter hinter mir außerhalb meines Sichtfeldes, aber ohne den zweiten Anzug unterwegs zu sein, ist mir nicht ganz geheuer. Trotzdem versuche ich, mich zu entspannen. Die Landschaft ist traumhaft, die Luft wirkt ganz klar, flimmert nur ein bisschen vor Hitze, aber der Kraterrand zeichnet sich gestochen scharf ab. Staubteufel tauchen immer wieder auf und fallen in sich zusammen. Am blauen Himmel ziehen langsam weiße Zuckerwattewolken dahin, deren Schatten über den Boden wandern. Ich höre nur die Ventilatoren und genieße den Ausblick und die verschiedenen Farben des Gesteins. Irgendwann schließe ich sogar die Augen und ruhe mich aus. Auf einmal höre ich Motorengeräusche und wundere mich, warum Safety an mir vorbeifährt. Als ich meine Augen öffne, blicke ich direkt auf einen Wüsten-Buggy mit mehreren Insassen, die aufgeregt Selfies mit mir machen und begeistert mit den Armen wedeln, ohne dass ich sie daran hindern kann. Safety rennt herbei, bittet sie, wegzufahren, und blickt mich dann entschuldigend an, obwohl wir normalerweise so tun, als würden wir uns nicht sehen. Was für eine surreale Situation.

Endlich kommen die Anweisungen für mich über Funk: »Folge der nördlichen Straße für 50 Meter, dann 110 Meter nach Nordwesten, dann 15 Meter nach Westen«, und so weiter. Die Himmelsrichtungen sind nicht das Problem. Oft genug haben wir in Zusammenhang mit der Lage des Habitats und sichtbaren Besonderheiten am Kraterrand darüber gesprochen. Doch 60 oder 110 Meter abzuschätzen, ist mit der veränderten Schrittlänge im Anzug überraschend schwierig. Obwohl ich im Normalfall einen guten Orientierungssinn besitze, tue ich mich mit dieser Aufgabe schwer. Zudem gibt es hier in der Wüste wenig Orientierungsmöglichkeiten. Am vermuteten Zielpunkt angelangt, gebe ich meine GPS-Koordinaten zur Kontrolle durch und kehre dann zum Startpunkt zurück.

Ich soll insgesamt drei Durchgänge mit unterschiedlichen Anweisungen absolvieren. Doch plötzlich verliere ich die Verbindung zur Basis. Auch im Back-up-Radio mit den Safeties höre ich nur Rauschen. Ich finde mich also mutterseelenallein mitten in der Wüste ohne Kommunikationsmöglichkeit. Langsam wird es mit 36 °C Innentemperatur auch ein bisschen heiß im Anzug. Also folge ich wie trainiert der L.O.S.-Prozedur und fahre zurück zur letzten Stelle mit Kontakt. Als auch dort keine Verbindung zustandekommt, verfolge ich meinen Weg zurück zur Basis und rufe dabei immer wieder per Funk. 50 Meter vor der Basis höre ich zu meiner Erleichterung deren »Copy«. Mit wiederhergestellter Verbindung fahre ich noch einmal zum Startpunkt des Experiments und unternehme einen zweiten Versuch. Die Durchgänge zwei und drei empfinde ich trotz der Belastung, 50 Kilogramm durch unwegsames Gelände zu schleppen, als einfacher als den ersten, weil es mehr Anhaltspunkte gibt. Es werden Straßen und Wadis miteinbezogen und beim dritten Mal zuerst das Ziel beschrieben. Mir dämmert, dass ich dreimal am gleichen Punkt hätte herauskommen sollen. Stattdessen lande ich jedes Mal an einer anderen Stelle. Insgesamt bin ich nun seit drei Stunden unterwegs und nähere mich dem Ende meiner Energiereserven.

Parallel zu mir führt João ein weiteres Experiment an anderer Stelle durch. Eine der Hauptaufgaben von Astronaut:innen auf dem Mars wird das Sammeln von Gesteinsproben sein. Daher gehört natürlich auch ein Geologie-Experiment zu unserer Mission. GEOS ist eines von zwei ÖWF-internen Experimenten. Seda hat Abläufe und Werkzeuge entwickelt, mit denen wir interessante Punkte auf 20, zehn, fünf und zwei Meter Entfernung fotografieren und beschreiben. Am Ende entnehmen wir eine Probe, welche später im Hab weiter untersucht wird. Als ich höre, wie frustriert die anderen nach dem zweiten oder dritten eintönigen Durchgang von GEOS sind, bin ich froh, nicht dafür eingeteilt worden zu sein. Das zweite ÖWF-interne Experiment stammt von João selbst und nennt sich

HUMAIN. Es untersucht die Interaktion zwischen den Raumanzug-Simulatoren und uns AAs. Ganz konkret hat er ein Skript entwickelt, welches es uns ermöglicht, unsere Telemetrie-Daten auf unserem Display im Helm angezeigt zu bekommen. Über den Vergleich mit und ohne Anzeige und die Auswertung von Fragebögen untersucht er, wie hilfreich wir das finden und welchen Einfluss es auf unser Verhalten und unsere Wahrnehmung beispielsweise der Hitze oder unserer körperlichen Belastung hat.

João und ich kommen am Nachmittag nacheinander von unseren EVAs zurück. Beim anschließenden Fragebogenmarathon bemerke ich, wie wir alle vor allem bei Wiederholungsfragen zunehmend ungefiltert antworten. »Welcher Gedanke kam dir heute in die Quere und hielt dich davon ab, deine Arbeit gut zu erledigen? Wie bist du damit umgegangen?« Ich antworte: »Ich hatte den Gedanken, dass ich zum gefühlt 100. Mal diesen Fragebogen ausfüllen muss. Ich habe ihn geduldig und ergeben ausgefüllt.«

Als letzte Aufgabe des Tages erwartet mich nach unserem Debriefing ein weiteres medizinisches Experiment. Ich bin heute das Testobjekt für RETINA, eine Untersuchung des Deutschen Zentrums für Luft- und Raumfahrt. Neben vielen anderen körperlichen Veränderungen hat die fehlende Gravitation im All auch Einfluss auf das Sehvermögen von Astronaut:innen.[56] Unser Herz-Kreislauf-System pumpt stetig Blut und Flüssigkeiten gegen die Erdanziehungskraft in unserem Körper nach oben. Ohne Erdanziehung führt das dazu, dass sich mehr Flüssigkeit im Oberkörper ansammelt. Das kann unter anderem zu erhöhtem Augeninnendruck führen. Astronaut:innen weisen nach längeren Aufenthalten meist ein vermindertes Sehvermögen auf. Diese Veränderung scheint reversibel zu sein. Dennoch kann es bei längeren Reisen ins All möglicherweise zu dauerhaften Schäden führen und das Risiko für Veränderungen der Netzhaut erhöhen. Mithilfe einer an einem Handy befestigten Kamera und spezieller Software soll daher untersucht werden, wann diese Veränderungen auftreten und wie schnell sie fortschreiten. Wir fungieren als Kontrollgruppe für die Astronaut:innen auf der ISS. Gegenseitig filmen wir im dunklen Airlock unseren Augenhintergrund, nachdem wir mit Augentropfen unsere Pupillen geweitet haben. Damit soll getestet werden, ob das Untersuchungsgerät geeignet ist, um von medizinischen Laien ausreichende Aufnahmen für eine Diagnostik erstellen zu lassen. Die Videos unserer Netzhaut mit den Blutgefäßen und besonders dem »blinden Fleck«, an dem der Sehnerv mündet, sind faszinierend. Es erfordert jedoch einige Versuche und Übung, um ein scharfes Bild der richtigen Stelle zu erhalten. Ich stelle mir vor, dass unsere Kolleg:innen in der Schwerelosigkeit bei dieser Aufgabe ebenfalls ins Schwitzen geraten. Da ich mit den durch die Augentropfen geweiteten Pupillen sehr lichtempfindlich bin und weder lesen noch auf einen Bildschirm schauen kann, gehe ich im Anschluss direkt ins Bett.

Tag 19 – London – Wien – Israel

Nachts wird es richtig kalt. Ich benutze meinen bisher umsonst hierhertransportierten Schlafsack als Extra-Decke. Ich liege seit 6:00 Uhr wach und ärgere mich über meine Unfähigkeit, auszuschlafen, zumal wir heute erst gegen 8:00 Uhr in den Tag starten und ganz entspannt frühstücken. Es gibt zwar nur Brot mit Linsenaufstrich, aber die Unterhaltung macht das wett. Gestern hatten wir Organspenden als Gesprächsthema. Heute tauschen wir diverse Reiseerfahrungen aus: wer im Hotel ausgeraubt (Iñigo Brasilien, Alon Israel), bestohlen (ich USA, Robert Spanien), unschuldig (kurz) ins Gefängnis geworfen (Thomas Südafrika) oder ohne Papiere zurück ins Land geschmuggelt wurde (Robert nach ausgeraubtem Auto in Mexiko zurück in die USA). Gegen zehn raffen wir uns zum Briefing auf und verteilen die heutigen Aufgaben. Ohne EVA führen wir Reparaturen und Innen-Experimente durch. Ich fülle noch fehlende Fragebögen zum gestrigen EVA aus. Außerdem lade ich Fotos hoch und räume auf. Es entsteht doch immer schnell Unordnung, obwohl sich alle bemühen, gleich wieder alles wegzuräumen. Auf der einen Arbeitsfläche liegt ein in Einzelteile zerlegtes Funkgerät, an dem Robert lötet und bastelt, auf der nächsten die Reste der verunglückten Drohne und auf der übernächsten die Gesteinsproben von gestern, die noch auf Mikrometeoriten getestet werden müssen. Überall Staub. Ein neuer Durchgang von INTERTEAM steht auch auf dem Programm. Nachdem wir eine Übersetzung aus einer Fantasie-Sprache – wieder mit verteilten Hinweisen – durchgeführt haben, gilt es in zwei Teams um die Wette zu puzzeln. Wir bemerken schnell, dass die Teile – offenbar Stadtpläne von Wien und London – zwischen den Teams gemischt sind und erst sortiert werden müssen. Natürlich puzzeln wir nach Ablauf der Zeit trotzdem zu Ende, einfach weil es Spaß macht.

Während der Zubereitung des Mittagessens naschen Alon und ich heimlich Trost-Schokolade. Partners in Crime. Seine Zwillinge sind heute genau sechs Monate alt, und seine Frau schickt Fotos von ihren ersten Zähnchen. Er vermisst sie sehr. Auch ich bin heute ein bisschen trauriger als die letzten Tage. Immer wenn der Stress ein wenig nachlässt, spüren wir deutlicher, dass wir unsere Lieben vermissen und wie erschöpft wir sind. Das Gespräch während des Mittagessens ist zum Glück wieder so lustig, dass es für Ablenkung sorgt. Ich habe mein Team wirklich gern.

Durchs Fenster über der OPS-Konsole können wir beobachten, wie das OSS-Team draußen den dritten Rover der Mission, TUMBLEWEED, zwei Testläufe absolvieren lässt. Dabei handelt es sich um ein völlig anderes Konzept als die Rover mit Rädern oder Ketten. Der windgetriebene Rover besteht aus Glasfaserstreben, ist kugelförmig, 2,5 Meter hoch und sieht wirklich aus wie ein Steppenläufer, also ein durchs Bild rollender Wüstenstrauch in einem Westernfilm. Ein Studierendenteam der Technischen Universität

Wien entwickelt damit einen Rover, welcher zwar bisher noch aufwendig zusammengebaut werden muss. Später soll er sich jedoch selbstständig entfalten und durch Segel zwischen den Streben die Marsoberfläche autonom erkunden und Daten sammeln. Sensoren und weitere Technik können im Inneren hängend befestigt werden. Beim ersten Lauf vor ein paar Tagen waren leider mehrere Streben gebrochen. OSS verlieh dem Rover prompt den etwas despektierlichen Namen S(tumbleweed) – also Steppenstolperer. Mit repariertem und verstärktem Glasfaserrahmen schafft er heute zweimal fast 100 Meter, bevor OSS den Nothalt auslöst, um ihn nicht entkommen zu lassen. Wir freuen uns mit dem Team, als sie ihren Erfolg bejubelnd herumspringen.

Nach dem Abendessen und Debriefing schauen wir bei Tee und Schokolade *Sunspring* an – einen skurrilen Kurzfilm, der von einer KI geschrieben wurde.

Tag 20 – Und täglich grüßt das Murmeltier

5:30 Uhr Weckerklingeln, Hautabstrich eintüten, in einen Becher pinkeln, Emoji ins Handy tippen, Haferbrei zum Frühstück essen, in den Overall steigen, Move-Chart ausfüllen, beim Anziehen des Anzugs helfen. Wir nähern uns dem letzten Viertel der Mission, und es stellt sich merklich Routine ein. Manche Aufgaben erledigen wir in der Hälfte der Zeit, die wir am Anfang benötigten, und auch wenn es immer Kleinigkeiten zu tun gibt, kommt manchmal sogar etwas Langeweile auf. Ich *suche* mir Arbeit, statt davon überschwemmt zu werden. Die Lernkurve flacht ab, und es gibt viele Wiederholungen und weniger Neues. Fast ist es so, als würden wir nach den intensiven ersten Wochen in ein mentales Loch fallen. Es ist tagsüber oft sehr ruhig im Habitat. Zu Hause würde ich vermutlich an die frische Luft gehen und mich bewegen. Das ist uns hier nicht möglich.

Ich überlege, ob das vielleicht Anzeichen für das sogenannte Drei-Viertel-Phänomen sein könnten.[57] Auch auf diese aus Langzeitmissionen bekannte Erscheinung wurden wir vorbereitet. Wenn ungefähr 75 Prozent einer Mission vorüber sind – relativ unabhängig davon, wie lange sie insgesamt dauert –, tritt häufig eine Phase mit den größten psychologischen Herausforderungen auf, in der auch die Gefahr von Fehlern oder Konflikten am größten ist. Erschöpfung durch Dauerbelastung, Konflikte durch lange Nähe zu denselben Teammitgliedern sowie Gefühle der Monotonie und Langeweile fordern die Teams heraus, bevor der Fokus auf das nahende Ende die Motivation meist wieder ansteigen lässt.[58] Wir begegnen dem Tief, indem wir Thomas' ersten Solo-EVA musikalisch begleiten. Aouda.S muss im Habitat bleiben. Schon während des Donnings spielen wir alle Songs, die uns zum Thema Alleinsein einfallen. Während Thomas dann mit dem Quad unterwegs ist und an drei Orten Micropotential-Proben nimmt, tönt »Lonely« durch die Kopfhörer. Dass MSC mit zehn Minuten Verzögerung mithört und diese Wahl vielleicht als Protest gegen die Entscheidung zum Einzel-EVA versteht, ist uns ganz recht. Alon als OPS und ich als SciOPS sind mit nur einem Anzug deutlich schneller als sonst. Wir sind uns daher einig, das morgendliche Aufstehen entspannter anzugehen, solange nur ein Anzug hinausdarf.

Sobald Thomas zurück ist, überlasse ich das Doffing meinen Kollegen und beginne meinen Merop-Durchgang, also die Fernsteuerung des Exoscot-Rovers. Zunächst läuft die Inspektion des Habitats von außen recht gut, und ich finde sogar vier Schäden, die durch von OSS angebrachte Schilder simuliert werden. Leider reicht die Bandbreite des WLAN nicht dauerhaft, um den Kamerastream zu übertragen. Ich erhalte nur alle halbe Minute ein Standbild von der Position des Rovers. Es erfordert viel Geduld, zwischendurch immer wieder zu warten. Quasi im Blindflug steuere ich übervorsichtig und bewege den Joystick nur mit Fingerspitzen.

Dennoch vernehme ich plötzlich von draußen ein Poltern. Exoscot hat zärtlich die Seite des Airlocks angestupst. Glücklicherweise ist bei dem geringen Tempo nichts passiert. Dennoch zeigt mir diese Erfahrung einmal mehr, welche Schwierigkeiten die Fernsteuerung eines Rovers selbst aus unmittelbarer Nähe bereitet, wenn kein visueller Kontakt besteht. Nach dem Mittag widmen wir uns Fragebögen, probieren weiter, Amaze zum Starten zu überreden, und nehmen eine Videobotschaft für die Kindergartengruppe auf, von der wir den Gruß erhalten hatten. Während meine Kollegen Bodenproben verarbeiten, Ultraschall durchführen und Medienberichte Korrektur lesen, versuche ich mich noch einmal an einem Mittagsschlaf. Diesmal klappt es mit dem Nickerchen. Halb sechs wache ich fürs Debriefing auf. Es macht Spaß, gemeinsam über Lessons Learned nachzudenken.

Tag 21 – Psychologie und Mikrobiologie

Zusätzlich zu MSC, ACT und dem täglichen HF-Fragebogen füllen wir wöchentlich auch noch Fragebögen des Experiments PSYCHSCALE aus. Die Norwegian University of Science and Technology untersucht damit, inwiefern im Verlauf der Mission individuelle Anzeichen für Anspannung oder depressive Verstimmung auftreten und ob und wie sie die Gruppe beeinflussen. In einem weiteren Experiment namens POLLY wertet die Universität Bremen unsere Chatprotokolle der gesamten Mission aus. Dabei wird nicht nur erforscht, wie sich die Kommunikation und Teamdynamik zwischen MSC und Habitat im Verlauf der Mission verändert haben. Es wird auch untersucht, welche Faktoren darauf Einfluss nehmen und welche Teile der Kommunikation auf andere Formate wie E-Mails ausgelagert werden könnten.

Robert ist heute allein im Außeneinsatz und führt Share durch. Währenddessen arbeite ich weiter an Amaze und verpasse ihr ein weiteres Software-Update. Die Log Files des anschließenden Testlaufes schicken wir an die PIs und warten auf Anweisungen für weitere Schritte. Für mich steht außerdem eine weitere Runde DNA-Extraktion aus den Bodenproben auf dem Programm. Nach zwei Stunden bin ich damit fertig – auch diese Aufgabe hat ihren Neuheitswert verloren. Am Nachmittag ist erstmals seit Beginn der Mission ein Block im DAP mit »Freizeit« betitelt, was uns ein bisschen überfordert. Ich habe nichts mehr zum Lesen, und zum Filmeschauen reicht tagsüber die Bandbreite nicht. Rätsel werden schnell langweilig. Schlafen klappt schlecht wegen der Geräuschkulisse. Ich genieße also einen Kaffee, die durch die Spalten hereinscheinende Sonne und das ruhigere, stressfreie Arbeiten. Das Belastungslevel der ersten Wochen war langfristig sicher nicht gesund. Dennoch fühle ich mich bei dem jetzigen viel normaleren Pensum latent unterfordert.

Rituale helfen Menschen und Teams sehr und spielen auch auf der ISS eine wichtige Rolle fürs Teambuilding und die Motivation. Wir setzen für den Abend ebenfalls wieder einen Spieleabend mit inzwischen traditionellem Öffnen von geheimen Reserven an. Alon bringt uns *Taki* bei, die israelische Version von *Uno*. Auch *Ligretto* und *Dixit* werden gespielt. Ich fühle mich allerdings weiterhin etwas schwermütig und ziehe mich bald in meine zwei Quadratmeter Privatsphäre zurück.

Tag 22 – Black Day

Bis die anderen gegen zehn aufstehen, löse ich Rätsel und unterhalte mich sehr angenehm mit Robert, dem einzigen anderen Frühaufsteher hier. Dann sitzen wir lange am Frühstückstisch und füllen unser Pita-Brot mit allem, was uns einfällt. Obwohl ich nach den letzten eher ruhigen Tagen den Black Day heute zunächst als Verschwendung empfand, ist es doch angenehm, guten Gewissens wirklich gar nichts zu tun. Wir telefonieren mit unseren Familien, und ich freue mich, meine Partner und Kinder alle gemeinsam auf dem Bildschirm zu sehen. Ich vermisse sie und bin froh, sie bald wiederzusehen. Meinen Kindern antworte ich auf »Mama, mir ist langweilig« oft mit »das ist gut, das fördert die Kreativität«. Darauf folgt meist Augenrollen, aber es hat einen wahren Kern. Auch auf der ISS werden bewusst Freiräume in die Pläne eingebaut, die es den Astronaut:innen ermöglichen, kreativ und innovativ mit vorhandenen Geräten und Materialien zu spielen. Wir nutzen den Tag ebenfalls, um uns spielerisch mit einem Gerät zu beschäftigen, welches wir genau zu diesem Zweck dabeihaben. Die ESA hat uns einen 3D-Drucker namens MELT zur Verfügung gestellt. Ersatzteile sind ein heikles Thema im All. Niemand möchte einem Problem gegenüberstehen, für das das einzige passende Werkzeug oder Material gerade kaputtgegangen oder aufgebraucht ist. Gleichzeitig ist jedes Kilo, welches transportiert und gelagert werden muss, teuer und nimmt Platz weg. 3D-Druck vor Ort stellt daher eine attraktive Möglichkeit dar, platzsparend und bedarfsgerecht nicht nur Werkzeuge, sondern auch andere Ersatzteile und später sogar Habitate und andere große Strukturen vor Ort herzustellen. Wir probieren viel herum und drucken ein erstes Multitool aus. Ganz perfekt sieht es noch nicht aus, deswegen nehmen wir uns vor, es ein andermal erneut zu versuchen. Dieser 3D-Drucker ist eines von vielen Beispielen, die für mich eine wichtige Frage beantworten: »Wozu wollen wir zum Mars? Können wir das Geld nicht besser zur Lösung dringender Probleme auf der Erde einsetzen?«

Abgesehen davon, dass Raumfahrttechnologie in Form von Satelliten integraler Bestandteil unseres täglichen Lebens ist, bringt sie unschätzbare Entwicklungen und Vorteile mit sich. Nicht nur verschiedenste Formen der Kommunikation und Navigation, auch Wetterberichte oder Waldbranddetektion und vieles mehr wären ohne Satelliten nicht möglich. Darüber hinaus zeugen zahlreiche

Spin-off-Technologien – von Schlagbohrern und Klettverschlüssen über die Einspritzoptimierung des Diesels im Auto bis hin zu Krebserkennungssoftware – von den Anwendungsbereichen von für die Raumfahrt entwickelter Technologie in unserem Alltag. Auch für die Entwicklung 3D-gedruckter Gebäude aus vor Ort auf dem Mond und Mars vorhandenen Materialien erhalten Forschende vielleicht leichter Gelder. Einsetzbar ist diese Technik jedoch auch auf der Erde – beispielsweise in Katastrophengebieten.

Tag 23 – Botschafter und Gesang

Zum ersten Mal schlafe ich länger als die anderen und stehe erst 6:30 Uhr völlig verschlafen auf. Ich bin als OPS eingeteilt und nehme bewusst wahr, wie viel ich seit meinem ersten Einsatz an der Konsole gelernt habe. Vorbei sind die Überforderung und das ständige Nachfragen. Ich kenne alle Schritte, Programme und Tricks, wenn irgendwas abstürzt oder nicht funktioniert. Das Jonglieren mit allen Infos und Kanälen ist kein Problem mehr, und ich komme nebenher sogar dazu, die Anzug-Handschuhe zu reparieren. Alon und João sind gemeinsam im Außeneinsatz. Während Alon weitere Bodenproben für Micropotential nimmt, versucht João fast drei Stunden lang, Amaze zu starten. Er kommt weiter als vor unseren Updates und Reparaturen der letzten Tage, scheitert jedoch jedes Mal spätestens bei der Kalibration. Der Wechsel aus Anspannung, Hoffnung und Frustration, den wir an OPS und SciOPS mit João teilen, wird durch Alons Gesang über Funk aufgelockert. Um zu bemerken, ob und an welcher Stelle wir den Kontakt zu ihm verlieren, denkt er sich permanent neue Texte aus – und wir lachen Tränen. Einen Alon hätte ich gern in jedem Team, in dem ich arbeite. Er bringt mich immer zum Lachen, ist dabei hochgradig reflektiert und intelligent, aber sehr bescheiden. Er schafft es, dass das Team in jeder Situation funktioniert und sich gut versteht. Gleichzeitig kann er sehr genau den Finger in die Wunde legen, ihm entgeht kein Detail, er hat kreative Ideen und kann gut verhandeln, indem er einfach höflich nicht lockerlässt.

Unterdessen führt Thomas den letzten Ultraschall durch. Es passt, dass gerade er den schwierigen Versuch abschließt, denn er ist akribisch und durchdenkt, hinterfragt und bereitet alles bis ins letzte Detail vor. Ab und zu beginnt mich das ein wenig anzustrengen, bis es uns dann wieder rettet. Ich habe diese Eigenschaft daher sehr zu schätzen gelernt. Außerdem hat Thomas wunderbar schwarzen Humor, und ich bewundere seinen Mut, kritische Themen offen anzusprechen. Auch das hat dem Team mehrfach sehr gutgetan.

Iñigo ist entspannt und bringt viel Erfahrung mit. Er kann ebenfalls viele Situationen mit Humor entschärfen. Da er drei Masterabschlüsse vorzuweisen und zehn Jahre lang als Astronaut:innenausbilder bei der ESA gearbeitet hat, gibt es fast kein Gebiet, von dem er keine Ahnung hat. Er bleibt immer konstruktiv und freundlich zugewandt, und ich mag die Ruhe, die er ausstrahlt.

Robert ist, wie schon erwähnt, unser MacGyver, der nie aufgibt, bis er ein Problem gelöst hat. Er findet kreative Ideen für jede Herausforderung, vom Essensrezept über Fehler im Funkgerät bis hin zur Mausefalle. Außerdem sagt er lange wenig, kann dann aber super zusammenfassen und einen Konsens herbeiführen. Genauso treffend sind seine Pointen.

João, unser Commander, ist die Geduld in Person. Er bleibt selbst in der stressigsten Situation die Ruhe selbst, hat einen feinen Humor und arbeitet rund um die Uhr. Er sorgt dafür, dass alles reibungslos läuft, und nimmt uns viele Sorgen ab. Er ist aus meiner Sicht für die Rolle perfekt, weil er stets konzentriert und gelassen nach Lösungen sucht.

Das ist mein Team. Alle sind schnell, sehen, was zu tun ist, und packen unkompliziert an. Wir kommunizieren harmonisch und können bei allen möglichen Themen in die Tiefe gehen, dann aber auch wieder über Albernheiten lachen. Besonders, dass alle vorausschauend denken und wir uns die Verantwortung teilen, entlastet mich im Vergleich zu meinem Alltag. Für die Arbeit ist es ein Traum, Teil eines solchen Teams zu sein, und in der Freizeit ist es bereichernd und macht viel Spaß.

In Innsbruck besucht unterdessen der israelische Botschafter in Österreich das MSC. Glücklicherweise lesen wir rechtzeitig im Chat die Ankündigung, um unseren Gesang etwas zu bremsen. Der Botschafter steuert von Innsbruck aus einen der Rover und schickt eine Nachricht im Chat. Mit ein bisschen Hilfe von Alon und meinen drei Brocken Hebräisch beantworte ich sie – das läuft mit mir und den Botschafter:innen.

Am Nachmittag füllen wir entspannt alle Fragebögen aus. Inzwischen unterhalten wir uns schon in Fragebogen-Zitaten. Laut João haben die Astronauten auf der ISS im Schnitt einen pro Tag auszufüllen. Da liegen wir weit drüber!

Während des abendlichen Debriefings geht ein weiterer Marvin in die Falle: 8:4.

Tag 24 – Down

Mir geht es mental gar nicht gut. Auf Thomas' Wunsch hin tausche ich für unseren EVA mit ihm den Anzug. Ich lege heute sowieso keinen Wert darauf, und so kann er mit dem funktionierenden EKG das Share-Experiment durchführen und lange und weit entfernt draußen sein. Ich versuche derweil direkt neben dem Habitat mein Glück mit der Amaze-Drohne, leider ohne Erfolg.

Auch mein Merop-Durchgang am Nachmittag gestaltet sich extrem frustrierend. Die Verbindung ist so langsam, dass ich praktisch gar nichts machen kann. Die Fragebögen fülle ich im Anschluss natürlich trotzdem aus. Heute ist einfach nicht mein Tag.

Tag 25 – Countdown zum Ende

Per E-Mail erhalte ich von meinen Lieben daheim aufmunternde Worte und liebe Wünsche. Das bedeutet und hilft mir viel, und so kann ich gut gelaunt als Suittech Robert und Iñigo für ihren EVA vorbereiten. Robert ist lange unterwegs, nimmt Proben und sucht seinen Weg mit Share. Derweil ist Iñigo an der Reihe, sein Glück mit Amaze zu versuchen. Auch er scheitert.

Wir erhalten vom MSC eine Übersicht über den Erfüllungsstand unserer Experimente. Ich erinnere mich, dass es am Anfang wirkte, als wären das Unmengen an Durchgängen, die nicht zu schaffen sind. Jetzt sind wir fast fertig, und es sieht trotz aller Schwierigkeiten mit den Anzügen richtig gut aus.

Am Nachmittag bin ich ein weiteres Mal mit der Merop-Fernsteuerung dran. Heute funktioniert es schon besser. Alon und Thomas wollen dieses Mal die DNA-Extraktion übernehmen. Also schmeißen wir Musik an, ich koche Kaffee und habe Spaß dabei, ihnen über die Schulter zu gucken und Kommentare fallen zu lassen. Eine kleine Genugtuung ist es schon, dass sie fast doppelt so lange brauchen wie ich. Später am Nachmittag steht noch ein Interteam-Durchgang auf dem Plan. Unsere Aufgabe besteht darin, aus fünf Bewerber:innen für eine Stelle ein Ranking aufzustellen. Dafür erhält jede:r verschiedene Positionen und Informationen über die Bewerber:innen und damit verbunden verschiedene Präferenzen und Motivationen, und wir müssen uns einigen. Im Anschluss führen wir gleich unser Debriefing durch und unterhalten uns danach bis tief in die Nacht über Lebensentscheidungen, Ausbildungssysteme unserer Länder und Alons Master in Neurobiologie. Ich werde jetzt schon wehmütig bei dem Gedanken, wie seltsam es sein wird, die anderen nicht mehr jeden Tag zu sehen. Mir geht es etwas zu schnell, dass sich das Ende mit so großen Schritten nähert, und ich habe leichte Beklemmungen angesichts des Bergs an Verantwortung und Aufgaben, der mich daheim erwartet. Ich beruhige mich selbst, dass wir noch einige Tage hier haben.

Tag 26 – »Flieg, Drohne, flieg!«

Ein letztes Mal nehmen wir alle Haut- und Nasenabstriche, Stuhl- und Urinproben für Microbiome. Der Probentiefkühlschrank im Airlock ist gut gefüllt. Nach einem schnellen Frühstück und Briefing machen wir uns ans Donning. Mein letzter EVA der Mission wird lang und anstrengend. Nachdem Robert in vielen Bastelstunden Aeroscan aus Ersatzteilen fast komplett neu gebaut hat, lassen João und ich die Drohne heute zum zweiten Mal starten. Wir alle halten den Atem an, als sie tatsächlich abhebt. Besonders beim Übergang vom Steig- in den Gleitflug, bei dem sie beim ersten Versuch abgestürzt war, versuche ich, sie fast mit Gedankenkraft zu beschwören, in der Luft zu bleiben. Der Jubel in meinen Kopfhörern, der von João und OPS zu mir dringt, zeigt, dass die anderen ebenso erleichtert sind, als die Drohne dreht und in Richtung des Gebietes davonfliegt, das sie kartieren soll. Erfolg! Passenderweise spielt OPS noch einmal den heutigen Morning Song: »I believe I can fly«.

Während die Drohne am Horizont ihre Bahnen zieht, kämpfe ich über eine Stunde lang mit unserem anderen Sorgenkind, Amaze. Sie will partout nicht fliegen. Nach jedem Versuch hoffe ich, dass es diesmal vielleicht klappt. Das Perfide ist, dass der Start ein längerer Prozess ist und die Fehlermeldungen nicht immer beim selben Schritt erscheinen. Dazu kommt, dass wir sie im Habitat ohne Rotoren so weit hatten, dass sie geflogen wäre. Daher wissen wir, dass es theoretisch geht, und haben immer noch Hoffnung.

Als Aeroscan zurückkommt, gebe ich Amaze für heute auf. João und ich beobachten, wie die Drohne an Höhe verliert und auf ihren Landepunkt in der Nähe der Basis zusteuert. Auf einmal dreht sie jedoch bei, und ehe wir so richtig begreifen, dass etwas nicht stimmt, fliegt sie über den Hügel hinterm Habitat und verschwindet aus unserem Blickfeld. Das OSS-Mitglied, das für genau solch einen Notfall die Drohnenfernsteuerung bei sich trägt, verlässt seinen Platz und läuft hinterher. Daher bleibt uns zunächst nichts anderes übrig, als unseren EVA zu beenden. Da im Anzug wieder 36 °C herrschen und trotz Eiswürfeln im Wasserbeutel nach drei Stunden EVA der Schweiß in Strömen läuft, bin ich froh, ins Habitat zurückkehren zu können. Beim Doffing spüre ich, dass ich mich mehr bewegt und länger gestanden habe als bei allen EVAs zuvor. Das gibt blaue Flecken und Muskelkater.

Später erfahren wir, dass die Notabschaltung nicht funktionierte und die Drohne verschwunden ist, sodass OSS nun in Teams mit Quads und zu Fuß nach ihr sucht. Da dafür auch der Laptop des Exoscot-Rovers verwendet wird, fällt unser Durchgang mit Merop am Nachmittag aus. Robert kämpft mit seiner Enttäuschung, da er die Drohne repariert hat. Aber er hat nichts falsch gemacht – die PIs vermuten, dass sich die Heimatkoordinaten auf 0.0 gesetzt haben. Das liegt vor der Küste von Afrika. Also ist die Drohne auf ihrer letzten Flughöhe wohl einfach so lange geflogen, wie die Batterie reichte oder sie einem Berg begegnete. Das sollte spätestens am Kraterrand der Fall gewesen sein, sodass wir uns keine Sorgen über Nachrichten einer Drohne in fremdem Luftraum zu machen brauchen.

Nach dem Debriefing gehen wir in den Black Day über und leeren unsere Getränke- und Chips-Vorräte. Der Spiel- und Erzählabend tut nach der Aufregung des Tages doppelt gut, trotzdem ziehe ich mich kurz nach Mitternacht in mein Bett zurück und versuche, trotz der Gespräche neben mir einzuschlafen. Das klappt natürlich wieder einmal nicht. Ich nehme es aber mit Humor und kommentiere einfach unsichtbar aus dem Bett heraus die Unterhaltung der anderen, was für kontinuierliche Heiterkeitsausbrüche sorgt.

Tag 27 – Letzter Black Day

Der letzte freie Tag beginnt mit einem Ärgernis aus der Kategorie »Wir gegen die anderen«. Ich wache zeitig von lautem Klopfen und Rufen auf. Da OSS so etwas bisher nie gemacht hat, erschrecke ich und vermute einen Notfall. Es stellt sich jedoch heraus, dass nur jemand einen Quad-Schlüssel gesucht und im Habitat vermutet hat. Danach ist für mich an Schlaf nicht mehr zu denken. João ist auch wach, und so nutzen wir den Morgen für Kaffeetrinken, Erzählen, Ratsellösen und E-Mails-Schreiben.

Während OSS nach Eilat zum Tauchen fahren, wachen auch die anderen im Habitat nach und nach auf. Wir frühstücken spät und ausgiebig. Da sich wunderbare Unterhaltungen entwickeln, bleiben wir sitzen, bis aus spätem Frühstück zeitiges Abendessen wird. João und Thomas wollen nun auch noch die DNA-Extraktion probieren, und ich versuche mich von meiner Müdigkeit und den Kopfschmerzen abzulenken, indem ich sie dabei unterstütze. Zwei schöne Videotelefonate mit meiner Familie heben meine Laune wieder. Wir beschließen den Tag mit einem Filmabend mit *The Rock*.

Tag 28 – »Milch«

Ganz allmählich spüre ich leichte Nervosität im Magen aufgrund der anstehenden letzten Tage und der Reise sowie des bevorstehenden Übergangs ins »normale« Leben. Viele unserer Unterhaltungen drehen sich nun um ein Fazit der letzten vier Wochen, um einzelne Erlebnisse, aber auch Ausblicke. Wir kennen uns inzwischen alle so gut und haben so viele gemeinsame Themen und Anknüpfungspunkte, dass sich immer wieder in verschiedenen Momenten und Konstellationen tiefe Gespräche ergeben. Dennoch wächst die Freude auf daheim, auch weil sich hier vieles dem Ende nähert. Unser Essen ist fast alle. Sicher wäre es mit den Resten möglich, noch länger zu überleben. Dann gäbe es allerdings primär Dosenoliven und Margarine. Die uns verbliebene, nicht verstopfte Toilette wird immer ekliger, weil das Grauwasser zum Spülen aufgrund vergorener Essensreste unangenehm riecht. Überall ist Staub, und die Verschleißerscheinungen nehmen durch den dauerhaften Gebrauch zu. Darüber, dass wir es mit dem Team locker noch deutlich länger aushalten würden, sind wir uns allerdings alle einig.

Der allerletzte EVA steht an, und ich bin ein letztes Mal an der OPS-Position eingeteilt. Das bedeutet für mich, trotz dickem Pullover und Tee erneutes Frieren. Es wird ein anstrengender Tag, weil vonseiten des MSC und OSS ziemliche Unruhe herrscht. Außerdem ist es draußen heiß, und in den Anzügen erreichen wir Rekordtemperaturen von 38,5 °C, sodass ich immer wieder entscheiden muss, wann Pausen notwendig sind oder ob wir sogar abbrechen. Außerdem passiert viel parallel. Andererseits genieße ich das Gefühl, noch einmal richtig gefordert zu sein. Wir sechs sind aufeinander eingespielt und arbeiten schnell. Dagegen muss ich im Chat oft nachfragen, erinnern und wiederholen, da die wechselnden Menschen am anderen Ende unerfahren sind oder Vorkommnisse vom Anfang der Mission nicht kennen. Der Unterschied wird jetzt zum Ende hin immer deutlicher. Schön, zu sehen, was wir dennoch gemeinsam erreichen können. Trotz manchem Frust führt der Chat auch zu vielen lustigen Situationen. Mein Highlight des Tages passiert, als ich OSS frage, ob wir noch einmal »Milch« bekommen können. Die Anführungszeichen nutze ich, weil ich veganen Milchersatz meine statt echter Milch. Kurze Zeit später steht eine Tüte im Airlock, darin eine Packung echter Milch. Die Tüte ist allerdings verdächtig schwer, und unter einem Handtuch finde ich einige Flaschen, die definitiv keine Milch enthalten. Und auf der Milchpackung steht handschriftlich »Milch für den Abschlussabend«. Ich bin zunächst verwirrt und dann unangenehm berührt, als ich verstehe, dass OSS meine Bitte missverstanden hat. Mein Team gratuliert mir jedoch hocherfreut. Unter Gelächter fragen sie mich, warum ich das Codewort nicht schon viel früher benutzt habe.

Auch aus wissenschaftlicher Sicht besteht heute Grund zur Freude. Alon und Iñigo versuchen ein letztes Mal, Amaze mit einer neuen Prozedur fliegen zu lassen. Sie probieren es fünfmal, sechsmal – ohne Erfolg. Zwar hatten wir nicht mehr wirklich damit gerechnet, enttäuscht sind wir trotzdem. Ich fordere Alon auf, zurück ins Habitat zu kommen. Er bittet darum, es ein allerletztes Mal versuchen zu dürfen. Als ich zustimme, zelebriert er den Versuch in seiner typisch lustigen Art und führt zur Kalibrierung der Drohne einen Tanz auf, der mehr einer Beschwörungszeremonie ähnelt. Ich drücke auf dem Laptop auf »Start« – und unglaublicherweise starten die Rotoren! Spontaner Jubel bricht aus. Wir erhalten später eine Tonaufnahme aus Innsbruck, wie alle Anwesenden im MSC gejubelt und geklatscht haben, als sie zehn Minuten später unseren Funk hören. Die Mondlandung ist nichts dagegen! Auch von den PIs erreichen uns Glückwünsche und ein Dank dafür, nicht lockergelassen zu haben. Zwar fliegt die Drohne aufgrund des starken Windes nur wenige Sekunden, bevor sie wieder landet. Doch dieser Erfolg ist ein ausgezeichneter Abschluss. Alon kehrt ins Habitat zurück, während Iñigo noch Geos-Proben nimmt. Nach zwei von vier geplanten Proben muss ich ihn allerdings ebenfalls zurückrufen, weil die Hitze einfach zu gefährlich wird.

Wir sind sehr zufrieden mit dem letzten EVA und gönnen uns um drei erst einmal Mittagessen.

Im Anschluss steht für mich ein weiterer Merop-Durchgang auf dem Programm. Diesmal soll ich nicht das Hab inspizieren, sondern so weit wie möglich entfernt die Gegend erkunden. Ich komme mit dem Rover an Stellen, an denen ich selbst beim EVA noch nicht war. Allerdings ist der Kamerafeed wieder extrem langsam. Ich brauche 50 Minuten für vielleicht 300 Meter und fühle mit den Ingenieur:innen, die die Mars-Rover steuern und noch viel mehr Zeit für kürzere Strecken benötigen. Jetzt gegen Ende der Mission stehen außerdem besonders lange Versionen der Fragebögen zu vielen Experimenten an. Erst spät gibt es Pizza und die »Milch«.

Tag 29 – Packen

Nach dem gemütlichen Frühstück machen wir uns an die zweite große Runde Missionsende-Fragebögen. Gegen Mittag fangen wir langsam an, alle Experimente und Ausrüstung wieder in die Transportboxen zu verpacken. Dazu nutzen wir Listen, die für den Zoll genau angeben, was in welcher Kiste zu finden ist. Es hat etwas Befriedigendes, alles sortiert wegzuräumen und abzuschließen. Verrückt, wie schnell vier intensive, komplexe Wochen wieder in Boxen verstaut sind. Im Labormodul sieht es schon richtig leer und steril und unbewohnt aus.

Für unsere letzten Mahlzeiten suchen wir die leckersten Reste zusammen. Robert zaubert aus Aquafaba, der Flüssigkeit von Kichererbsen, Schokomousse. Alles soll noch aufgebraucht werden. Wir kleben ein Mission-Patch mit unserem Missionslogo an eine Wand und unterschreiben alle, um eine neue Tradition für die Crews nach uns zu starten. Danach erreicht uns noch eine freudige Nachricht: Ein Team von OSS mit unserem Kollegen Simone hat Aeroscan wiedergefunden! Auf einer letzten Suchrunde wurde die Drohne am Fuß eines Hügels relativ unbeschädigt entdeckt.

Am Nachmittag sind wir so weit fertig, dass wir ein paar private Angelegenheiten erledigen können. Später spielen wir ein letztes Mal *Pandemic*. Trotzdem, die Zeit zieht sich. Es gibt nicht mehr viel zu tun, und ich empfinde das lange Warten als unangenehm. Zum Glück geht morgen der Transitprozess los – zwei Tage Reise, um dann langsam wieder im Alltag anzukommen. Von mir aus könnte es jetzt schon losgehen, aber ich übe mich in Geduld. Ich freue mich auf das kühlere Wetter, auf Bewegung an der frischen

Luft, auf Alleinsein, auf gewohntes und vermisstes Essen, auf mein Badezimmer, mein Bett, meine Menschen – und natürlich auf alle, die draußen vorm Habitat warten werden. Gleichzeitig möchte ich jetzt, da es fast zu Ende ist und ich die über die gesamte Zeit gehaltene Anspannung fallen lasse, einfach nur schnellstmöglich nach Hause statt Medienzirkus und Menschenmassen. Aber da müssen wir morgen noch durch. Die anderen scheinen mein Gefühl zu teilen. Die Stimmung ist etwas gedämpft. Wir hören noch lange Musik und unterhalten uns, so hebt sich die Stimmung langsam wieder. Keine:r will so richtig schlafen gehen und loslassen. Uns allen ist klar, dass wir uns in dieser Konstellation und Intensität nie wiedersehen werden. Wir sind alle sehr dankbar für die tolle Erfahrung und die gemeinsame Zeit. Die letzte Nacht auf dem Mars bricht an.

Tag 30 – Rückkehr zur Erde

Ich wache extrem zeitig auf und versuche, noch ein paar Minuten Schlaf zu erhaschen. Ohne großen Erfolg. Es regnet gemütlich aufs Planendach. Gegen 7:00 Uhr stehe ich auf und dusche ein letztes Mal. Das Bad stinkt inzwischen wirklich schlimm nach faulen Eiern. Gut, dass heute der letzte Tag ist! Zum Frühstück gibt es alles, was noch verbraucht werden soll. Anschließend packen wir unsere privaten Taschen, was nicht viel Zeit in Anspruch nimmt. Ich finde eine übersehene Tafel Schokolade in meinem Rucksack und verteile sie zur Freude aller im Team. Die wenigen warmen Sachen, die ich dabeihabe, lege ich für morgen obenauf. Es wird seltsam sein, im Winter zu landen!

Per Video singen wir meiner jüngsten Tochter alle zusammen ein Geburtstagsständchen. Ein bisschen traurig bin ich schon, mal wieder einen Geburtstag zu verpassen. Doch ich freue mich, übermorgen mit ihr nachfeiern zu können. Die verbleibende Zeit füllen wir mit Handgriffen wie ausfegen, Regale reinigen, verbleibende

Kleinigkeiten aufräumen, die letzten Kisten packen, den Proben-Kühlschrank mit Duct Tape und Warnschildern zukleben. Alle checken in ihre Flüge ein und füllen die für unsere jeweiligen Länder notwendigen Aus- und Einreiseformulare für Covid-19 aus. In den letzten vier Wochen hat sich scheinbar vieles entspannt. Es wird seltsam sein, wieder Masken zu tragen, Geld zu benutzen, Menschen zu sehen, frei herumzulaufen. Wir bekommen und versenden Videobotschaften zum Dank von den und an die verschiedenen Teams. Schon ist es Mittag. Ein allerletztes Mal wählen wir Emojis für MSC aus. Dann legen wir unsere Bluetooth-Tracker ab. Ein letztes Mal füllen wir unsere Move-Tabellen aus, bevor auch dieses Experiment in seine Box verpackt wird.

Gegen 14:00 Uhr sind wir endgültig mit allem fertig und können nur darauf warten, dass sich das Airlock öffnet, während draußen Tische und Stühle für die angekündigte Pressekonferenz aufgebaut werden. 15:00 Uhr ist es endlich so weit: Wir hören einen Countdown und laufen zum Airlock. Ich spüre mein Herz pochen, mein Magen zieht sich nervös zusammen. Ich will gar nicht so wirklich nach draußen! Auf einmal geht alles ganz schnell. Gleich »landen« wir auf der Erde!

ACHT:

NACH DER MISSION IST VOR DER MISSION – ZWISCHEN ZWEI WELTEN

»One never notices what has been done; one can only see what remains to be done.«[59]

Marie Curie (Physikerin, Chemikerin, 1. Nobelpreisträgerin)

Als sich die Außentür öffnet, erwarten uns draußen im Halbkreis etwa 150 Menschen. Wir stehen ziemlich eingeschüchtert eine Weile herum und lächeln und winken in die Kameras. Währenddessen werden unzählige Fotos geschossen. Die Reden, die von Gernot und verschiedenen Würdenträger:innen gehalten werden, rauschen an mir vorbei. Die Minuten ziehen dahin, und ich weiß bald nicht mehr, ob ich ernst gucken oder lächeln soll. Wohin mit meinen Händen? Taschen! Sechs kleine Kinder kommen schüchtern zu uns und überreichen uns jeweils einen Brot-Zopf und einen Olivenzweig. Dann erhalten wir ein Mikro und beantworten die Fragen der Reporter:innen. Sobald signalisiert wird, dass wir nun auch für einzelne Interviews zur Verfügung stehen, fallen die Medienvertreter:innen fast über uns her. Wir werden hierhin und dorthin gezogen. Mein Brot verschwindet aus meinen Händen, und ich werde gebeten, zu lächeln, nicht zu lächeln, Deutsch zu sprechen, Englisch, hierhin zu schauen und dorthin zu blicken. »Wie war es als einzige Frau?«, höre ich immer wieder, und die Kamerateams drängeln sich gegenseitig weg. Nach ungefähr zwei Stunden ist der größte Ansturm vorbei. Erneut führen wir Gruppen durchs Habitat und unterhalten uns mit einigen der anwesenden PIs. Am schönsten ist es, endlich das OSS-Team wiederzusehen. Deepa und Marlene, zwei Ärzt:innen, Judith, Florian und Lukas – wir alle freuen uns riesig.

Ein wundervoller Moment ist auch, als wir als Team eine kurze Pause nutzen und gemeinsam auf eine Anhöhe steigen. Ich genieße die Sonne und den Wind auf meiner Haut und atme die Wüstenluft tief ein. Mich durchströmt ein Gefühl von Freiheit. Deepa zeigt uns das »Grab« mit einer lustigen Inschrift, das sie für Aeroscan nach dem ersten Crash an der Absturzstelle gebaut haben. Als die Sonne gegen 18:00 Uhr untergeht und die Reporter:innen nach und nach verschwinden, schnappen wir uns ein Auto, laden unser Gepäck ein, sagen Auf Wiedersehen zum Habitat und quetschen uns zu sechst ins Fahrzeug, weil wir uns noch nicht voneinander trennen wollen. Ich fahre, und weil wir noch Steine zum Mitbringen sammeln wollen, wählen wir Nebenwege durch die Wüste. Halb sieben kommen wir im Field Office in Mizpe Ramon an. Es gibt Pizza und für die, die wollen, Bier und Whisky oder Cola. Reden werden gehalten, Danksagungen und Berichte getauscht sowie Urkunden und Schlüsselanhänger mit allen Namen und den Missionsdaten verteilt. Sogar der Whirlpool der Anlage wird zum ersten Mal gefüllt. Ich leihe mir einen Bikini von Deepa, und wir genießen es, noch eine halbe Stunde im Wasser sitzen und entspannen zu können. Auch wenn ich vorher dachte, dass ich den Trubel nicht bräuchte und nur noch heimwill, ist es doch sehr, sehr schön.

Halb neun wartet ein großer Reisebus vorm Tor, nur für uns sechs. Die Männer haben sich Bier organisiert und sind die ganze Fahrt über in Partystimmung. Alon erfährt die Lebensgeschichte des Fahrers und gibt sie uns auf seine unnachahmliche Art im Dokumentationsstil weiter. Kurz nach elf erreichen wir Tel Aviv. Bei angenehmen 30 °C checken wir in einer ruhigen Wohngegend nahe dem Flughafen in unser Gästehaus ein. Die anderen beschließen, noch mit dem Taxi in die Stadt zu fahren, nur ich entscheide mich schweren Herzens dagegen, um vor dem langen Reisetag Schlaf nachzuholen. Also heißt es Abschied nehmen, von allen außer João, der zu meiner Freude mit mir gemeinsam nach München fliegt. Wir umarmen einander, und dann sind sie weg.

Tag 31 – Heimreisetag

João und ich sind zeitig am Morgen reisebereit und froh, dass unser Taxi pünktlich erscheint. Der Weg zum Flughafen führt durch Palmenalleen und Obstplantagen und an riesigen Baustellen vorbei. Schon auf dem Weg ins Flughafengelände passieren wir einen Checkpoint, an dem der Kofferraum geöffnet und durchsucht wird. Auch die Erfahrung am Flughafen ist sehr speziell: Aus dem Taxi gestiegen, müssen wir als Erstes unser Exitformular für Israel vorzeigen, um überhaupt das Gebäude betreten zu dürfen. Nach einer Stunde Wartezeit vor dem Check-in folgt eine gründliche Befragung. Getrennt sollen João und ich beantworten, was wir in Israel gemacht haben (Forschung), ob wir Geschenke angenommen haben (ich erwähne den Schlüsselanhänger und muss ihn vorzeigen), von wem ich den habe, wie die Person heißt und vieles mehr. João antwortet offenbar ausreichend übereinstimmend. Zusätzlich muss er erklären, warum er Stempel des Omans in seinem Pass hat (er war dort zur letzten Mission) und ob er dorthin noch Kontakte hat (natürlich verneint er). Die Dame am Schalter beschließt im letzten Moment, dass Joãos Rucksack, der genauso groß ist wie meine Reisetasche, als Sondergepäck gilt. Der Aufgabeschalter, zu dem sie uns schickt, hat leider geschlossen. Wir fragen uns durch die gesamte Halle, bis wir uns schließlich in eine weitere Warteschlange einreihen. Während ein Fahrrad für eine Weltmeisterschaft, Pokale, ein Kanu und ein Koffer mit Funkgeräten gründlichst durchleuchtet, auf Sprengstoff untersucht und ausgepackt werden, beobachte ich ungeduldig den unerbittlich vorrückenden Zeiger der Uhr. Endlich ist João dran. Erneut wird er befragt und muss alles auspacken. Als wir fertig sind, bleiben nur noch fünf Minuten, bis unser Boarding startet. Ganz untypisch für mich rufe ich in leichter Panik der Security am Bodyscanner über die Warteschlange hinweg zu, wie spät dran wir sind. Zu unserer großen Erleichterung winkt sie uns an der langen Schlange vorbei. Der Security Check dauert noch mal 15 Minuten. So gründlich wurde ich vorher und seitdem nie wieder auf irgendeinem Flughafen kontrolliert. Wir erreichen im Sprint und völlig außer Atem 15 Minuten zu spät unser Gate. Einmal im Leben bin ich glücklich, dass unser Boarding ebenfalls verspätet ist. So können wir uns sogar noch schnell einen Kaffee holen, bevor wir das Flugzeug besteigen. Was für ein aufregender Morgen.

Unser Flug ist komfortabel, und wir schauen einen Film und erzählen. João hat kurz vor der Mission seine Fluglizenz gemacht und kommentiert für mich den Anflug auf Istanbul. Am Transfer-Gate nach München ist es ungewohnt und seltsam, die ersten Leute wieder Deutsch sprechen zu hören. Der zweite Flug zieht sich hin. Ich spüre zunehmende Müdigkeit. Israel fühlt sich schon wieder surreal an, weit weg und irgendwie, als wäre gar nichts gewesen. Ich vermute, ich habe meine Gefühle unterdrückt, um zu funktionieren. Bestimmt vermisse ich später mit Macht die anderen und erinnere mich an die Erlebnisse. Dafür steigt langsam die Vorfreude auf daheim. Mir wird annähernd nachvollziehbar, wie emotional schwierig der Transfer nach sechs Monaten ISS für die Astronaut:innen sein muss, wenn sie innerhalb von wenigen Stunden zurück zur Erde fliegen. Da ist es schon ganz gut, Reisetage zu haben.

Ich muss an die Legende eines Native American denken, der nach seinem ersten Flug auf dem Rollfeld kniete, den Kopf ablegte und auf die Frage, was er mache, antwortete: »Ich warte darauf, dass meine Seele hinterherkommt.« So fühle ich mich auch ein bisschen. Ich möchte gern die Erfahrungen und das Wachstum behalten und mitnehmen und habe Sorge, dass daheim gleich alles überlagert wird.

Nach der Landung holen wir die warmen Sachen aus dem Handgepäck. Es ist dunkel, kalt und regnerisch. Wir sind eindeutig wieder in Deutschland. Die Passkontrolle und Gepäckabholung markieren meinen Abschied von João, da er unerwartet von seiner Frau abgeholt wird – süß, die zwei. Meine Wehmut mischt sich mit Erleichterung, den Rest des Weges für mich allein zu sein. Es war schön, gemeinsam zu reisen, aber jetzt bin ich wirklich am Ende meiner Kräfte und brauche Ruhe. Die erste S-Bahn klappt, doch beim Umstieg sorgt eine widersprüchliche Anzeige für Chaos. Trotz Sprint mit meiner schweren Tasche verpasse ich meinen Anschluss. Müde und frierend im Regen stehend, bereue ich es, Joãos Angebot, mich nach Freising zu fahren, ausgeschlagen zu haben. Ich weine ein bisschen und möchte gern einfach nur in eine Umarmung sinken. Aber es hilft ja nichts. Ich reiße mich zusammen und nehme die nächste S-Bahn. Das Glück ist mir hold, und ich schaffe knapp meinen Anschluss in Freising. Aufgrund einer Zugteilung muss ich in einen Zugteil ohne Strom wechseln, obwohl mein Handyakku fast leer ist. Zugfahren in Deutschland. Das Klischee erfüllt sich weiter, als wir an einem kleinen Bahnhof in Bayern nach der Meldung »Person auf den Gleisen« zwei Stunden ausharren müssen. Wenigstens darf ich in die erste Klasse wechseln, um mein Handy dort zu laden. So kann ich meinen Mann bitten, mich abzuholen. Es ist kaum vorstellbar, *wie* kaputt und am Ende ich mich durch den Schlafmangel, die Traurigkeit, fehlende emotionale Schutzwände aufgrund der Erschöpfung und durch die Anstrengungen der Reise fühle. Ich bin sehr, sehr dankbar, ins Auto steigen, meinen Mann begrüßen und mich heimfahren lassen zu können. 1:30 Uhr falle ich endlich in mein Bett. Bevor ich einschlafen kann, fließen noch einige Tränen, die es braucht, um die Gefühle loszulassen.

Wieder daheim

Am ersten Morgen zu Hause klingelt mein Wecker bereits 5:30 Uhr, weil meine Jüngste pünktlich zum Schul-Schwimmunterricht vor der Schwimmhalle stehen muss. Mit klopfendem Herzen schleiche ich mich in ihr Zimmer. Im ersten Moment grummelt sie. Doch als sie mich erkennt, springt sie auf und umarmt mich ganz fest: »Mamaaaaaaaa!« Auch meine beiden größeren Töchter freuen sich, mich endlich wiederzuhaben. Lieblingsmoment! Meine Älteste reist heute wieder ins Internat, aber wenigstens sehen wir uns kurz. Als nach dem aufregenden Morgen alle aus dem Haus sind, lege ich mich noch mal ins Bett und hole Schlaf nach. Ich bin froh, noch etwas freizuhaben, auch weil ich viele Interview-Anfragen koordinieren und Termine planen muss. Außerdem möchte ich unbedingt laufen gehen und einen richtigen Daheim-Kaffee trinken und so vieles mehr. Als Erstes versuche ich, meine Sachen auszupacken und mich ein bisschen durch die Post und Termine zu arbeiten. Aber ich merke, dass ich noch total neben mir stehe. Ich sitze also einfach nur auf dem Sofa, gucke in die Luft und fange an zu weinen. Ohne offensichtlichen Grund. Einfach, weil alles ein bisschen viel ist. So nach und nach raffe ich mich trotzdem zu ein paar Handgriffen auf. Ich genieße es, mit einem Kaffee in der Hand eine Runde durch den kühlen Garten zu streifen und die letzten Blumen des Jahres zu bewundern. In Ruhe durch eine Zeitung zu blättern, erdet mich auch ein wenig. Mittags schlafe ich noch einmal, um danach das erste Mal seit vielen Wochen joggen zu gehen. Sich in der kühlen Herbstluft frei bewegen zu können, setzt direkt Glückshormone frei. Es sind diese kleinen Momente, die ich ganz bewusst zelebriere und aufsauge, die mich nach und nach wieder in meinem Leben ankommen lassen.

Als die Kinder aus der Schule kommen, bin ich bereit, mir von ihnen ganz viel erzählen und zeigen zu lassen. Eine wunderbare

Überraschung erwartet mich, als am Abend unverhofft mein Partner vor der Tür steht. Mein Mann hat ihn mittags gefragt, ob er kommen kann, weil es mir nicht so gut geht. Wir haben einen wunderbaren Abend zu dritt, der mir sehr guttut. Nach einer weiteren Nacht Schlaf geht es mir noch besser. Ich absolviere ein Radio-Interview, eine Freundin kommt vorbei, und ich merke, wie sich meine Energiespeicher füllen. Fast fühlt es sich an, als würde ich von einer Krankheit genesen. Mein Weltblick wird wieder viel optimistischer, wie es eigentlich typisch für mich ist. Ich kann wieder gelassener in die Zukunft blicken.

Am ersten Arbeitstag freue ich mich, meine Kolleg:innen auf dem Bildschirm zu sehen. Die E-Mails eines Monats werden mich noch ein paar Tage beschäftigen. Ich treffe Freund:innen und meine Eltern und genieße diese Begegnungen ganz bewusst. Wenn es mir an manchen Tagen nicht so gut geht, nehme ich das als gutes Zeichen, dass ich wieder genug Energie habe, um das wahrzunehmen, statt es wegzudrücken und zu funktionieren. Oft muss ich an das Buch von Michael Collins denken, in dem er beschreibt, wie er nach der erfolgreichen Mondlandung zurück auf die Erde kommt. Er berichtet davon, wie das Leben seiner Menschen auf der Erde während seiner Abwesenheit weitergelaufen war und wie schwer es war, wieder an sein altes Leben anzuknüpfen. Keiner außer den anderen Astronauten konnte wirklich verstehen, wie sich die Reise zum Mond anfühlte.[60] Dies gilt sicher für viele vergleichbare Erlebnisse – sei es ein Jahr in der Arktis, eine Teilnahme an den Olympischen Spielen oder die Geburt eines Kindes. Je außergewöhnlicher das Erlebte, desto schwieriger ist es für die Umgebung, sich hineinzuversetzen, und desto einsamer kann es sich im Nachhinein anfühlen.

Nach nur einer Woche ist Israel emotional schon unglaublich weit weg. Als wäre das alles in einem anderen Leben passiert. In unserer WhatsApp-Gruppe schreiben mein Team und ich anfangs noch viel. Je mehr uns unser alltägliches Leben wieder in Beschlag nimmt, desto ruhiger wird es jedoch. Nach und nach findet alles in mir seinen Platz. Ich bin froh und dankbar für die einzigartige Erfahrung. Gleichzeitig denke ich immer weniger daran – und vermisse nichts. Innerlich ist die Mission nach einer Weile für mich wirklich abgeschlossen. Sie liegt im Regal neben anderen Erinnerungen und wirkt rückblickend wie eine Auszeit vom »echten« Leben. Herausgeholt wird sie vor allem für die Vielzahl an Radio-, Zeitungs- und Fernsehinterviews sowie Vorträge, die ich in den nächsten Wochen und Monaten absolviere. Besonders beschäftigt mich, dass immer wieder nach meinem Werdegang und meiner Erfahrung als einzige Frau im Team gefragt wird. Auch wie meine Familie ohne mich zurechtkam, interessiert viele brennend. Dass meine männlichen Teamkollegen teilweise viel jüngere Kinder als ich bei ihren Partnerinnen ließen oder wie ihre Erfahrung als Mann war, ist dagegen praktisch nie ein Thema. Mehr und mehr wächst in mir das Bedürfnis, auf dieses Ungleichgewicht hinzuweisen. Lächle ich anfangs solche Fragen noch weg, frage ich nun immer häufiger zurück: »Hätten Sie das meine Kollegen auch gefragt?« Ich beschließe, meine Stimme und Reichweite noch mehr als bisher dafür zu nutzen, Mädchen und generell jungen Menschen Technik, Wissenschaft und Raumfahrt näherzubringen. Ich möchte begeistern und ermutigen, sich diesen Weg zuzutrauen. Gleichzeitig empfehle ich, immer einen Plan B zu haben. Ausschließlich einen Traum wie »Astronaut:in werden« zu verfolgen, kann allzu leicht in Enttäuschung enden. Mein Kollege Adam sagte einmal in einem Interview: »Finde etwas, was dich begeistert, und stürze dich hinein!« Das wiederhole ich und ergänze: »Folge deiner Freude!« Oft begegnen mir auch Fragen nach der Vereinbarkeit von Beruf und Karriere. Als Antwort teile ich gern eine Anekdote: Janey Hart, eine der Mercury 13 und Mutter von acht Kindern, antwortete auf die Frage eines Reporters, warum sie zum Mond fliegen wolle: »Mit acht Kindern würden Sie auch zum Mond fliegen wollen.«

Während ich zunächst oft zeigen möchte, dass es sehr wohl möglich ist, Familie und Karriere unter einen Hut zu kriegen, ändert sich meine Einstellung dazu im Laufe der Zeit. Die Realität sieht leider nach wie vor anders aus. Allzu oft wird – gerade bei Frauen und Männern, die als Vorbilder dienen – ausgeblendet, welche Opfer und Anstrengungen hinter ihren Erfolgen liegen. Um Kinder und Karriere zu vereinen, musste auch ich Kompromisse eingehen, mich zwischen Herz und Kopf entscheiden und viele Tränen vergießen. Harte Arbeit und vor allem sehr viele Privilegien sowie die wertvolle Unterstützung meiner Eltern, Partner und Umgebung haben mir diesen Spagat ermöglicht.

Ich finde es daher zunehmend wichtig, zu betonen, wie viel sich an unserer Gesellschaft und vielen Systemen noch ändern muss, um Chancengleichheit für alle herzustellen.

Abenteuer in Hamburg

Dezember 2021. Wieder ist es kurz vor Weihnachten, wieder bin ich zu einem Auswahlverfahren eingeladen. Die ESA sucht das erste Mal seit 13 Jahren neue Astronaut:innen. Es war für mich keine Frage, dass ich mich bewerben und es zumindest versuchen würde. Das fühlte sich wie der nächste logische Schritt an. 22 523 Bewerber:innen gab es aus ganz Europa, und ich bin eine von 1361, die nach Hamburg eingeladen wurden, um sich dort einen ganzen Tag lang diversen Tests zu stellen. Ich bin freudig aufgeregt, dennoch ist meine Stimmung zwiegespalten. Die letzten beiden Wochen waren chaotisch. Meine jüngste Tochter hatte Corona, sodass ich bis zum letzten Tag nicht wusste, ob ich selbst negativ bleiben und fahren können würde. Zudem war ich Tag und Nacht entweder in der Kinderbetreuung oder meiner neuen Arbeit als Referentin eingespannt. Erst als ich in den Zug nach Hamburg steige, komme ich dazu, mir einige der zur Vorbereitung erhaltenen Trainingsprogramme anzuschauen. In Hamburg angekommen, lerne ich die anderen Kandidat:innen kennen und habe ein sehr starkes Déjà-vu-Gefühl, nur dass ich vor drei Jahren noch wesentlich eingeschüchterter gewesen wäre. Mein gewachsenes Selbstvertrauen nehme ich erfreut zur Kenntnis. Ich weiß, dass ich gut ins Profil passe, aber auch, dass das für alle anderen hier ebenso gilt. Bei dieser Masse an Bewerber:innen werden geringste Unterschiede den Ausschlag geben. Bei einigen in der Gruppe bin ich mir binnen Minuten sicher, dass sie spätestens in den Teamtests oder den Gesprächen mit den Psycholog:innen ausscheiden werden. Ich arbeite hart daran, mich beim ersten gemeinsamen Abendessen nicht davon verunsichern zu lassen, dass viele zehn Jahre jünger als ich sind, einen Doktortitel und Pilotenschein haben oder Erfahrungen mit Parabelflügen, Antarktis-Überwinterungen oder Aufenthalten auf Bohrinseln besitzen. Kaum jemand hier hat Kinder, geschweige denn drei. Viele berichten davon, dass sie die letzten zwei Wochen Urlaub zur Vorbereitung genommen und acht Stunden am Tag die Testprogramme hoch und runter geübt haben. Ich atme währenddessen und lasse mir von einer jungen Frau an meinem Tisch interessiert die Herausforderungen der Arbeit auf einer Bohrinsel schildern. Es liegt eine beschwingte und nur latent kompetitive Stimmung in der Luft. Wir alle wissen, *wie* gering die Chance ist, am Ende ausgewählt zu werden. Gleichzeitig wissen wir auch, dass möglicherweise die Sitznachbarin oder der Mann mit der Unterschenkelprothese am Nachbartisch die oder der nächste Astronaut:in im ESA-Corps sein kann.

Der nächste Tag ist, wenig überraschend, primär eine Übung in Frustrationstoleranz. Acht Stunden vor einem Computer, jeweils 45 Minuten Tests in Mathematik, Physik, Englisch und räumlichem Vorstellungsvermögen. Manche laufen richtig gut, sodass ich sehr zufrieden in den nächsten Test starte. Bei anderen bin ich mir sicher, so mies abgeschnitten zu haben, dass ich Mühe habe, nicht in schlechte Laune zu geraten. Es sticht mir immer mal ins Herz, besonders, weil ich weiß, dass nur diejenigen weiterkommen, die bei allen Tests über dem Durchschnitt der Gruppe liegen. Die Gewissheit, dass ich mit wenigstens ein bisschen Übung in diesem Test deutlich besser abgeschnitten hätte, hilft auch nicht gerade. Kurz hadere ich mit dem Fakt, dass ich dem Ganzen nicht genug Priorität eingeräumt habe. Alles in allem fühle ich, dass ich an meine Grenzen komme.

Aber: Gleichzeitig habe ich Spaß! Besonders die Flugsimulationen, bei denen ich gleichzeitig Höhe, Richtung und Geschwindigkeit beachten, beibehalten und anpassen muss und in immer kürzeren Abständen vom System Schwierigkeiten simuliert werden, fordern mein Hirn auf eine Weise, dass ich hinterher richtig aufgedreht und euphorisch bin. Es ist eine tolle Erfahrung, an dieser Auswahl teilzunehmen, auch weil ich dadurch erkenne, wie professionell und gut unsere Auswahl beim ÖWF damals organisiert war. Sie prüfte genau die gleichen Eigenschaften. Allerdings bezog sie dank der geringeren Bewerber:innen-Zahl charakterliche und psychologische Faktoren schon in einem zeitigeren Stadium des Auswahlverfahrens mit ein.

Am Abend sind wir alle gleichzeitig aufgedreht und ausgelaugt. Mental war es ein Kraftakt, sich so viele Stunden so stark zu konzentrieren. Wir essen wieder gemeinsam im Hotel. Spannend, wie vielen verschiedene Lebenswege und Pläne sich hier für einen Moment in Raum und Zeit kreuzen. Als ich am nächsten Tag in mein normales Leben zurückkehre, nehme ich ein Gefühl des Abschieds mit und das Wissen, dass ich unter meinen Möglichkeiten geblieben bin. Neben einem kleinen Rest Hoffnung fährt vor allem Erleichterung mit. So ist mir die Entscheidung abgenommen, und ich »muss« nicht mehr versuchen, etwas zu erreichen, nur weil es möglich ist und ich es theoretisch schaffen könnte. Einige Wochen später erhalte ich die erwartete Absage. Es hilft mir, zuvor die Erfahrungen als Analog-Astronautin gemacht zu haben. So weiß ich, dass Astronaut:in zu sein bedeutet, viele Monate im Jahr zu trainieren, sehr viel unterwegs zu sein und sehr oft fremdbestimmt die Forschungsarbeit anderer auszuführen. Es bringt auch mit sich, ein öffentliches Bild aufrechtzuerhalten und mit viel Glück für wenige Monate einer langen Karriere ins All zu fliegen, um dort unter unbequemen Bedingungen zu arbeiten. Familienfreundlich ist das nicht, und es steckt viel Öffentlichkeitsarbeit, Politik und Verwaltung in dieser Rolle. Sie klingt für mich nicht mehr so verlockend wie noch am Ende unseres Basistrainings. Einzig die verpasste Chance auf weiteres Lernen und Wachstum bedauere ich – doch das ist etwas, was ich mir auch anders ins Leben holen kann und werde.

Ich beobachte aus der Ferne einige Bekannte, wie sie von Runde zu Runde weiterkommen, um dann für sie enttäuscht zu sein, als sie bei den letzten medizinischen oder sogar erst politischen Runden ausscheiden. Sie alle wären gute Astronaut:innen geworden – doch es ist ein offenes Geheimnis, dass ganz am Ende persönliche Präferenzen sowie politische Quoten eine Rolle spielen. Aber für alle – ausgewählt oder nicht – bleibt der Fakt bestehen, dass sie hochmotivierte, talentierte, gebildete und kompetente Personen sind, die zusätzlich freundlich, bescheiden, team- und lernfähig sind.

Ein Jahr vergeht

Das neue Jahr bringt eine Menge Öffentlichkeitsarbeit mit sich. Von Podcasts, Vorträgen bei verschiedenen Kinderunis, Radio- und Fernsehinterviews über Zeitungsartikel bis hin zur Teilnahme an verschiedenen Kampagnen und Auftritten bin ich viel unterwegs. Mich zieht es noch nicht gleich wieder zu meiner Anstellung und Promotion zurück. Als sich jedoch die Medien-Aufmerksamkeit und der Stress durch Vorlesungen, die ich zusätzlich für die Berufsakademie Sachsen vorbereite und halte, im Frühling langsam legen, ändert sich das. Meine Referentinnenstelle an der Akademie fordert mich sehr, ich genieße die Zeit mit meiner Familie, und das finale Zusammenschreiben meiner Doktorarbeit nimmt wieder Fahrt auf. Die Monate ziehen ins Land. Ich schlage ein neues Kapitel auf, da ich eine Ausbildung als systemische Beraterin beginne und in meiner nebenberuflichen Selbstständigkeit die ersten Klient:innen berate. Auch meinen Podcast, den ich eher spontan ein Jahr zuvor mit einer Freundin gestartet habe, betreibe ich ernsthafter.

Das ÖWF meldet sich mit der Sammlung und Auswertung unserer Lessons Learned zurück. Bis zur nächsten Mission sind einige Hausaufgaben zu erledigen. Mit einem Science Workshop findet Amadee-20 ihren offiziellen Abschluss. Dafür treffen sich Wissenschaftler:innen, ÖWF-Mitglieder und andere Interessierte zur Präsentation der ersten Ergebnisse an der Universität in Wien. Das Wiedersehen mit Robert, Thomas und João ist großartig, und wir lauschen gespannt der Auswertung der von uns gesammelten Daten. Es fühlt sich wie ein großes Familientreffen an, und ich bin froh, erleben zu dürfen, welchen weiteren Weg »unsere« Experimente nehmen.

Eis statt Wüste – ein neues Abenteuer naht

Ein weiteres Weihnachtsfest und der Jahreswechsel zu 2023 vergehen unter dem Eindruck der finalen Schreibphase meiner Doktorarbeit. Endlich gebe ich das fertige Werk ab. Bis zum endgültigen Abschluss wird zwar noch ein weiteres Jahr vergehen, doch die Erleichterung ist groß.

Nach der Mission ist vor der Mission, und so erreichen uns erste Informationen zur nächsten geplanten Mars-Simulation. Ich erhalte einen Anruf von Gernot, in dem er mich fragt, ob ich mir vorstellen kann, Commanderin der Feldcrew für Amadee-24 zu sein. Dass mir diese Rolle zugetraut wird, ehrt mich sehr, und beim Gedanken an ein neues Abenteuer durchströmt mich ein aufgeregtes

Kribbeln. Dennoch zögere ich kurz. Bin ich, nun, da ich weiß, was es insgesamt bedeutet und was mich erwartet, bereit für erneutes hartes Training und vier Wochen Abwesenheit von daheim? Möchte ich mehr Arbeit investieren und in der Rolle als Commanderin auch deutlich mehr Verantwortung tragen? Letztendlich gibt genau das den Ausschlag zu meiner Entscheidung für die Teilnahme. Denn eine neue Rolle verspricht neue Erfahrungen und Gelegenheit zu Wachstum und Lernen.

Die Vorbereitungen starten hinter den Kulissen in Form von Verhandlungen mit potenziellen Gastländern und einem Aufruf an die wissenschaftliche Community zur Einreichung von Experimenten. Nach und nach kristallisiert sich heraus, dass die nächste Mission im März 2024 in Armenien stattfinden soll. Robert wird mein Stellvertreter sein, und auch Iñigo und Thomas sind erneut dabei. Ich freue mich riesig, dass diesmal Carmen und Simone das Team vervollständigen. Bei unseren monatlichen vorbereitenden Online-Meetings gibt es eine Mischung aus freudigem Wiedersehen und neuem Kennenlernen. Sobald öffentlich bekannt wird, dass ich das Team in Armenien leiten werde, nehmen die Medienanfragen deutlich zu. Neben Interviews und Vorträgen bedeutet die bevorstehende Mission für mich zunächst vor allem, mein Fitnesstraining allmählich wieder aufzunehmen.

Im Spätsommer findet in Peuerbach in Niederösterreich im Rahmen der Communale zur Feier von 600 Jahren Astronomie das erste große Dress Rehearsal für Amadee-24 statt. Wir lernen viele neue ÖWF-Mitglieder kennen, welche GOST (Ground Operations Support Team), wie OSS nun heißt, und die Teams im MSC verstärken und unterstützen werden. Auch wir sechs Analog-Astronaut:innen haben in dieser Konstellation noch nicht eng zusammengearbeitet und nutzen die Gelegenheit, um unsere Bindung zu festigen. Ich habe eine riesige Liste zu klärender Punkte mitgebracht und befinde mich während des gesamten Wochenendes fast ununterbrochen im

Austausch mit den verschiedensten Personen und Teams. Eine kurze Pause nutzen wir, um gemeinsam mit Florian eine Ausstellung seiner Fotos im nahe gelegenen Museum anzuschauen. Die Sammlung aus historischen Stücken und Exponaten unserer Missionen schlägt eine Brücke zwischen den Anfängen der Astronomie durch einen Gelehrten aus der Region und der Zukunft der Erforschung unseres Sonnensystems. Es ist ein seltsames Gefühl, in Videoinstallationen Ausschnitte der Mission in Israel und unsere Gesichter auf Fotos im Museum zu sehen.

Ein Highlight ist die erste Begegnung mit der armenischen Delegation. Hayk Aslanyan ist als Initiator und Erbauer des Habitats dabei. Gaiane Hakobian wird die Koordination und Logistik übernehmen. Ihre Fähigkeiten in Vermittlung, Organisation und Problemlösung werden für uns unersetzlich werden.

Neben der Umbenennung von OSS zu GOST gibt es weitere Neuerungen, unter anderem wird sich das MSC auf der »Erde« diesmal in neuen Räumen in Wien statt in Innsbruck befinden. Ich bin äußerst gespannt, welche Weiterentwicklungen aus der letzten Mission, welche Unterschiede und Gemeinsamkeiten ich noch bemerken werde. Während des DR findet ein Tag für die Öffentlichkeit statt. An die 2000 Besucher:innen und viele Medienvertreter:innen erscheinen im Laufe des Tages zur Veranstaltung, sind bei einem EVA dabei, dürfen die Rover steuern und sich über unsere Mission informieren. Im Mittelpunkt stehen jedoch wie schon bei den Vorbereitungen auf die letzte Mission die wissenschaftlichen Experimente. Die angereisten Forscher:innen erklären uns ihre Hardware, und wir trainieren und optimieren die Abläufe. Alle Rückmeldungen, die wir jetzt geben, können bis zum nächsten DR noch eingearbeitet werden.

Im November findet ein weiteres DR statt, dieses Mal virtuell. Wir nutzen die Zeit, um mit allen wissenschaftlichen Teams den Stand ihrer Experimente im Detail durchzugehen und anhand unserer Erfahrungen Fragen zu stellen. Ich freue mich, einige Experimente wie Geos oder Merop in weiterentwickelter Form wiederzusehen. Auch viele neue interessante Experimente sind dabei. Ende Januar fahre ich zum finalen DR nach Wien. Vier Tage lang frischen wir unsere Kenntnisse im Anziehen der Anzüge, der Arbeit mit Funk und OPS-Konsole sowie der restlichen Technik auf. Alle PIs sind mit ihren Experimenten vor Ort, um alle Procedures gründlich durchzugehen, letzte Fragen zu klären und uns optimal vorzubereiten. An zwei Tagen sind sowohl Filmteams und Medienvertreter:innen als auch Besucher:innen dabei. Wie so oft ist es nicht leicht, Öffentlichkeitsarbeit, Training und Wissenschaft unter einen Hut zu bekommen und zwischen den verschiedenen Rollen, Zielen und Verantwortungen zu wechseln. Es ist ein Vorgeschmack auf die Herausforderungen der Mission.

Bevor es losgeht, findet ein weiterer, für mich sehr wichtiger Termin statt. Ich nehme in einer vollen Vorlesungswoche einen Tag Urlaub und fahre mit meinen beiden Partnern mitten in der Nacht 500 Kilometer nach Bielefeld zur Verteidigung meiner Doktorarbeit. Trotz aller Nervosität verläuft sie unspektakulär und sehr zufriedenstellend. Was für eine gigantische Erleichterung! Auf der Rückfahrt realisiere ich allmählich, dass ich dieses riesige Kapitel meines Lebens abgeschlossen habe. Für eine Feier bleibt leider keine Zeit.

Die nächsten Wochen vergehen rasend schnell, denn die Vorbereitungen für die Mission in Form von Meetings, E-Mails und Fitnesstraining erreichen ihren Höhepunkt. In meiner Rolle als Commanderin verantworte ich mehr Aufgaben als beim letzten Mal. Ich besorge Gastgeschenke und vereinbare erste Termine in Armenien. Diesmal packe ich nicht für die Wüste, sondern fürs kalte Gebirge, während ich gleichzeitig wieder Kalenderpäckchen für jeden Tag meiner Abwesenheit fülle und kleine Zettel mit Botschaften im ganzen Haus verstecke. Zwei Geburtstage, einen Jahrestag, Ostern, Ferien und Reisen werde ich in den nächsten Wochen verpassen und bin meinen Partnern umso dankbarer, dass sie mir erneut den Rücken für dieses Abenteuer freihalten. Beide können ein Lied davon singen, wie ich die letzten Tage wie ein Pingpongball zwischen den Aufgaben hin und her springe und teilweise mittendrin aus Überforderung erstarre. Bis zum Tag vor der Abreise arbeite ich und bin auch meiner Arbeitgeberin dankbar, dass sie mir die lange Abwesenheit ermöglicht.

In den letzten Tagen finden zusätzlich zahlreiche Interviews statt. Noch am Vormittag meiner Abreise drehe ich mit RTL in der Deutschen Raumfahrtausstellung. Für eine Szene schlendere ich wieder einmal am Lunar Roving Vehicle, dem Mondfahrzeug der Apollo-Astronauten, vorbei. Da fällt mir in einer Halterung zum ersten Mal eine Greifzange mit einem Teleskopstiel auf. Augenblicklich erkenne ich die frappierende Ähnlichkeit mit einem unserer selbst gebauten Probenahmewerkzeuge für Geos und weiß genau, wofür dieses Werkzeug gedacht war. Meine Gedanken eilen freudig voraus zu den Experimenten der nächsten Wochen. Gespannte Erwartung lässt mein Herz schneller schlagen.

NEUN:

MISSION AMADEE-24 – IN DEN SCHNEEBEDECKTEN BERGEN ARMENIENS

»The element of discovery is very important. I don't repeat myself well. I want and need that stimulus of walking forward from one new world to another.«[61]

Margaret Bourke-White (erste weibliche Fotografin für das Life-Magazin)

Als vor einem Jahr feststand, dass die nächste Mission in Armenien am Ararat stattfinden wird, startete ich zunächst eine Recherche. Den Ararat kannte ich bis dahin nur als den Berg, an dem der Bibel nach die Arche Noah nach der Sintflut strandet. Ich las, dass es sich um einen Vulkan mit zwei Kegeln – dem kleinen und großen Ararat – handelt. Beide liegen auf der türkischen Seite der Grenze, sind zusammen aber der Nationalberg Armeniens. Der letzte Ausbruch des Vulkans fand 1840 statt. Nun bin ich voller Vorfreude, den Kaukasus und ein Land kennenzulernen, das mir noch völlig unbekannt ist. Wie es sich auch schon Margaret Bourke-White wünschte, hoffe ich nicht auf eine Wiederholung der letzten Mission, sondern auf neue Entdeckungen und Erfahrungen. Die Auswahl der Region in Analogie zum Mars ist diesmal vorab weniger offensichtlich. Doch im Laufe unserer Experimente wird deutlich werden, warum wir unsere Mission hier durchführen.

Tag 1 – Anreise mit Hindernissen

März 2024. Wenige Tage vor Abreise ereilt mich die Nachricht, dass am Reisetag die Deutsche Bahn und die Lufthansa streiken. Natürlich wollte ich mit der Bahn nach Frankfurt fahren und von dort mit der Lufthansa fliegen. Nach Tagen voller Ungewissheit und frustrierender Stunden in Hotlines und mit Chatbots habe ich eine Lösung gefunden. Nicht nur einmal erinnern mein Team und ich einander im Chat daran, dass wir genau dafür ausgesucht wurden: Frustrationstoleranz und Flexibilität. Meine Eltern haben mich dankenswerterweise nach Leipzig gefahren, und so sitze ich nun hier auf dem Flughafen statt in Frankfurt und warte auf meinen umgebuchten Flug nach Wien. Allmählich fällt die Anspannung von mir ab, ich realisiere, dass es jetzt so weit ist. Es geht wirklich los! Die erste unbeschwerte Vorfreude macht sich breit.

Das Boarding beginnt und meine Gedanken wenden sich von den letzten Tagen und Wochen hin zu den nächsten Stunden. Ich bin sehr gespannt auf das Habitat in Armenien. Laut den ÖWF-Mitgliedern, die bereits vor Ort sind, ist es noch im Bau und ich erwarte ähnliche Bedingungen wie damals in Israel. Bei der Zwischenlandung in Wien treffe ich mein Team – Carmen, Iñigo, Thomas, Simone und Robert. Die Wiedervereinigung im Wartebereich vor den Terminals ist überschwänglich und sorgt für einige amüsierte Blicke von anderen Reisenden. Im Flieger nach Jerewan, der Hauptstadt von Armenien, sitzen wir zu sechst in einer Reihe. Es ist dunkel und ruhig, und wir versuchen alle, obwohl wir aufgekratzt sind, ein wenig zu schlafen.

Tag 2 – Jerewan, Armash und Field Office

Wir landen kurz vor 5:00 Uhr morgens Ortszeit, daheim ist es gerade 2:00 Uhr nachts. Passkontrolle und Gepäckabholung gehen schnell, dann werden wir von Gaiane, die wir schon aus Peuerbach und von zahlreichen Online-Meetings als unsere Ansprechperson vor Ort kennen, am Ausgang begrüßt und ins Hotel chauffiert. Viel sehen wir leider nicht von der Stadt, aber wir kommen am Platz der Republik vorbei, und die Museen, Regierungsgebäude und Hotels sind wunderschön beleuchtet. Im vornehm wirkenden Grand Hotel Yerevan werden wir wie Ehrengäste empfangen. Das Personal möchte Fotos mit uns, und Carmen und ich erhalten zum internationalen Frauentag sogar Blumen.

Uns sind immerhin fünf Stunden Schlaf vergönnt, bevor wir uns gegen Mittag mit dem Direktor des Biomedizinischen Instituts der russisch-armenischen Universität, Arsen Arakelyan, treffen. Er ist als PI für eines unserer medizinischen Experimente namens GENES4MARS zuständig. Die DNA in unseren Zellen ist der Code, der für alle Wachstums- und Lebensprozesse in unserem Körper die jeweils passenden Stoffe verschlüsselt. Die Gene werden jedoch nicht immerzu alle abgelesen, sondern in unterschiedlichen Lebensabschnitten und Situationen jeweils nur Teile davon. Genes4Mars untersucht, ob und welchen Einfluss die Isolation, der Stress und die Bedingungen der Mission auf die Exprimierung, also das Ablesen von Genen, haben. Werden während der Mission andere Gene genutzt als davor oder danach? Wenn ja, welche und mit welcher Wirkung? Um das herauszufinden, geben wir vor, während und nach der Mission Blutproben ab. Auch Urinproben werden auf weitere Stoffwechselprodukte untersucht. Wir versammeln uns vor einem unserer Zimmer, in dem uns nacheinander die erste Runde Proben abgenommen wird. Im Anschluss lernen Robert und ich, wie wir während der Mission beieinander und bei unseren Teamkolleg:innen Blut abnehmen können. Eine tolle neue Fähigkeit!

Unsere letzte Mahlzeit liegt lange zurück, daher lädt Gaiane uns in ein nahe gelegenes Restaurant ein. Auf dem Weg dorthin ist an den Blumen, die viele Frauen tragen, deutlich zu sehen, dass der heutige internationale Frauentag in Armenien ein wichtiger Feiertag ist. Im Restaurant bestellt Gaiane alle möglichen landestypischen Speisen, und wir können alles probieren. In einer Schaubäckerei wird sogar *Lavash*, ein dünnes Fladenbrot, traditionell im Erdofen gebacken. Leider müssen wir das Angebot, uns noch mehr von der Stadt zu zeigen, ablehnen, denn wir werden bereits von den GOST-Mitgliedern in Armash erwartet. Gemeinsam mit Gaiane, Hanna und Levon – zwei jungen armenischen GOST-Mitgliedern – machen wir uns in einem Kleinbus auf den Weg. Zu Beginn der Fahrt sind noch viele Gebäude in den auffälligen rosa Steinblöcken zu sehen, die Jerewan den Spitznahmen »rosa Stadt« eingebracht haben. Die Architektur erinnert ein wenig an Wien oder Budapest. Sobald wir das Zentrum verlassen, haben wir einen tollen Blick auf die umliegenden Berge und zurück auf die Stadt. Je weiter wir aus der Stadt herausfahren, desto ärmlicher und verfallener werden allerdings auch die Gebäude. Überall liegen Autowracks am Straßenrand. Müll brennt in Fässern, und Ziegen und Esel laufen frei herum. Dafür ist das Gebirge beeindruckend. Gestern verdeckten noch Wolken den Ararat, heute ist er glasklar zu sehen – zwei Vulkankegel nebeneinander, der größere über 5000, der kleinere noch immer knapp 4000 Meter hoch.

Nach anderthalb Stunden erreichen wir das Dorf Armash. Dort befindet sich das Field Office dieser Mission. Die bereits anwesenden ÖWF-Mitglieder begrüßen uns mit Willkommensrufen. Gernot, Judith, unser IT-Profi Lukas, der Geologe Dominik und Florian als Fotograf sind wieder mit dabei. Judith übernimmt erneut die Rolle der Quartiermeisterin. Neu dabei ist Eleonore Poli als Leiterin des GOST-Teams. Christian, ein Arzt aus Österreich, den ich seit unserer Grundausbildung kenne, gehört ebenfalls zum Team.

Zuerst erhalten wir eine Führung durch das Gelände und die Räume des Field Offices. Alles ist sehr einfach gehalten. Die Küche besitzt einen riesigen, offenen Ofen und einen Schlachtblock. Die Sanitärräume erinnern mich an minimalistische Campingplätze. Es gibt einen freundlichen Hund namens Benni, der auf drei Beinen humpelt. Wir begrüßen die armenische Familie, die für uns kocht und uns unterstützt. Wie alle, denen wir bisher begegnet sind, verhalten sie sich sehr freundlich und einladend und bieten uns sofort Essen und Getränke an. Wir fühlen uns ehrlich willkommen. Carmen und ich teilen uns mit Judith und Eleonore einen Raum, bis das Habitat bezugsfertig ist. Nachdem wir unser Gepäck verstaut haben, sitzen wir kurz in der Sonne und genießen einen Moment der Ruhe. Wir hören Vögel zwitschern, den Verkehr von der einzigen großen Straße der gesamten Gegend, die vor unserem Komplex entlangführt, und das Meckern der kleinen, einhörnigen Ziege, die im Gelände herumspringt. Ich überlege, ob ich mich lieber hinlege oder mit zur Besichtigung des Habitats fahre, und entscheide mich für Letzteres. Das möchte ich mir nicht entgehen lassen. Wir fahren durch den Ort, der vor allem aus Fischzuchtteichen, Hütten mit rostigen Ladas vor der Tür und Dutzenden Nestern mit klappernden Störchen zu bestehen scheint. Vieles hier stammt noch aus der Sowjetzeit, und es wirkt, als lebten die meisten Menschen im Ort zumindest teilweise als Selbstversorgende. Nur die Solaranlagen auf den Dächern unterscheiden sich von meiner Erinnerung an die DDR und Urlaube im Ungarn der 1980er-Jahre. Die Landschaft ist atemberaubend. Über Schotterwege und fest gefahrene Schlammpisten geht es hoch in die Berge, vorbei an Dämmen gegen Springfluten, an Schafherden und Aprikosenplantagen. Wir halten mehrfach an, um den tollen Ausblick zu bestaunen und

Fotos zu schießen. Der Blick auf den Ararat überragt alles. Nach 20 Minuten holpriger Fahrt taucht das lang gezogene Habitat hinter einer Wegbiegung an einem Berghang auf. Es erscheint mir im Vergleich zu dem in Israel riesig. Der unfertige Zustand schockiert uns allerdings. Insgesamt drei Containermodule sind aneinandergereiht und miteinander verbunden. Sie verlaufen längs zum Berg auf halber Höhe an einem Hang. Eine Marsbasis halb unterirdisch in einen Berg zu bauen, ist eine sinnvolle Idee. Auf dem Mars könnte eine Bedeckung mit Regolith für Strahlenschutz und Temperaturregulation sorgen. Die großen Panoramafenster hingegen, die fast die gesamte talzugewandte Seite verglasen, versprechen zwar einen atemberaubenden Blick, erscheinen uns jedoch für den Mars eher unrealistisch.

Nachdem wir uns kurz umgeschaut haben, fahren wir zurück zum FO. Zum Abendessen gibt es eine große Tafel voller Platten mit Fisch, Getreide, Salat, Gemüse, Brot und Suppe. Nach dem Essen findet ein erstes großes Briefing für alle statt. Wir besprechen, dass wir aufgrund des unfertigen Habitats alle Pläne etwas nach hinten schieben müssen. So wird der für morgen angesetzte erste EVA nicht stattfinden. Im Anschluss führe ich noch ein erstes Einzelbriefing mit meinem Team durch. Ich orientiere mich daran, wie João die Dinge in Israel gehandhabt hat. Mein Notizbuch füllt sich bereits mit vielen kleinen Aufgaben, die in den nächsten Tagen anstehen. Kurz nach 23:00 Uhr liege ich endlich im Bett und freue mich auf die Nachtruhe. Mir ist klar, dass die Bridgehead-Phase der nächsten Tage mindestens so herausfordernd wie damals in Israel sein wird und wir unsere Kräfte brauchen werden.

ZEHN:

BRIDGEHEAD – NEUE FÄHIGKEITEN

»Preparation, I have often said, is rightly two-thirds of any venture.«[62]

Amelia Earhart (Flugpionierin und Frauenrechtlerin)

Nachts wache ich mehrfach vom Bellen des dreibeinigen Hundes auf. Das Geräusch macht mir bewusst, wie tief die Ruhe ansonsten ist. Kein Verkehrslärm, keine Sirenen, keine Stimmen. Es wirkt friedlich. Dennoch spüre ich eine latente Unsicherheit, die von den am Vorabend besprochenen Sicherheitsvorkehrungen hervorgerufen wurde. Für den unwahrscheinlichen Fall, dass es aufgrund von Scharmützeln an der Grenze zu Aserbaidschan zu gefährlich wird, gibt es einen Evakuierungsplan zur Botschaft in Jerewan oder zum Flughafen. Wir halten alle Autos jederzeit betankt und fahrbereit. Während ich für mich allein vermutlich fatalistisch der Dinge harren würde, fühle ich mich in meiner Rolle als Commanderin für alle Anwesenden verantwortlich. Ich hoffe, dass ich in den nächsten vier Wochen keinen Anlass haben werde, auf unsere vorbereiteten Sicherheitsmaßnahmen zurückzugreifen.

Tag 3 – Fotoshooting und Warten

Als mein Wecker 7:30 Uhr klingelt, bin ich müde. Die Dusche bleibt leider eiskalt. Ab heute lautet der Dresscode wieder: Overall.

Das Frühstück besteht aus Fladenbrot, Aprikosenmarmelade, Käse und Eiern, Joghurt und Gemüse. Alles wirkt lokal hergestellt und macht satt. Nach dem Frühstück fahren meine Teamkolleg:innen und ich mit Florian zum Habitat. Er fotografiert und dreht mit uns mehrere kleine Videos mit einer Drohne. Dieses Material wird den Medien zur Verfügung gestellt, sodass sie nicht einzeln mit uns filmen müssen. Carmen und ich erkunden die unmittelbare Umgebung des Habitats und klettern einen Hang in einem kleinen Nebental hoch. Von dort sehen wir den Generator, den Telekommunikations-Mast sowie die Überwachungskameras mit ihren Solarpaneelen auf den Hügeln um das Habitat herum. Viele Elstern und kleinere Vögel, die ich nicht kenne, flattern vor uns aus ihrer Deckung. Die wenigen Pflanzen wirken eher wie Wüstenpflanzen und erinnern mich daran, dass wir im Gebirge sind. Wie gern würde ich mit mehr Zeit hier wandern gehen.

Zurück am Habitat, werden wir von einem armenischen GOST-Mitglied darüber belehrt, welche giftigen Schlangen es in der Region gibt. Zu unserer Beruhigung erfahren wir, dass immerhin keine der vier Vipern-Arten in unter 24 Stunden tötet. Dann besichtigen wir erstmals das Innere des ungefähr 200 Quadratmeter großen Habitats. Wir betreten es durch ein großes Airlock, von wo aus wir in einen Raum für die Anzüge und das Donning und Doffing gelangen. Durch ein großes Fenster fällt der Blick direkt in den angrenzenden Raum mit der OPS-/SciOPS-Konsole. Es folgen ein Raum für wissenschaftliche Experimente und ein verschließbares Labor. Wir gehen weiter den Gang entlang und betreten einen großen Aufenthaltsraum mit Sitzecke und Fitnessgeräten. Direkt danach gelangen wir in die Küche. Im hinteren Teil des Habitats befinden sich die Crewunterkünfte. Es fühlt sich wie absoluter Luxus an, dass jede:r von uns ein winziges Zimmer für sich allein hat, ausgestattet jeweils mit einem Ausziehsessel als Bett, einem Tischchen und einem Schrank. Vor dem Hinterausgang befinden sich ein Lagerraum sowie zwei Duschen und zwei WCs. Es ist ein völlig anderer Grundriss als in Israel, und ich bin gespannt, wie anders sich das Leben hier anfühlen wird.

Nach der Besichtigung fahren wir über die Buckelpisten zurück ins FO. Das Mittagessen besteht wie das Abendessen aus jeder Menge Fisch, Gemüse, Kartoffeln, Hühnchen, Salat, Käse und Nudeln. Während wir AAs im FO bleiben, fahren alle anderen am Nachmittag zurück ins Habitat, um so viele Bauarbeiten wie möglich zu schaffen. Einer der armenischen Ärzte, der uns vor Ort während der EVAs als MEDHOC, also als Medical Officer des Host Country (Gastlandes) unterstützen wird, kommt vorbei. Er stellt sich als Karen vor, und um eine gute Vertrauensbasis zu schaffen, unterhalten wir uns ausführlich mit ihm. Als Notfallmediziner bringt er viel Erfahrung mit, lässt sich allerdings auch von uns die Bedingungen während eines EVAs ausführlich beschreiben.

Auch die Lieferung der Fahrzeuge verzögert sich, weswegen unser geplantes Quadfahrtraining nicht stattfinden kann. Unser Eindruck, dass vieles nicht so zuverlässig klappt, wie wir es gewohnt sind, bestätigt sich. Ein Grund dafür ist sicher auch, dass es eben nur die eine Straße und pro Tag einen einzigen Zug nach Armash gibt. In Jerewan lässt sich alles per App innerhalb weniger Minuten ordern wie in jeder Großstadt. Außerhalb mahlen die Mühlen jedoch anders. Da die Menschen im Ort kaum Englisch und wir kein Armenisch sprechen, ist für viele Verhandlungen Russisch die Sprache der Wahl. Umso glücklicher bin ich, Carmen im Team zu haben. Schon in Israel habe ich ihr Sprachtalent bewundert. Sie scheut sich nicht vorm Sprechen und merkt sich unwahrscheinlich schnell neue Worte.

Während des abendlichen Debriefings werden die zwei Quads doch noch geliefert. Wir erhalten eine schnelle Einführung, bevor wir den Abend im Gemeinschaftsraum zum Kennenlernen nutzen. Wie ausgeprägt der Nationalstolz und der Bezug zum Symbolberg

Ararat sind, erkennen wir, als Hayk und Gaiane voller Stolz armenischen Brandy öffnen. Natürlich heißt er »Ararat«.

Tag 4 – Tankabenteuer und Baustelle

Da es im Habitat für uns noch immer nicht viel zu tun gibt, bleiben wir AAs erneut im Field Office, werden dann allerdings von Gernot gebeten, eines unserer Autos vollzutanken und auch gleich den Reifendruck zu prüfen. »Ihr könnt mit Karte zahlen, es ist nur zwei Minuten die Straße runter.« Ich schnappe mir die Schlüssel und besteige gemeinsam mit Thomas, Iñigo und Julia den großen Jeep, um damit Fahrpraxis zu sammeln. Amüsiert lese ich »Check for goat under the car!« und überprüfe sicherheitshalber vor der Abfahrt, ob die Ziege es sich unterm Auto gemütlich gemacht hat. Wir rollen langsam die Hauptstraße entlang. An der ersten Tankstelle mit Visa-Zeichen fahre ich an eine freie Tanksäule. Auf den uralten Zapfsäulen entdecken wir zu unserer Überraschung die deutsche Beschriftung »Blasenfrei tanken«. Zum Glück haben wir Julia, eine russische Fotografin, die das GOST-Team unterstützt, als Dolmetscherin dabei. Sie sagt dem Tankwart, dass er vollfüllen soll. Als ich meine Visa-Karte zücke, meint er wortreich, dass nur Barzahlung möglich ist. Wir schulden ihm 24 000 armenische Dram, umgerechnet knapp 50 Euro, und Julia hat nicht genug Bargeld dabei. Wir fragen nach einem Geldautomaten. »Gibt's hier nicht« verstehe ich auch ohne Russischkenntnisse. Leicht verzweifelt versuchen wir, GOST telefonisch zu erreichen. Endlich haben wir Gaiane in der Leitung. Sie spricht mit dem Tankwart und klärt, dass sie ihm per Direktüberweisung den Betrag zukommen lässt. Gaianes Organisationstalent, ihr unermüdlicher Einsatz und ihre dabei immer freundliche Art machen sie, genau wie Hayk, zur unersetzlichen Stütze dieser Mission. Auf Julias Frage nach einem Luftdruckmessgerät telefoniert der Tankwart erneut wortreich und erklärt ihr dann, wo wir den Reifendruck checken lassen können. Wieder geht es einige Meter die Straße hinunter bis zu einer Werkstatt, aus der sofort fünf Personen herauskommen und unseren Jeep umschwärmen. Als wir am Ende fragen, was wir dafür schuldig sind, heißt es nur: »Njet, njet.« Wir müssen nichts zahlen, es sei ein Freundschaftsdienst für die Mars-Mission. Es hat sich im Ort herumgesprochen, was wir hier machen.

Nach diesem Abenteuer fahren wir jeweils zu zweit eine Runde mit den Quads, um uns damit vertraut zu machen. Simone und ich erkunden die Schotterstraße, die neben unserem Gelände in Richtung Habitat bis zu einem Friedhof führt. Zwischen dem Weg und den Aprikosenplantagen verlaufen riesige Rohre mit fast einem Meter Durchmesser. Schieber und stählerne Drehräder zeigen, dass es sich um Bewässerungssysteme handelt. Das aus den Bergen kommende Wasser wird erst in die Obstbaumhänge und schließlich in riesige Fischteiche geleitet. Am Friedhof angekommen, schlendern wir durch die Reihen und stellen fest, wie anders die Gräber hier gestaltet sind. Viele Grabsteine zeigen lebensgroße, fotorealistische Bilder der Verstorbenen in Farbe. Die grauen, tiefhängenden Wolken und der einsetzende eisige Nieselregen passen zu diesem traurigen Ort und treiben uns schnell zurück ins warme FO.

Ein Filmteam eines deutschen Fernsehsenders kommt in Armash an, um uns die nächsten Tage für eine Dokumentation zu begleiten. Viel mehr als das Habitat von außen ist für sie leider noch nicht zu filmen. Ein Grund mehr für uns, am Nachmittag ins Habitat zu fahren, um dort mit anzupacken. Es fühlt sich frustrierend an, nicht viel tun zu können. Einige von uns helfen dabei, die Deckenprofile und -platten anzubringen. Ich unterstütze beim Anzeichnen und mache etwas sauber. Da der Boden draußen sehr schlammig ist, erweist sich das jedoch als überflüssiges Unterfangen. Um den Teams im MSC mehr Situationsbewusstsein zu ermöglichen, dokumentiere ich die Fortschritte fotografisch. Über mehrere Tage erstrecken sich Diskussionen zur Elektrik und Erdung der Installationen von Generator, Habitat und allen Anlagen. Einmal mehr zeigt sich, welche Herausforderung es ist, mitten im Nirgendwo ein hochtechnologisches Habitat mit Strom, Wasser, Kommunikation, Temperaturregulation, Abwasser und Verpflegung zu etablieren. Die Sprachbarriere zwischen uns und einigen der Handwerker und Arbeiter macht es nicht einfacher, unsere europäischen Baustandards und Bedenken hinsichtlich der Sicherheit einiger Konstruktionen zu kommunizieren. Glücklicherweise übersetzt Hannah, die sich als Energiebündel und Multitalent entpuppt, vieles für uns. Da weder Toiletten noch Waschbecken oder Außentüren installiert sind, in den nächsten Tagen jedoch bereits ein EVA für die Medien und der große Missionsstarttag geplant sind, müssen wir improvisieren. Wir entscheiden, zunächst die ersten beiden Räume für Donning und OPS fertigzustellen. Da ich das bereits von den ersten Tagen in Israel kenne, bin ich zuversichtlicher, als ich es ohne diese Erfahrung wahrscheinlich wäre. In der einsetzenden Dunkelheit kommen wir auf der Rückfahrt ins FO am frisch installierten Checkpoint vorbei. Eine Straßensperrung am einzigen Zufahrtsweg wird von Freiwilligen rund um die Uhr betreut.

Aufgrund des Verzugs der Fertigstellung des Habitats beschließen wir gemeinsam mit MSC, übermorgen zwar den offiziellen Missionsstart für die Medien durchzuführen, den Start der Isolation jedoch um zwei Tage zu verschieben. Sobald die Ruhe nach dem Mediensturm einkehrt, können wir alles fertigstellen und dann hoffentlich gut beginnen.

Tag 5 – Erster Medientag

Wir starten halb acht mit dem Frühstück. Es ist Thomas' Geburtstag, und er bekommt ein Geschenk und eine kleine Torte mit Kerzen, die ich extra mitgebracht habe. Die Stimmung ist ausgelassen und fröhlich. Nach einem kurzen Briefing fahren wir zum Habitat und sind angenehm überrascht, weil die ersten beiden Räume mit fertig abgehängter Decke gleich ganz anders aussehen. Mit Staubsauger und Feuchttüchern rücken wir dem Schmutz zu Leibe. Auch die Fenster werden geputzt, Möbel zurechtgeschoben und erste Boxen ausgepackt. Wir begrenzen den fertigen Bereich mit Klebeband auf dem Boden und bestimmen, dass niemand außer uns sechs hindurchlaufen und damit neuen Schmutz hereinschleppen darf. So können wir den EVA für das Fernsehteam gut vorbereiten. Da wir uns noch außerhalb der Simulation befinden, lassen wir bei beiden Anzügen das Exoskelett und zwei der drei Batterien weg. So können sich Carmen und Iñigo deutlich leichter bewegen. Sie bleiben lange draußen, filmen mit dem Team, üben mit einem der Rover und geben Florian Gelegenheit für Fotos. Parallel wird endlich die Elektrik eingerichtet, und sobald wir Strom haben, funktioniert auch unser Internet. Obwohl es eigentlich ganz angenehm war, keinen Empfang zu haben, ist die Verbindung für unsere Abstimmung mit GOST und MSC natürlich dringend nötig. Nach dem EVA führen wir mit armenischen Medien mehrere Interviews, für die wir in Zweierteams aus dem Habitat nach draußen gehen.

Kurz vor acht machen wir schließlich Feierabend. Der Mond ist als liegende Sichel über dem Ararat zu sehen, als wir den Kurven hinab ins Tal folgen. Wieder gibt es sehr reichhaltiges und leckeres Abendessen. Gaiane und Levon haben für Thomas einen weiteren Geburtstagskuchen besorgt. Es wird überschwänglich gesungen und gratuliert. Wir sorgen für eine kurze Unterbrechung der Feierlichkeiten, um unser Debriefing abzuhalten, da noch so viele offene Punkte zu besprechen sind und wir morgen sehr viele Menschen am und im Habitat begrüßen werden. Einmal mehr realisiere ich, wie unterschiedlich Personen mit Stress, Unsicherheit und Druck umgehen. Während ich tendenziell ruhiger werde, drehen andere eher auf. Wo ich recht viel akzeptiere oder zumindest erst einmal auf mich zukommen lasse, sind andere schneller ängstlich oder besorgt. Als Commanderin fühle ich mich teilweise verpflichtet, dem nachzugehen und proaktiv nach Lösungen zu suchen, die ich für mich allein nicht bräuchte. Natürlich haben beide Bewältigungsstrategien ihr Für und Wider und ergänzen sich im Team.

Nach Abschluss des ernsteren Teils des Abends entwickelt sich eine spontane Geburtstagsparty für Thomas. Levon, der auch in einer Band spielt, hat seine Gitarre mitgebracht und nimmt Liedwünsche entgegen. Es gibt Ararat und Kuchen, und die ausgelassene Stimmung tut der Moral gut.

Tag 6 – Mission Start

Am Morgen fällt das Aufstehen sehr schwer. Ich verzichte sogar aufs Duschen, um noch einen Moment länger liegen bleiben zu können. Beim Frühstück verspüre ich kaum Hunger. Im Briefing verteilen wir die Aufgaben für die Begleitung der Medien am heutigen offiziellen Missionsstart. Ungefähr 20 Freiwillige kommen zusätzlich, um uns zu unterstützen. Wir fahren ins Habitat, um dort alles für den großen Tag vorzubereiten. GOST baut draußen eine Bühne, Dixi-Toiletten und eine Soundanlage auf. Der Schriftzug »Armash Mars Analog Research Station« wird im letzten Moment am Habitat angebracht und ist noch feucht, als die ersten Medienvertreter:innen eintreffen. Drinnen beginnen wir mit unserem Donning. Heute sind Simone und ich an der Reihe, auch wir dürfen die Exoskelette weglassen. Die Filmcrew vom Vortag begleitet das Donning exklusiv und lässt sich einzelne Experimente näher erläutern. Gegen 15:00 Uhr ist es so weit. Zwar haben wir die Jalousien an den Panoramafenstern heruntergelassen. Doch durch die verbleibenden Schlitze können wir erkennen, dass knapp 200 Journalist:innen und wichtig aussehende Menschen erwartungsvoll den einführenden Worten von Gernot und Hayk lauschen. Angespannt treten Simone und ich aufs vereinbarte Signal hin aus der Tür des Airlocks. Unter Blitzlichtgewitter stapfen wir vorsichtig die Rampe vor dem Eingang hinab. GOST schirmt uns von der Menge ab, bis wir auf zwei Quads gestiegen sind. Es formt sich eine Schlange, um Fotos und Selfies mit uns zu machen. Durch den Anzug fühle ich mich distanziert von den Menschen, da ich sie weder hören noch spüren kann. Dennoch bleibt es ein seltsames Gefühl, diese Vertreter:innen der »normalen« Welt mit dem Mars-Missions-Kosmos zu mischen. Nach einer Stunde ist dieser Teil der Veranstaltung vorbei. Mir wird bewusst, wie viel angenehmer als in Israel die konstant 25 °C im Anzug sind. Weder friere noch schwitze ich. Zurück im Habitat, haben wir nach dem Doffing tatsächlich Zeit, um am OPS-Computer dem Livestream zu verfolgen, der von der Veranstaltung draußen gesendet wird. Robert sitzt derweil mit Gernot und Hayk auf der Bühne in einer Pressekonferenz. Zum Abschluss des Events begeben wir uns ebenfalls mit hinaus. Zu sechst stehen wir als Team vor der Menge. Als Commanderin erhalte ich das Mikro und hoffe, dass meine von Herzen kommenden Dankesworte adäquat sind. Schließlich überreicht mir Hayk feierlich die Schlüssel zum Habitat. Als finalen Tagesordnungspunkt erteilt MSC mit einem Countdown das offizielle »GO« für den Start der Mission.

Beifall brandet auf. Nach etwas Small Talk und vielen guten Wünschen verabschieden wir uns winkend und verschwinden im Habitat. Ob aufgrund der Diskrepanz zwischen offiziellem Start und inoffizieller Verzögerung oder aufgrund meiner Gewöhnung durch vorangegangene Erfahrung – mir fällt es diesmal schwer, den Moment richtig zu fühlen. Daher bin ich erleichtert, als sich die Menge allmählich zerstreut und wir uns wieder der Fertigstellung des Habitats widmen können.

Die Decke in den ersten beiden Schlafräumen wird fertig. Die Bäder sind bereit, doch das Wasser funktioniert noch immer nicht. Allmählich können wir Tische aufstellen, säubern und damit beginnen, die Experimente aus ihren Boxen zu holen. Die beiden orangefarbenen Container, in denen das Logistikunternehmen Gebrüder Weiß erneut unsere Ausrüstung von Wien »auf den Mars« transportiert hat, leuchten draußen in der untergehenden Sonne. Wir holen immer weitere Boxen heraus und verteilen sie im Habitat.

Das spätere Debriefing dauert mehr als eine Stunde und enthält viel Lob. Angesichts der großen Personenzahl lief alles sehr organisiert, und im Hintergrund konnten sogar parallel weitere Arbeiten am Habitat ausgeführt werden. Gegen Ende kann ich beobachten, wie einige fast im Stehen einnicken vor lauter Müdigkeit. Trotzdem ist es wieder weit nach Mitternacht, bis die letzten Mails verschickt und die Lichter gelöscht sind.

Tag 7 – Großeinsatz

Das Aufstehen ist heute erst für 8:00 Uhr angesetzt. Das tut im Vergleich zu den kurzen Nächten zuvor gut. Wieder merke ich, wie mein Körper mit einem Gefühl von Entzündung auf den Schlafmangel reagiert. Zum Frühstück gibt es als willkommene Abwechslung Porridge und Obst, was große Begeisterung auslöst. Seit wir die Medientermine hinter uns haben, ist die Stimmung deutlich gelöster. Jetzt sind wir unter uns und können endlich richtig loslegen. Da die meisten GOST-Mitglieder nicht die ganzen vier Wochen dabei sind, erfolgt nach dieser ersten Woche eine Ablösung. Gernot und einige andere sind abgereist, sodass wir vorübergehend nur zwölf statt 20 Personen sind.

Es ist ziemlich kalt am Morgen. Unter unseren Overalls tragen wir Thermokleidung oder Fleecejacken. Im Habitat heizen wir mit der Klimaanlage auf angenehme 21 °C. Leider wird unser Müll, so wie überall in der Gegend üblich, vergraben oder verbrannt, unser Abwasser wird in eine einfache Grube geleitet, und die Elektrizität wird über einen dieselbetriebenen Generator erzeugt. Damit ist diese Mission deutlich weniger umweltfreundlich und nachhaltig als die in Israel, was ich bedaure. Ein wichtiger Faktor, mit dem ich meine Sammlung an Lessons Learned starte.

Da die Isolation noch nicht begonnen hat, ist es weiterhin erlaubt, in Echtzeit zu kommunizieren. Das Internet im Habitat nutzen wir vor allem für verschiedene WhatsApp- und Signalgruppen für die Teams und Themen, sowohl hier im Feld als auch mit MSC in Wien. Jede:r hat außerdem ein Funkgerät bei sich, sobald er oder sie das Field Office verlässt. Aus Sicherheitsgründen melde ich meine Gruppe und mich ab, als wir das FO in Richtung Habitat verlassen. Es sind acht Kilometer Wegstrecke. Das schaffen unsere Funkgeräte gerade so. Dennoch darf das Gelände des FO oder des Habitats immer nur mindestens zu zweit verlassen werden. Genauso geben wir Bescheid, welche Strecke wir zum Habitat wählen, sobald wir losfahren. Neben den stets abfahrbereiten Autos dienen all diese Maßnahmen der größtmöglichen Sicherheit. Schnell sind wir wieder so daran gewöhnt, in Funksprache zu reden, dass auch viele direkte Gespräche mit »wilco« (will comply, d. h. werde ich tun) oder »confirmative« enden. Letzteres ist ein Running Gag als Mischung aus »confirm« (bestätige) und »affirmative« (stimme zu).

Nachdem wir im Habitat angekommen sind, besteht der restliche Tag für mich aus hochtourigem Jonglieren von Aufgaben. Unser Tagesplan ist in dieser Phase der Mission mehr eine Aufgabenliste als eine minutiöse Anleitung. Es obliegt Eleonore als Teamleiterin für GOST und mir für die AAs, die konkreten Aufgaben zu verteilen und den Fortschritt zu überprüfen. Eine neue Ärztin stellt sich vor und möchte herumgeführt werden. Sie wird gemeinsam mit Karen während der EVAs für unsere Sicherheit verantwortlich sein. Während die anderen feste Aufgaben erledigen, gehe ich immer wieder durchs und ums Habitat, um die Liste mit offenen Punkten auf ihren aktuellen Stand zu prüfen, mit allen zu reden und Informationsstände hin und her zu übermitteln. Ich fühle mich zeitweise wie eine Bauleiterin, Projektmanagerin und Ferienlagerbetreuerin in einem. Zwischendurch, wenn gerade kurz alles geklärt ist und bevor wieder von allen Seiten neue Dinge auf mich einströmen, beteilige ich mich am Räumen und Putzen, um das Gefühl eines praktischen Erfolgs zu verspüren. Sogar unser Debriefing führen wir im Habitat durch, um noch länger dableiben und arbeiten zu können. Irgendwann gegen zehn fahren wir schließlich zurück. Wir sind sehr weit gekommen, aber noch immer nicht fertig. Es wird beschlossen, morgen keinen EVA durchzuführen, um den ganzen Tag weiterarbeiten zu können.

Auf dem Heimweg befinde ich mich gerade in einer lebhaften Unterhaltung mit Eleonore, als sich plötzlich alles dreht. Unser Jeep gerät in einer Kurve auf losem Schotter ins Schleudern und trudelt auf den Abgrund zu. Unsere Fahrerin reagiert gut und hält das Lenkrad gerade. Das Auto dreht sich einmal um die eigene Achse und kommt auf der anderen Seite der Straße vor einer kleinen Mauer zum Stehen. Während dieser Schrecksekunden fühle ich mich, als würde ich schweben. Erst als wir stehen, spüre ich, wie das Adrenalin kickt, und steige etwas zittrig mit den anderen aus. Zum Glück waren wir nicht schnell unterwegs, und es ist niemandem etwas passiert. Der Blick in den Abgrund auf der anderen Straßenseite macht uns eindrücklich klar, welches Glück wir hatten. Gedämpfter Stimmung und vorsichtig fahren wir weiter.

Zurück im Field Office, füllen wir passenderweise das erste Mal einen Fragebogen für eines unserer psychologischen Experimente aus. EIEE (Emotions in Extreme Environments) stammt von Alex, unserer Team-Psychologin und Leiterin des HF-Teams. Es untersucht, welche Emotionen die AAs in der Ausnahmesituation einer Mission erleben, und besonders, welche Bewältigungsstrategien sie nutzen. Während die Einflüsse individueller Fähigkeiten und Eigenschaften sowie die Zusammensetzung der Teams bereits erforscht werden, ist die Bedeutung von Emotionen bisher wenig beachtet. Indem mit standardisierten Fragebögen erfasst wird, wie diese sich im Laufe der Zeit verändern, können zukünftige Trainings Astronaut:innen besser auf zu erwartende Gefühle und deren Bewältigung vorbereiten. Die Daten, die wir während Amadee-24 erheben, werden Teil eines größeren Datensatzes sein, der auch Teams der Mars Desert Research Society-Mission, einer Solo-Antarktis-Durchquerung und weiterer Missionen enthält. Das Tagebuch, welches wir zusätzlich alle zwei Tage für dieses Experiment anhand von offenen Fragen führen, wird schnell zu einer Gewohnheit. Wie in Israel gibt es jeden Abend auch wieder einen Fragebogen für unser Human Factors-Team. Damit kann unser Belastungslevel und die Stimmung in den Teams beobachtet und, falls notwendig, die Planung angepasst werden. Als ich diesen Fragebogen weit nach Mitternacht ausfülle, fühle ich mich erneut an die Müdigkeit der ersten Wochen der letzten Mission erinnert.

Tag 8 – Letzter Bautag

Wir starten schon 7:30 Uhr mit dem Frühstück, um so zeitig wie möglich mit der Arbeit im Habitat zu beginnen. Wir wollen den Tag nutzen, um endlich fertig zu werden. Auf der Fahrt fällt mir das erste Mal auf, dass überall Bienenstöcke stehen – kein Wunder bei den ganzen Obstbäumen.

GOST packt das Experiment Staying Alive der Universität Bremen aus. Noch dürfen wir nichts über den technischen Versuchsaufbau wissen, da es für das Experiment wichtig ist, dass wir ohne Vorwissen starten. Am Hintereingang des Habitats wird durch GOST außerdem ein riesiges Zelt aufgepumpt, welches das Habitat nochmals um einige Meter verlängert. Als das Zelt nach mehreren Stunden endlich steht, beginnt GOST gemeinsam mit Simone und Thomas dort den Aufbau eines weiteren Experiments. Nahrungsergänzung durch frisches Obst, Kräuter und Gemüse kann im All oder auf dem Mars nicht nur wichtige Vitamine liefern, sondern auch gut für die Psyche sein. Da der Marsboden jedoch verstrahlt und ohne Nährstoffe und Bodenlebewesen ist, sind einfache Gewächshäuser keine Lösung. Wie Matt Damon als Mark Watney im Film *Der Marsianer* zeigt, ist Botanik auf dem Mars eine Wissenschaft für sich. Die ESA untersucht in der Unwirtlichkeit der Antarktis mit dem EDEN-Projekt Pflanzenanbau für die ISS, den Mond und später den Mars.[63, 64] Geschlossene Systeme mit Nährlösungen, idealer Atmosphäre und Lichtversorgung versprechen eine Optimierung von Ressourceneinsatz und Ertrag. Das Experiment HORT3SPACE der La Sapienza University Rom befasst sich während unserer Mission mit der Realisierung und Erprobung eines automatisierten mehrstufigen Prototyps. Er ist mit Sensoren, Vollspektrum-LED-Leuchten und einem Roboterarm für den hydroponischen Anbau von Mikrogreens ausgestattet. In mehreren Durchgängen sollen Samen gesät, automatisch bewässert und nach dem Keimen durch uns geerntet werden. Als Biologin freue ich mich auf die Lebewesen, für die wir Sorge tragen werden. Zunächst gilt es jedoch, das metallene Gerüst im Zelt aufzubauen. Das gestaltet sich im unebenen Gelände sehr schwierig.

Während des gesamten Tages führe ich immer, wenn einige der neuen GOST-Mitglieder Zeit finden, Sicherheitstrainings an den Anzügen durch. Die neuen Safeties müssen wissen und üben, wie sie im Notfall den Helm abnehmen und die Batterien entfernen können. In der restlichen Zeit übernehme ich erneut das Projektmanagement. Schnell fühle ich mich – wie schon in Israel – ein wenig heimisch und besitzergreifend im Habitat. Jedes Mal, wenn Menschen hindurchlaufen und Dreck hinterlassen, zucke ich innerlich zusammen. Zurück im FO, lassen wir den Tag süß ausklingen. Es ist internationaler Π-Day, und Gaiane hat zur Feier der Zahl *Pi* Kuchen (engl. pie) aus Jerewan besorgt.

Tag 9 – Einzug

Heute frühstücken wir ein letztes Mal im Field Office gemeinsam mit GOST. Wir alle spüren Vorfreude darauf, endlich das Habitat für uns allein zu haben und mit der Forschung, für die wir hier sind, loszulegen. Ärgerlicherweise wird unser erster EVA, der für heute geplant war, abgesagt – der betreuende Mediziner ist verhindert. Die gewonnene Zeit können wir jedoch gut für weiteres Aufbauen und Aufräumen brauchen. Nach der Fertigstellung der Decken und der Entsorgung von Baudreck sieht es nach einigen Stunden leerer und aufgeräumter aus. Parallel bauen Thomas und Simone weiter an Hort3Space. Die Zeit rast dahin. Am Nachmittag führe ich einen Zoom-Call mit unserem Human Factors-Team durch. Es geht um die generelle Stimmung, meine Beobachtungen und Einschätzungen der ersten Woche. Nach diesen allgemeinen Themen nutze ich die Gelegenheit, um den Psychologinnen auch von meiner Selbstbeobachtung in der Führungsrolle zu berichten. Mein Herz rast und stolpert durch den Stress der letzten Tage ungewohnt, und mein Blutdruck geht durch die Decke. Das zeigt sich auch in meinem roten Gesicht und den angeschwollenen Fingern. Ich finde es gleichzeitig spannend und bedenklich, diesen Zustand an mir selbst zu beobachten. Das kann dauerhaft nicht gesund sein. Um mit kurzzeitiger Belastung umzugehen, gelingt es mir meist, meine Gefühle runterzuregulieren. Andere würden in so einer Situation vielleicht aufgeben oder den Druck an ihre Mitmenschen ableiten. Allerdings merke ich auch, dass alle meine Gefühle dadurch sehr gedämpft sind. Ich empfinde weder Heimweh oder Ärger noch Freude oder Begeisterung. Letzteres ist schade, da ich die Erfahrung genießen möchte. Es tut daher sehr gut, dies erzählen, sortieren und den angestauten Druck loswerden zu können. Hinterher fühle ich mich erleichtert.

Kaum bin ich fertig, kommt der Kommandant des Checkpoints, Stepan, zum Habitat, um mit mir ein Sicherheitsbriefing durchzuführen. Vor mir steht eine Gestalt wie aus einem *Rambo*-Film: Tarnuniform, Kalaschnikow auf dem Rücken (»I'm a civilian, it's not loaded«), Riesenmesser vor die Brust geschnallt, Bart zur Spitze gezwirbelt, klein, muskulös und in militärischer Haltung. Wir besprechen, wie wir im Notfall kommunizieren, wie eine Evakuierung ablaufen würde, und vor allem die tägliche Routine am Checkpoint. Mit einer Drohne, Kameras und regelmäßigen Patrouillen wird die Umgebung überwacht. Acht Jugendliche sowie drei ältere, erfahrenere Männer wechseln sich in 24-Stunden-Schichten ab. Stepan bietet mir selbst gebastelte Knallkörper an. Sie sollen im Notfall die Wolfshunde des Schäfers aus dem Nachbartal verscheuchen. Es handelt sich um Patronenhülsen mit Zündschnur und Wachs verschlossen. Er verkündet: »Our children make them, we can bring more«, und meint damit die Jungs vom Checkpoint. Obwohl ich die Hunde gestern, als die Schafe durch unser Tal getrieben wurden, erstmals gesehen und zunächst aufgrund ihrer Größe für Ponys gehalten habe, lehne ich dankend ab. Die Gefahr, sich die Hände mit den Dingern wegzusprengen, ist mir zu groß, abgesehen davon halte ich es für keine besonders gute Idee, selbst gebaute Minibomben in ein Mars-Habitat zu bringen. Stepan wirkt dennoch beruhigend auf mich. Auch wenn er so Rambo-mäßig auftritt, glaube ich, er weiß, was er tut.

Einen emotionalen Gemeinschaftsmoment erleben wir, als alle, die am Bau mitgewirkt haben, auf einer der Deckenfliesen einen Missionsaufkleber hinterlassen und unterschreiben. Mit Florian führen wir im Anschluss ein Fotoshooting für die Sponsor:innen und Industriepartner:innen durch. Er bittet Thomas und mich darum, uns einfach zu unterhalten, als wir betont locker an der Kaffeemaschine stehen, woraufhin Thomas sich mir zuwendet und ernst fragt: »Harter Tag im Büro?« Es dauert eine Weile, bis der Lachflash vorbei ist. Wieder einmal ist zu spüren, wie hilfreich Humor ist, um Druck abzubauen.

Bei Einbruch der Dunkelheit verlassen die GOST-Mitglieder nach und nach endgültig das Habitat. Das bedeutet aber auch eine lange Reihe von Verabschiedungen, weil wir uns ab jetzt nicht mehr sehen oder zumindest direkt sprechen werden. Nach dieser überaus intensiven gemeinsamen Woche fällt mir das diesmal noch schwerer als damals in Israel. Als halb zehn am Abend immer noch einige Personen durchs Habitat laufen und ich vor Hunger fast umfalle, wird meine Geduld wirklich strapaziert. Zu allem Überfluss brennt ein Kabel bei Hort3Space durch, wodurch es einen Knall gibt und auch unsere Wasserpumpe aufgibt. Kein fließendes Wasser mehr. Als endlich unser Essen vom Field Office geliefert wird, schmeiße ich mit einem Rest Höflichkeit mehr oder weniger alle verbleibenden GOST-Mitglieder raus. Nur Lukas bleibt, um mit der Pumpe zu helfen, leider erfolglos. Zumindest bis morgen werden wir ohne fließendes Wasser auskommen müssen. Wir haben ein paar Kanister Trinkwasser, trotzdem hatten wir uns alle auf eine Dusche gefreut. Ich entscheide, dass wir für heute alles liegen lassen. Nach dem letzten Abschied setzen wir uns gegen 22:00 Uhr endlich hin und essen zu Abend. Das tut so gut. Robert hat eine Flasche Cognac mitgebracht und zaubert einen kleinen Karton aus seinem Gepäck – er hat für uns alle Gläser anfertigen lassen, die das Missionslogo und unsere Namen tragen. Wir freuen uns sehr. Es wird ein schöner Abend mit guten Gesprächen und viel Lachen. In einer von Judith liebevoll gefüllten Kiste finden wir ein Spiel, welches gleich eingeweiht wird. Noch lange sitzen wir zusammen, lassen die Anspannung ein bisschen abfallen und werten die erste Woche aus. Zwar ist es frustrierend, dass schon ein Viertel der Zeit vergangen ist und alles viel länger dauert als ursprünglich geplant. Doch wir hoffen sehr, dass morgen die Pumpe und die Wasserversorgung repariert werden und dann mehr Ruhe und Ordnung einziehen können.

Tag 10 – Black Day I

Ich wache erst nach acht auf. Sechs Stunden Schlaf waren natürlich nicht genug, aber schon allein zu wissen, dass wir heute freihaben und es egal ist, ob ich müde bin, nimmt mir den Stress. Mein Auszieh-Sessel-Bett ist unerwartet bequem. Nur der Wind bewegte zeitweise die Plane auf dem Dach, sodass die Steine, die sie beschweren, polternd hin und her rollten. Robert ist auch schon wach, und ich freue mich, ihn als zweiten Frühaufsteher wieder mit im Team zu haben. Ich hole mir erst einmal einen Kaffee und setze mich damit in einen der Sessel mit Blick auf den Ararat. Nach und nach werden auch die anderen munter. Wir unterhalten uns ein bisschen über unsere vergangenen Missionen. Carmen und Iñigo haben 2015 und 2018 auf dem Kaunertalgletscher und im Oman Erfahrungen gesammelt, die sich in manchen Punkten deutlich von Israel und Armenien unterscheiden. Im Verlauf der Missionen wurde die Simulation immer realistischer. Bei beiden Missionen gab es eine Field Crew, die aus AAs und OSS gemeinsam bestand. Im Oman simulierte das ÖWF bereits die Isolation dieses einheitlichen Teams. Erst in Israel begann die Trennung zwischen AAs und OSS.

Im Nu ist es Mittag, und Thomas bereitet Brunch für uns alle vor. Diesmal gibt es keinen Essensplan. Via Airlock erhalten wir durch GOST eine Mischung aus Vorräten und vorbereiteten Mahlzeiten im Abstand von einigen Tagen. Das führt zu einer interessanten Mischung aus italienischer Tiefkühlkost, gesponserten Milchprodukten, kiloweise Kornspitz-Brötchen eines österreichischen Sponsors, geschenkten Konserven aus dem Ort und vorgekochtem Essen aus dem FO. Als kurz darauf die neue Wasserpumpe eingebaut wird, können wir dank fließendem Wasser endlich weiter sauber machen. Wir wischen nach und nach den Fußboden und duschen im Schnelldurchgang. Zwar müssen wir auch bei dieser Mission Wasser sparen, doch kurze Duschen aller paar Tage sind erlaubt. Simone baut weiter an Hort3Space. Vermutlich durch die Italien-Verbindung übernimmt er viel Verantwortung für dieses Experiment. Thomas testet als Erster unsere Fitnessgeräte. Ein stationäres Rad und eine Rudermaschine ermöglichen uns, wie auf der ISS muskulärem Abbau entgegenzuwirken. Ob dafür außer an Black Days viel Zeit bleiben wird, ist eine andere Frage. Wir spüren immer deutlicher, wie riesig das Habitat ist. Wenn wir etwas vergessen, laufen wir ewig und werden unterwegs wieder abgelenkt. Zur Lösung beschließen wir, unsere Funkgeräte auf einen Extra-Kanal zu stellen und im Habitat zu verteilen. So können wir miteinander Kontakt aufnehmen, ohne jedes Mal laut rufen zu müssen. Nach und nach fühlt sich alles viel sortierter und angenehmer an. Wir haben genug Essen für einen oder zwei Tage, das Wasser funktioniert, und wir sind endgültig fertig ausgestattet.

Kurz vor Sonnenuntergang gehen wir mit Erlaubnis des MSC ein letztes Mal nach draußen. Wir steigen den Hügel hinter unserer Basis hinauf und spazieren einmal rund ums Habitat. Der Ausblick ist gigantisch. Wir finden viele Steine, Tierspuren, interessante Spinnen und herumhuschende kleine Vögel. Vom Frühling merken wir hier oben in der eisigen, kargen Landschaft allerdings noch nichts.

Später im Habitat verabschieden wir uns nach letzten Telefonaten mit unseren Familien offiziell aus den WhatsApp-Kanälen, über die wir in den letzten Tagen mit GOST und der Erde kommuniziert haben. Sobald wir aus den Gruppen ausgetreten sind, gilt die Zeitverzögerung, und wir schreiben nur noch über den Chat und E-Mails. Dateien werden wieder über einen geteilten Ordner ausgetauscht. Ich fühle Erleichterung. Es war sehr anstrengend, in allen Gruppen mitzulesen, Informationen weiterzugeben und zusammenzuführen. Zum ersten Mal seit meiner Ankunft halten sich für mich Erfolge und Anforderungen des Tages die Waage. Jetzt ist alles so bereit, wie es eben geht, und ich blicke positiv auf die nächsten Wochen. Es kann endlich richtig losgehen!

ELF:

ISOLATION – DIE SINTFLUT AM ARARAT

»It's always a revolution, you know, when things occur of which you have never happened to hear!«[65]

Ida M. Tarbell (Schriftstellerin und Vorreiterin des investigativen Journalismus)

Durch die großen Panoramafenster fühle ich mich der Umgebung viel näher und verbundener als damals in Israel. Sobald ich meinen Blick hebe, schaue ich auf den Ararat in der Ferne. Zu jeder Tageszeit und bei jedem Wetter sieht er anders aus. Ich kann mich kaum sattsehen und schieße Unmengen an Fotos. Rosa im Sonnenauf- und -untergang, wolkenverhangen, in der Sonne gleißend, mit einer darüber hängenden Mondsichel oder strahlend blauem Himmel – die Berge erzeugen in mir ein Gefühl der Ehrfurcht und des Staunens. Eine ringförmige Wolke über dem Gipfel sieht besonders außergewöhnlich aus. Lenticularis – nach ihrer Linsenform – heißt dieses Phänomen.

Der Blick auf den Berg ist morgens das Erste, was ich bewusst in mich aufnehme, und abends das Letzte, was ich vorm Schließen der Jalousien sehe. Während dieser stillen Momente nehme ich die Landschaft intensiver wahr – sie wirkt zeitlos, während unser Tagesablauf meist hektisch ist.

Tag 11 – GEOS und FaR SiDe

Nach einer unruhigen Nacht werde ich noch vor dem Weckerklingeln wach. Da wir diesmal drei Zeitzonen vor Österreich sind, ist es für uns ein entspannter Tagesbeginn. Damit MSC nicht eher als 5:00 Uhr morgens beginnen muss, startet unser Arbeitstag frühestens 8:00 Uhr. Sich dank des Overalls keine Gedanken übers Anziehen machen zu müssen, ist ebenfalls angenehm. Nur hineinsteigen, Zähne putzen und fertig.

Nach dem Frühstück steht endlich ein richtiger EVA an. Thomas und Robert werden in die Anzüge steigen. Ab sofort ist unser Tagesablauf wieder durch einen viertelstündlich durchgetakteten Daily Activity Plan (DAP) vorgegeben, der jeder Person ihre Aufgaben zuteilt. Für mich stellt es eine Verbesserung dar, als Commanderin nur noch für die Briefings, aber nicht mehr für die tägliche Organisation zuständig zu sein. Heute bin ich für OPS eingeteilt, sitze also den ganzen Tag an der Konsole.

Trotz aller technologischer Fortschritte werden Astronaut:innen auf dem Mars nicht nur durch die körperliche Schwäche nach dem monatelangen Hinflug, sondern auch durch das Gewicht ihrer Anzüge und die Bewegungseinschränkungen herausgefordert sein. In alten Aufnahmen der NASA von Mondspaziergängen während der Apollo-Landungen ist sichtbar, wie häufig die Astronauten stolpern und hinfallen.[66] Für die Forschung ist es daher äußerst interessant, herauszufinden, wie Muskeln bei Einsätzen auf einer Planetenoberfläche in Raumanzügen ermüden. Auch Erkenntnisse darüber, wie sich Bewegungsabläufe, Haltung und Gehbewegungen durch die Gewichtsverteilung verändern, sind von unschätzbarem Wert für weitere Entwicklungen. Das FaR-SiDe-Experiment von Benjamin Reimeir von der Universität Innsbruck wird genau diese Faktoren während jedes EVAs unserer Mission untersuchen. Ziel des Projektes ist es, eine Simulationssoftware zu entwickeln. Diese soll individualisierte Computersimulationen von analogen Astronaut:innen erstellen, um muskuläre Ermüdung, physiologische Anforderungen und Leistungsergebnisse während EVAs und besonders bei geologischen Probenahmen zu modellieren. Dazu werden wir vor jedem EVA bei einer der beiden hinausgehenden Personen Sensoren am Körper aufkleben. Diese messen die Muskelaktivität, aus der die Ermüdung berechnet werden kann. Über der Funktionsunterwäsche und dem Exoskelett sowie außen am Anzug werden zusätzlich Motion-Capture-Sensoren angebracht. Dadurch dauert das Anziehen deutlich länger als sonst. Die Empfänger werden auf einem Rover montiert, welcher vom zweiten AA gesteuert wird. Ideal ist, dass sich dieses Experiment mit denen unserer Explorationskaskade perfekt verbinden lässt. Drei Rover sind bei dieser Mission unter dem Namen iROCS dabei, deren Aufgabe es unter anderem ist, die Umgebung mithilfe von Kameras in 3D genau zu kartieren. Sie sind zudem mit Lasern ausgestattet (Light imaging, detection and ranging, LIDAR), um Gesteine zu untersuchen. Der 80 Zentimeter breite und 120 Zentimeter lange iROCS-Rover ist ein Raupenfahrzeug, das 375 Kilogramm wiegt und uns auf jedem EVA begleiten wird. Er hat eine maximale Nutzlast von 625 Kilogramm, sodass der Empfänger für FaR SiDe, unsere Werkzeuge und Proben kein Problem für ihn darstellen. Die besagten Gesteinsproben entnehmen wir für das GEOS-Experiment. Dieses war auch in Israel schon dabei. Bei dieser Mission ist es erneut unser Ziel, die geologische Geschichte des Gebietes ums Habitat aufzuklären. Nachdem die Rover Geomapping durchgeführt haben, nehmen wir also während der EVAs an interessanten Punkten Proben. Dazu fotografieren wir den entsprechenden Probenahmepunkt aus 20, zehn, fünf und zwei Metern Entfernung, beschreiben währenddessen alle Eigenschaften und entnehmen schließlich Sand oder Gestein. Zurück im Habitat, werden diese Proben weiter untersucht. So hoffen wir, Aufschluss darüber zu erlangen, wie die Berge um uns herum entstanden sind und ob Wasser dabei eine Rolle spielte.

Carmen sitzt neben mir als SciOPS. Sie hat die Prozeduren auf ihrem Bildschirm geöffnet und sagt Schritt für Schritt an, was zu tun ist. Da es für beide Experimente, FaR SiDe und Geos, der erste Durchgang ist, muss sie an mehreren Laptops Programme starten, einrichten und Kalibrierungen durchführen. Derweil kommuniziere ich im Chat mit MSC und GOST zu Themen wie Logistik, Planung, Essenslieferung und Medienanfragen. Natürlich möchten wir auch während der Mission der Welt draußen zeigen, welche Forschung wir betreiben. Öffentlichkeitsarbeit ist also weiterhin integraler Bestandteil unseres Alltags. Mein Lieblingszielpublikum bleiben Kinder und Jugendliche. Ich mag ihre Begeisterungsfähigkeit und die Fragen, die sie stellen. Heute soll ich ein kurzes Video für eine Schulklasse drehen, die im MSC zu Besuch ist.

Je länger der EVA dauert, desto mehr geraten auch Carmen und ich an unsere Grenzen. Wir sprinten nur zwischendurch mal aufs Klo, ansonsten sitzen wir insgesamt neun Stunden wie festgeklebt vor den Bildschirmen. Thomas führt FaR SiDe durch und nimmt Geos-Proben, während Iñigo den iROCS-Rover mit einer Fernbedienung steuert. Als sie schließlich ihren EVA beenden, merke ich Thomas seine Erschöpfung deutlich an. Er hatte das körperlich wesentlich anstrengendere Experiment zu bestreiten. Sobald die beiden zurück im Habitat sind, wird auch unser Essen ins Airlock geliefert. Das Team holt die Beutel und Kartons herein, räumt alles ein und beginnt zu kochen – heute gibt es italienische Cannelloni und Lasagne. Positiv stimmt uns auch eine Nachricht von Benjamin, dem PI für FaR SiDe: Heute gelang es weltweit zum ersten Mal, eine Motion-Capture-Aufnahme einer Person in einem Raumanzug anzufertigen. Er ist begeistert von den Daten und bedankt sich für unseren Einsatz. Es ist ein gutes Gefühl, zu hören, dass die Daten, die zu sammeln so mühsam war, nun so hilfreich und wertvoll sind. Ich sitze weiter am Chat, merke aber, dass meine Energie schwindet – ein Anzeichen dafür ist meine zunehmende Geräuschempfindlichkeit. Es frustriert mich, dass manche Fragen von der Erde unbeantwortet bleiben und MSC sich zwar mit: »Selfcare nicht vergessen« verabschiedet, uns aber gleichzeitig an Fotowünsche und den HF-Fragebogen erinnert. Das klingt widersprüchlich, auch wenn ich weiß, dass ihnen das Situationsbewusstsein fehlt und sie selbst seit 5:30 Uhr früh am Bildschirm sitzen. Beeindruckend, wie schnell sich unter Stress wieder dieses »Wir gegen die anderen«-Gefühl aufbaut. Ich bemühe mich bewusst, Verständnis und Wohlwollen zu bewahren.

Halb zehn haben wir dann endlich das Nötigste erledigt, um uns hinsetzen und zusammen essen zu können. Ich wähle absichtlich einen Platz, auf dem ich noch nicht so oft saß. Roberts Sitzplatzrotation aus Israel wird auch bei dieser Mission fortgeführt. Das Essen ist lecker, und es tut sehr gut, gemeinsam zu lachen. Danach geht es mir wieder deutlich besser. Im Anschluss berichtet beim Debriefing jede:r der Reihe nach von den Erfahrungen des Tages. Simone hat es geschafft, den Roboter, der unser Saatgut selbstständig sät, wässert und erntet, endlich zum Laufen zu bringen und zu starten. Durch den Kurzschluss und andere Komplikationen musste er vieles per Hand unterstützen. Wir gratulieren ihm und marschieren geschlossen hinter ihm her ins Hort3Space-Zelt. Dort beobachten wir gebannt, wie der Roboterarm das Saatgut mit Wasserstoffperoxid desinfiziert und die Samen wässert. Derzeit wachsen Radieschen. Wenn alles klappt, werden wir in 14 Tagen die Sprossen ernten können. Mark Watney wäre stolz auf uns.

Nachdem wir noch den morgigen Tag besprochen haben, gebe ich alle Informationen, Feedbacks und Vorschläge ans MSC weiter, auch wenn sie es erst morgen früh lesen werden. Als letzten Schritt lade ich die Daten der Anzüge herunter und schiebe sie und alle anderen Dateien des heutigen Tages in den Ordner, aus dem sie über Nacht zeitverzögert ans MSC geschickt werden. Anschließend dauert es noch bis etwa 2:00 Uhr, bis ich alle Fragebögen ausgefüllt habe. Als ich endlich im Bett liege, bin ich mit dem ersten richtigen Missionstag mehr als zufrieden. Gleichzeitig bin ich froh über meine Ohrstöpsel, weil einer der Sensoren für Hort3Space die ganze Zeit piept. Da im Zelt trotz Heizlüfter weniger als 15 °C sind, sendet er Alarm. Die Geräuschkulisse erinnert uns an Berichte von der ISS, wo Astronaut:innen sich ebenfalls erst daran gewöhnen müssen, um ruhig schlafen zu können.

Tag 12 – »One more time«

Weckerklingeln 7:25 Uhr. Wir koordinieren zu sechst zwei Waschbecken und Toiletten, Frühstück gibt es 7:45 Uhr, Briefing 8:30 Uhr, Donning beginnen wir um 9:00 Uhr. Für heute ist eine Wiederholung des gestrigen EVAs geplant, nur sind diesmal Iñigo und Simone in den Anzügen. Ich bin diesmal nicht für die Konsole eingeteilt, sondern als Suittech. Ich freue mich darüber, dass ich jeden Tag ein paar neue Sachen lerne. Heute ist es das Anlegen der FaRSiDe-Sensoren. Für die nächsten Tage ist Regen angesagt, daher wird der EVA für morgen vorsorglich abgesagt. Auch heute sieht es schon sehr grau aus, und im Laufe des Tages fallen einige Tropfen. Der Rover kann daher nicht mit hinaus, sodass der Motion-Capture-Anteil wegfallen muss. Sobald die Anzüge draußen sind, kann ich mich einem weiteren Experiment widmen.

Dass die Luftqualität von Innenräumen eine wichtige Rolle für die Gesundheit und Konzentrationsfähigkeit von Menschen spielt, ist mir aus meiner Arbeit im Gesundheitsamt bewusst. Im All und bei zukünftigen Mars-Missionen wird dies, genau wie bei uns im Habitat auch, erst recht gelten. Astronaut:innen sind für sehr lange Zeiträume einer begrenzten Menge Luft ausgesetzt, die technisch aufbereitet und durch eine Vielzahl von Geräten und künstlichen

Stoffen beeinflusst ist. Mehrere Menschen arbeiten, trainieren und schlafen in dieser Gasmischung. Ein Fenster zum Lüften zu öffnen, ist keine Option. Von der ISS wird immer wieder berichtet, dass es »süßlich« (Kjell Lindgren), nach Desinfektionsmittel, Müll und Schweiß »wie in einem Gefängnis« (Scott Kelly) oder »nach Plastik wie ein neues Auto« (Leroy Chiao) riecht.[67] Das Experiment IAQ-Habitat (Indoor air quality and material emissions in habitats) des Fraunhofer Instituts testet daher während unserer Mission, welche Luftbestandteile wo und wann gemessen werden müssen. Besonders interessant ist, welche Materialien Stoffe absondern, die Einfluss auf die Gesundheit oder das Wohlbefinden haben können. Dazu baue ich mehrere Pumpen und Messgeräte auf, die durchgehend oder zu konkreten Zeitpunkten unterschiedliche Luftbestandteile messen werden.

Draußen nieselt es derweil fortlaufend über den ganzen Nachmittag. Von drinnen kaum sichtbar, wird erst im Nachhinein klar, wie stark es geregnet hat. Bei den MedQs, also der Abfrage des Zustands der beiden Personen im Anzug, berichtet Simone nach zwei Stunden, dass er kalte Finger hat. Das Problem hatten wir noch nie. Bisher war es immer zu heiß. Zum Ende hin wird Robert und Thomas an OPS und SciOPS bewusst, dass die Batterien in Iñigos Anzug fast leer sind, und sie rufen ihn und Simone zurück ins Habitat. Auf der Rückfahrt auf dem Quad fallen Iñigos Batterien tatsächlich ganz aus, und das CO_2-Level in seinem Helm steigt so schnell an, dass OPS die Simulation unterbrechen und ihn den Helm abnehmen lässt. Zurück im Habitat, wird für uns alle sichtbar, dass tatsächlich schon Schlamm an den Stiefeln klebt und die Anzüge außen richtig nass sind. Zum Glück ist die Elektronik im Inneren trocken geblieben, aber im Rückblick sind wir uns alle einig, dass das zu riskant war. Unsere allererste Erfahrung mit einem Regen-EVA.

Als das Doffing beendet ist und ich mit meinen Aufgaben und Experimenten für heute fertig bin, fragen die PIs von STAYING

ALIVE, ob ich den ersten Durchgang schon heute durchführen könnte, um erste Erfahrungen zu sammeln. Dieses Experiment befasst sich mit der Interaktion von Astronaut:innen mit technischen Komponenten ihres Habitats. Kann Künstliche Intelligenz Astronaut:innen dabei unterstützen, Wartungsaufgaben und Problemlösungen optimal auszuführen? Wenn ja, wie? Ich schaue mir erstmals den Versuchsaufbau genauer an, der uns bisher absichtlich nicht erklärt wurde. Ein Photobioreaktor, sprich, ein kleines Wasserbecken mit Luftversorgung und Licht, enthält Algen. Eine solche Anlage kann später sowohl Nahrung produzieren als auch bei der Aufbereitung von Luft und Wasser eine Rolle spielen. Für uns geht es jedoch gar nicht so sehr um diese Funktion, denn bei näherer Betrachtung wird schnell deutlich, dass es sich bei den »Algen« um grün gefärbtes Wasser handelt. Vielmehr sollen wir diesen Versuchsaufbau während der Mission mehrfach warten. Dabei werden immer wieder neue Fehlfunktionen simuliert. Unsere Aufgabe besteht darin, diese zu beheben. Dabei können wir manchmal – je nach Versuchsdurchgang – auf Hilfe durch MSC via Chat mit Zeitverzögerung und/oder eine KI-Assistenz zugreifen. Durch Video-Aufzeichnungen und Fragebögen wird im Anschluss ausgewertet, welche dieser Optionen für uns die hilfreichste war. Nachdem ich mich mit den Pumpen, Lampen und dem Befüllsystem vertraut gemacht habe, starte ich meinen Durchgang. Beginnen soll ich mit einer einfachen Wartung. Ich bleibe gleich am Anfang stecken, weil der Linux-Rechner alt und langsam ist. Um eine VPN-Verbindung (Virtual Private Network) herzustellen und ein Programm zu öffnen, wird ein Python-Skript benötigt. Schnell fühle ich mich hilflos und unfähig. Der Chatbot sagt mir, ich solle MSC fragen, und MSC sagt, das wäre ein Durchgang nur mit Chatbot. So ähnlich wie in der Lufthansa-Hotline beim Umbuchen meines Fluges. In den 20 Minuten Wartezeit auf Antwort von der Erde bastle ich allein weiter und schaffe es tatsächlich, die Aufgabe zu erfüllen. Das ist extrem befriedigend. Im nächsten Schritt muss ich eine Pumpe auseinanderbauen und warten. Als ich gerade mit einem Schraubendreher kopfüber im Aufbau stecke, wird es plötzlich dunkel, und als ich mich aufrichte, sehe ich, dass auch der Rest des Habitats ohne Licht ist. Zuerst denke ich mir nicht viel dabei. Vielleicht ist der Generator wieder ausgegangen, oder es gab einen Kurzschluss. Dann höre ich jedoch aufgeregte Rufe aus der Küche und gehe nachschauen. Ein Teil des Teams ist dort gerade dabei, das Abendessen vorzubereiten. Halb amüsiert, halb besorgt zeigen sie mir, dass an einer Stelle Wasser von der Decke tropft. Zuerst lachen wir noch ungläubig und stellen eine Schüssel unter die undichte Stelle. Ich bin im Kopf noch mitten in meinem Staying-Alive-Durchgang. Auch das abrupte Ende des EVAs im Regen ist Gesprächsthema.

Während wir darauf warten, dass der Strom wieder angeht oder der Checkpoint reagiert, beschließen wir, erst einmal mit Kopflampen ausgestattet das halb warme Essen zu uns zu nehmen. Mittlerweile tropft an immer mehr Stellen Wasser von der Decke. Wir kommen kaum hinterher, genügend Schüsseln und Eimer drunterzustellen. Dann ruft Thomas aus einem der Crew-Räume und Robert aus dem OPS-Raum, dass auch dort erste nasse Flecken sichtbar werden. Nun machen wir uns ernsthafte Sorgen, das Lachen verstummt. Als nach 15 Minuten der Checkpoint nicht von sich aus reagiert, entscheide ich, die Simulation zu unterbrechen und mit dem Funkgerät Hilfe zu rufen. Zwei Mitglieder der Checkpoint-Besatzung kommen dann auch schnell, können aber nichts erkennen. Sie fahren in Handyempfangsreichweite, um GOST zu informieren, die 20 Minuten später fast zeitgleich mit Hayk ankommen.

Ich ahne bereits, dass dieses Problem nicht so einfach zu beheben sein wird. Inzwischen ist so viel Wasser ins Habitat eingedrungen, dass wir Kurzschlüsse und Gefahr für Technik und Menschen fürchten, falls der Strom wieder angeschaltet wird. Daher laufen Iñigo und ich hinaus, um GOST vom Aktivieren des Generators abzuhalten. Als wir dann alle zusammen eine Runde durchs Habitat gehen, wird das ganze Ausmaß des Schadens deutlich. Obwohl einige aus dem Team dafür plädieren, dortzubleiben, treffe ich als Commanderin die Entscheidung, zu evakuieren. Also packen wir alle schnell Laptops sowie einige persönliche Sachen zusammen und sichern die Anzüge, Computer und großen Experimente mit Planen. Alles Herumliegende verstauen wir so schnell und sicher es geht in wasserdichten Kisten und den Schränken. Schweren Herzens und mit einem dumpfen Gefühl von Endgültigkeit schließe ich das Habitat ab. Durch Schlamm und eisigen Regen stapfen wir zu den Autos, dann fahren wir gedrückter Stimmung ins FO. Mein vorherrschender Gedanke in dem Moment lautet: »Das war's!«

Im FO angekommen, wünsche ich mir eigentlich nur noch einen Platz, wo ich meine Sachen abstellen und mich wenigstens ein bisschen sicher fühlen kann. Die Geschenke meiner Kinder und meinen Koffer mit allen Anziehsachen im klatschnassen Habitat gelassen zu haben, bereitet mir Unbehagen. Leider stellt sich heraus, dass es auch im FO eine Überschwemmung gegeben hat. In dem Zimmer, in dem ich während der Bridgehead-Phase geschlafen habe, wurde das Wasser aus dem Abfluss hochgedrückt. Zwar ist es schon wieder bereinigt, aber noch nass. Also bekomme ich ein anderes Zimmer zugewiesen. Das stinkt zwar furchtbar nach altem Rauch, aber inzwischen ist mir sogar das egal. Wir halten ein Debriefing ab, in dem wir kurz die Situation erklären und beschließen, alles Weitere morgen zu entscheiden. Im Anschluss nehme ich an einem Zoom-Call mit dem MSC teil, um die Situation zu schildern. Das dauert ziemlich lange, wieder schnellt mein Blutdruck hoch, und ich bin knallrot. Mit meiner Entscheidung zur Evakuierung und deren Ablauf bin ich dennoch zufrieden. Es war notwendig und richtig so. Ich merke, dass mir Führen in so einer Situation leichter fällt, weil ich dann innerlich umschalte. Ruhe und Klarheit treten ein, und es ist mir egaler, ob andere mit meinen Entscheidungen einverstanden sind oder sich über mich ärgern. Im Alltag hingegen führe ich viel kooperativer und versuche immer, alle mitzunehmen und nicht auf zu viele Zehen zu treten. Auszuhalten, leicht außerhalb des Teams zu stehen und auch mal für Unzufriedenheit zu sorgen, fällt mir dann schwerer.

Wir setzen uns noch ein bisschen zusammen. Ararat und Gespräche helfen beiden Teams, AAs und GOST, sich rückzuversichern und zu beruhigen. Ein wenig ist es nach dem ersten Schreck auch schön, sich so unerwartet schnell wiederzusehen. Als ich gegen 1:00 Uhr ins Bett gehen will, schließe ich die Zimmertür gleich wieder nach dem Öffnen – drinnen ist gerade jemand beim Ausziehen. Zurück im Gemeinschaftsraum, bitte ich zwei der Männer, meine Sachen aus dem besetzten Raum zu holen. Judith und ich schlafen schließlich doch in unserem alten Zimmer. Die Betten sind trocken, nur untendrunter glänzen noch kleine Pfützen. Ich liege noch lange wach, weil das Adrenalin nur langsam aufhört zu wirken. Was für ein Tag!

Tag 13 – Aprikosenblüte

»In der vergangenen Nacht kam es aufgrund starker Regenfälle zu einem erheblichen Wassereinbruch in das Habitat und zu einer Verschlechterung des Geländes, verbunden mit einem unerwarteten Stromausfall im Stromgenerator. Aus Sicherheitsgründen und nach Rücksprache mit dem Mission Support Center brach die Besatzung die Isolierung ab, verließ das Habitat und wurde in das Büro des Ground Operations Support Teams in Armash gebracht, wo alle Besatzungsmitglieder und die Ausrüstung in Sicherheit sind. Wir arbeiten hart daran, die Situation mit der großartigen Unterstützung unserer armenischen Partner zu beheben. Es wird erwartet, dass sich die Wetterlage bessert. In Anbetracht der Umstände rechnen wir mit einer Erholungszeit von mehreren Tagen, bis der nominale Missionsbetrieb wieder aufgenommen werden

kann, wodurch sich die verfügbaren Einsatztage verkürzen. Flightplan arbeitet an Notfallplänen, und die Experimentteams wurden über eine mögliche Reduzierung der Wissenschaftstage informiert.«[68]

Nach der Aufregung der vergangenen Nacht genießen wir alle ein entspanntes Frühstück. Im anschließenden Briefing lege ich fest, dass zwei von uns im Habitat nach dem Zustand schauen. Während dieser Erkundungstrupp unterwegs ist, beraten wir anderen darüber, ob wir manche der Experimente vorerst im FO weiterführen können. Aus dem Habitat zurückgekehrt, berichten Iñigo und Lukas, dass ein zusätzliches Wellblechdach installiert wird und schon zur Hälfte fertig ist. Drinnen sieht es wohl schon deutlich trockener aus als gestern Abend. Ein bisschen keimt Hoffnung auf, dass die Mission doch noch weitergehen wird. In einem Zoom-Meeting mit MSC besprechen wir den aktuellen Stand. Auch den weiteren Tag verbringe ich im Büro sowie mit den diversen WhatsApp-Gruppen und Mailverläufen.

Gegen drei merke ich, dass ich dringend eine Pause brauche. Wir bekommen ein spätes Mittagessen, danach unternimmt eine Gruppe aus einigen AAs und GOST-Mitgliedern einen ausgedehnten Spaziergang. Zuerst erkunden wir den Weg auf der anderen Seite der Hauptstraße zwischen den Fischteichen hindurch in Richtung Ararat und türkischer Grenze. Uns begegnen Eisvögel, ein Wiedehopf, Hunde, Kühe, die von einem Mann im Lada vor sich hergetrieben werden, Frösche und leider auch wieder jede Menge Müll. Er schwimmt im Wasser, liegt in Gräben und brennt auf Haufen, sodass es nach verbranntem Plastik stinkt. Die Landschaft ist im Kontrast dazu unfassbar schön, mit dem Talplateau und den hohen, schneebedeckten Bergen und spektakulären Wolkengebilden rundherum. Niesel und Sonnenstrahlen wechseln sich ab. Ich sehe grasgrüne Laubfrösche und gescheckte Kröten. Seit dem Regen sprießt hier im Tal überall Grün. Kleine gelbe Blumen öffnen ihre Blüten. Wir laufen wieder zurück, überqueren die Hauptstraße und spazieren hinter unserem FO den Hang hoch in Richtung Habitat. In den Plantagen blühen duftend die Aprikosenbäume. Tolle Blicke bieten sich uns, noch dazu, als die Sonne durch die Wolken bricht. Wie sehen einen Regenbogen und dann die beleuchteten Berge. Besonders der Sonnenuntergang wird auf vielen Fotos festgehalten. Mindestens drei riesige Eulen starten in der Dämmerung auf leisen Schwingen aus den Büschen am Wegrand. Als es dunkel wird, blinken die Lichter der Straßenlaternen auf, die am Ararat hochführen. Selbst die Lichter der Fabriken Richtung Jerewan haben etwas Zauberhaftes. Es tut sehr gut, im Freien unterwegs zu sein, den Blick in die Ferne und auf die beeindruckende Umgebung zu genießen. Ich merke, wie es mir viel besser geht nach diesem Tag.

Im FO bekommen wir einen Experten für Generatoren und Insellösungen – um eine solche handelt es sich bei unserem Habitat – ans Telefon. Er geht mit Robert alles durch, was wir beim Trocknen und Wieder-Hochfahren der Elektrik beachten müssen. Am Abend erreicht uns die Nachricht, dass das neue Dach fast fertiggestellt ist. Hoffnung liegt in der Luft.

Tag 14 – Hoffnung

Als heutigen Morning Song hat ein humorvoller Mensch im MSC »There's a hole in my roof and rain is pouring through« ausgegraben. Wir beschließen, nach dem Briefing zum Habitat hochzufahren. Dabei testen wir einen neu zur Verfügung gestellten Jeep mit japanischer Beschriftung und dem Lenkrad auf der rechten Seite. Die Wege sind nach dem Regen zwar wieder in etwas besserem Zustand, bestehen aber noch immer größtenteils aus Pfützen. Ich setze vier Personen oben ab und verschaffe mir einen Überblick übers Habitat. Das Dach ist fast fertig, drinnen ist es furchtbar dreckig, aber immerhin tropft es nicht mehr. Während ein Elektriker vorbeikommt, alles bis aufs Habitat vom Generator trennt und dann eine Sicherung nach der nächsten wieder einschaltet, fahre ich allein ins Tal, um die nächste Gruppe zu holen. Der Weg zurück, allein durch den Kaukasus mit dem Jeep über Schotterwege und durch halbe Teiche, macht Spaß. Rundherum die Einsamkeit und schneebedeckten Berge lassen Dankbarkeit in mir aufsteigen: »Wer kommt schon in die Verlegenheit, so etwas machen zu dürfen!« Die Sonne scheint, die Vögel flattern herum. Die hoffnungsvolle Stimmung von gestern wächst.

Zurück im Habitat, befreie ich den Staying-Alive-Versuchsaufbau von seiner Regensicherung und stelle den Ausgangszustand nach meinem unterbrochenen Lauf wieder her. Nun kann Thomas seinen ersten Durchgang durchführen. Wir hängen alle Deckenpaneele aus und wischen sie trocken. Die Möbel reinigen wir als Nächstes und befreien zum Schluss den Fußboden vom Schlamm. Sobald der Elektriker fertig ist, läuft die Klimaanlage auf voller Stärke zum Ausheizen und Trocknen. Als wir das vom FO vorbereitete Essen am Tisch in der noch sehr mitgenommen aussehenden Küche verzehren, muss ich an den Evakuierungsabend denken. Das letzte Mal, als wir hier saßen, lief Wasser von der Decke, und wir hatten Stirnlampen an. Ich hätte es nicht für möglich gehalten, dass hier noch mal eine gemeinsame Mahlzeit stattfinden würde.

Tag 15 – Abschied

Nach einer kurzen Nacht quäle ich mich unter die Dusche – kein Wasserdruck, aber wenigstens ist das Wasser diesmal heiß. Nach einem kurzen Briefing tönt der heutige Morning Song vom MSC durchs Field Office: »We will make it if we try«. Den ganzen Tag über unterhalten wir uns in unseren WhatsApp-Gruppen in Songtextzeilen. Überhaupt ist die Stimmung trotz oder wegen aller Schwierigkeiten super.

Es ist Thomas' letzter Tag mit uns. Wir sind traurig, dass er nicht bis zum Ende dabeibleiben kann, auch wenn allen von Anfang an bekannt war, dass er aus beruflichen Gründen nach der Hälfte der Zeit abreisen muss. Für die Mission bedeutet das die Simulation des plötzlichen Ausfalls eines Crewmitglieds. Sollte ein:e Astronaut:in auf dem Mars durch Krankheit oder Unfall arbeitsunfähig werden oder im schlimmsten Fall sogar versterben, müsste die verbleibende Crew sowohl die ausgefallene Arbeitskraft kompensieren als auch mit den psychischen Auswirkungen zurechtkommen. In unserem Fall wissen wir zum Glück, dass es Thomas gut geht. Ich kann mir vorstellen, dass es auch für ihn schwer ist, abzureisen, während wir anderen weitermachen. Andererseits freut er sich bestimmt riesig auf seine Familie – seine Kinder sind noch ganz klein. Bei diesem Gedanken spüre ich einen Anflug von Sehnsucht nach meinen Menschen daheim. Aber ich werde auch Thomas vermissen und bestimmt ganz oft daran denken, wie er in einer Situation reagieren oder was er sagen würde. Umso mehr erleben wir alle ganz bewusst den letzten gemeinsamen Tag.

Verteilt auf zwei Autos fahren wir durch die Aprikosenplantagen ins Habitat. Dort ist es immer noch sehr feucht, aber es sieht deutlich besser aus als gestern. Wir schalten die Klimaanlagen an, lüften und fahren dann langsam und vorsichtig ein Gerät nach dem anderen wieder hoch. Sobald der Server läuft und wir WLAN und VPN haben, können wir mit MSC im Chat sprechen und auf unser Laufwerk zugreifen. Während wir sauber machen und einräumen, steigen wir parallel dazu wieder in die Experimente ein. Wir führen erneut Staying Alive durch, bauen IQAHabitat wieder auf, und vor allem helfe ich Simone mit Hort3Space. Heute wird der zweite Durchgang gesät – die Radieschensamen der ersten Runde sprießen schon! Meine innere Biologin freut sich über ein bisschen Leben in Form der Pflanzen inmitten der ganzen Technik. Ich schreibe außerdem noch einen Report über den EVA vom Montag im Regen, und meine Liste mit Lessons Learned wächst. Auch heute gibt es wieder Regen, teilweise gleichzeitig mit Sonnenschein. Doch das neue Dach scheint zu halten. Als im Donnergrollen ein doppelter Regenbogen über dem Habitat erscheint, werten wir das als gutes Omen.

Am Abend sichern wir für den Fall der Fälle die Technik erneut mit Planen und fahren zurück ins FO. Mit Geschenken, Musik und von Hayk und Gaiane mitgebrachten Spezialitäten feiern wir Thomas' Abschied. Trotz des wehmütigen Anlasses ist es ein wunderbarer, emotionaler Abend. Thomas' Sprüche, sein trockener Humor, seine direkte Art, seine Rücksichtnahme und sein Mitgefühl für andere, seine Genauigkeit und Planung werden mir und uns allen fehlen.

Tag 16 – Neuer Versuch

7:10 Uhr Weckerklingeln. Herrlich, das Vogelgezwitscher, die Sonne, der Geruch von Aprikosenblüten. Ich bin erleichtert, dass das Herzdruckgefühl und der Nervositätsklumpen in meinem Magen verschwunden sind. Wenn das Dach über Nacht gehalten hat, ziehen wir heute wieder um.

Im Habitat angekommen, stellen wir nur unsere Taschen ab und starten direkt in die für den Tag geplanten Experimente. Simone und ich sind dazu eingeteilt, das RAMAN-Spektrometer zur Untersuchung der Bodenproben aufzubauen, zu kalibrieren und zu testen. Dieser ÖWF-interne Versuch in Kooperation mit der Universität Innsbruck reiht sich in die Explorationskaskade ein. Mit dem Laser können wir bei verschiedenen Wellenlängen Spektren messen und so die chemische Komposition der Materialien untersuchen. Auch bei diesem Versuch geht es nur sekundär um die tatsächlichen Ergebnisse. In erster Linie interessiert die Wissenschaftler:innen, ob und wie wir als relative Laien mit der Hardware und den Procedures zurechtkommen und wie nützlich unsere Ergebnisse im Vergleich mit denen von Expert:innen ausfallen. Da Robert als Physiker an der Uni Innsbruck zu Lasern forscht und ich sowohl im Studium als auch im Labor schon mit Spektrometern gearbeitet habe, ist das mit den »Laien« natürlich relativ, aber zumindest mit dem konkreten Gerät haben wir keine Erfahrung. Wir versuchen es lange, bekommen aber die Kalibrierung nicht richtig hin. Am Ende stellt sich heraus, dass der Standard nicht beschriftet ist und wir deshalb ein falsches Röhrchen verwendet haben.

Nach einem letzten gemeinsamen Lunch mit dem GOST-Team verabschieden wir uns erneut von ihnen. Gerade als im Habitat alles wieder ordnungsgemäß läuft, schockt uns eine Nachricht von Hayk: Für einen unerwarteten Ölwechsel beim Generator soll erneut der Strom abgeschaltet werden. Hätte das nicht gestern erledigt werden können? Zähneknirschend bitte ich ihn, damit bis abends zu warten. Er stimmt zu. Wir erledigen also die restlichen Experimente, fahren alles wieder herunter und geben dann Bescheid, dass er ausmachen kann. Auf das »Es wird doch nicht mehr heute, sondern erst morgen« reagiere ich – ganz untypisch für mich – ungehalten und lege fest, dass es heute passieren muss. Während wir warten, entscheide ich, noch schnell zu duschen. Wer weiß, wie lange der Strom, den wir auch für die Wasserpumpe brauchen, weg sein wird. Dabei stellt sich heraus, dass die Abdichtung nicht hält und das Duschwasser bis in den benachbarten Abstellraum dringt. Wir beschließen, uns ab sofort auf die andere Dusche zu beschränken, und fragen uns, ob einer zukünftigen Mars-Crew wohl auch solche Widrigkeiten begegnen werden. Definitiv führt es einmal mehr dazu, dass ich meinen Komfort daheim zu schätzen weiß. Sobald der Strom zurück ist, verabschieden wir uns ein zweites Mal aus allen WhatsApp-Gruppen und steigen auf den zeitverzögerten Chat um. Nach EIEE und HF liege ich endlich im Bett. Mitternacht. Da sind wir also wieder, als wäre nichts gewesen. Wir hoffen sehr, dass die folgenden zwei Wochen ruhiger werden und noch eine annähernd normale Mission möglich sein wird.

Tag 17 – Pressure

Der erste richtige Missionstag nach dem Neustart im Habitat ist gleich ein EVA-Tag. Ich bin für OPS eingeteilt und sitze bis gegen 20:00 Uhr vor der Konsole. Pausen mache ich lediglich für Sprints ans andere Ende des Habitats zum Sanitärtrakt oder zum Trinken. Wie erwartet ist es nach Thomas' Abreise eine Herausforderung, zu fünft das Donning von zwei Anzügen durchzuführen. Besonders Iñigo in der Doppelrolle als Suittech und SciOPS hat viel zu tun. Das Befestigen der FaR-SiDe-Sensoren bei Carmen bindet zwei Suittechs für längere Zeit. Währenddessen muss Robert beim Anlegen des zweiten Anzugs warten. Auch die Vorbereitungen für den EVA, die eigentlich SciOPS durchführen muss, können so erst nach dem Donning erfolgen. Erst gegen 15:00 Uhr können Carmen und Robert endlich das Habitat verlassen. Mit beiden Anzügen fällt zwischenzeitlich immer wieder kurz die Kommunikation aus, wenn sie in Bereiche ohne WLAN-Abdeckung zwischen zwei Antennen geraten. Carmen führt die Übungen für FaR SiDe durch und nimmt Proben. Zwischenzeitlich ruht sie sich auf dem Quad kurz aus. Es ist kalt und windig, und uns tun die GOST-Mitglieder leid, die viele Stunden im Freien frieren.

Simone ist der Einzige von uns, der nicht im Anzug oder an der Konsole gebunden ist. Nachdem er beim Donning geholfen hat, führt er, während der EVA läuft, drei Experimente durch, macht sauber, bringt alle Deckenpaneele wieder an und stellt Iñigo und mir mittags einen Snack hin. Ich bin ihm sehr dankbar und finde sein Kümmern total lieb. Gegen 17:30 Uhr überlegen wir schon, den EVA so langsam zu beenden, obwohl wir erst ein Drittel unserer Aufgaben erledigt haben. Da erscheint auf einmal eine Nachricht von MSC im Chat, dass ein Systemfehler an einem der Anzüge aufgetreten ist. Alle anderen Experimente sind für heute abgesagt, und wir haben 24 Minuten Zeit, um unser Crewmitglied zu retten. Dafür sollen wir eine Reihe von Aufgaben lösen. Schlagartig wird mir klar, dass es sich um das PRESSURE-Experiment handeln muss. Wir wussten, dass es irgendwann im Verlauf der Mission kommen wird, durften die Procedures dafür aber nicht vorher lesen. Das Experiment der Universität von Cádiz in Spanien soll untersuchen, wie eine Crew einen medizinischen und technischen Notfall während eines Außeneinsatzes bewältigt. Da EVAs besonders risikoreiche Momente einer Mission sind, interessiert die Forschenden besonders, wie wir uns organisieren und miteinander kommunizieren. Wie reagieren wir kognitiv, emotional und als Team, wenn Gefahr besteht? Welche Strategien nutzen wir und wie schnell können wir komplexe Probleme lösen, wenn sowohl das Leben eines Crewmitglieds als auch überlebenswichtiges Equipment gefährdet sind? Sofort merke ich, wie gut wir als Team aufeinander eingespielt sind. Alle bleiben ruhig. Im Nachhinein betrachtet, ist das der entspannteste Teil des EVAs, weil sofort der Druck weg ist, noch alle anderen Experimente erledigen zu müssen. Wir können uns auf eine einzige Sache konzentrieren. Ich stelle die Stoppuhr und kümmere mich um die gerade wieder ausgefallene Verbindung zu einem der Anzüge. Außerdem bin ich dafür zuständig, unseren Fortschritt ans MSC zu melden. Robert, Carmen und Iñigo lesen die Aufgabenstellungen vor, merken sich wichtige Details und stellen Berechnungen an. Nach jeder richtigen Lösung liest Iñigo die nächste Aufgabe vor. Vielleicht, weil mir die ganze Zeit bewusst ist, dass es sich nur um einen Test handelt, habe ich richtig Spaß an diesem Experiment. Fast wirkt es wie ein Escape-Game. Als wir fünf Minuten vor Ablauf der Zeit die letzte Antwort in den Chat tippen, tauchen wir wie aus einem Tunnel auf und brauchen einen Moment, um zu realisieren, dass es vorbei ist. Ich bin stolz auf uns, weil wir so effektiv und harmonisch miteinander arbeiten. Als Belohnung für den erfolgreichen Abschluss von Pressure erhalten wir eine Box mit kleinen Geschenken ins Airlock geliefert.

Obwohl wir den EVA im Anschluss direkt beenden, sind noch Berichte zu schreiben, Fragebögen auszufüllen und ans MSC zu schicken. Spätnachts schreibe ich die letzten Nachrichten in den Chat und denke daran, wie damals João als Commander immer lange arbeitete. Jetzt kann ich das noch besser nachvollziehen.

Tag 18 – Genes4Mars

Ich werde kurz nach sieben wach. Das Piepen des Temperatursensors von Hort3Space mischt sich mit Regen- und Windgeräuschen auf dem Dach. Obwohl das gemütlich klingt, stehe ich etwas beunruhigt auf und schaue, ob es irgendwo tropft. Das ist zum Glück nicht der Fall. Meine mittlere Tochter hat heute Geburtstag, und ein wenig Wehmut ist da schon, nicht bei ihr sein zu können. Mich tröstet, dass ich sie von vielen lieben Menschen umgeben weiß.

Der Tag beginnt für uns mit Genes4Mars. In Becher pullern kennen wir ja schon aus Israel. Die Blutabnahme bereiten Robert und ich in Ruhe vor. Dabei finden wir in den Tüten mit Materialien eine Flasche, die ganz anders aussieht als die restlichen. Ein Geruchstest bestätigt unseren Verdacht. Da ist wohl jemand der russischen Tradition gefolgt und hat uns »medizinisches Ethanol« für einen Filmabend hereingeschmuggelt. Nachdem Robert und ich uns gegenseitig jeweils zwei Röhrchen voll Blut abgenommen haben, erscheinen nach und nach auch die anderen Crewmitglieder. Abwechselnd führen wir die Blutabnahmen bei ihnen durch und sind sehr dankbar für die Geduld und Gelassenheit unserer Patient:innen. Alle Proben werden in den dafür vorgesehenen Kühlschrank ins Airlock gebracht. GOST holt sie später ab und übergibt sie an den PI. Im Anschluss gibt es Frühstück und Briefing, und dann habe ich einen Staying-Alive-Durchgang. Das klappt inzwischen gut. Wir finden so langsam alle kleinen Fehler und Tricks heraus und gewinnen Übung bei allen Experimenten.

Für mich stehen keine weiteren Aufgaben in unserem Tagesplan, daher nehme ich mir mittags die Zeit, Kartoffeln zu schälen. Als diese kochen, schreibe ich Mails und denke gerade über ein Nickerchen nach, als Carmen zu mir kommt. Eher am Tag hatte ich im Chat gelesen, dass Carmens Durchgang des SAMPLE-Experiments wegen schlechten Wetters abgesagt ist. Das stellt sich jedoch als Fehlinterpretation meinerseits heraus, und da Carmen nun anderweitig eingespannt ist, übernehme ich den Durchgang. Sample ist die Weiterentwicklung von Merop, der Rover-Fernsteuerung, die bereits in Israel getestet wurde. Mithilfe einer verbesserten Benutzeroberfläche können wir den wieder mitgereisten Mercator-Rover nicht nur steuern, sondern auch in der während des EVAs erstellten Karte Text- oder Sprachnotizen zu Fotos hinterlassen. Mit dieser ausgereifteren Visualisierung möchte das Forschungsteam der Universität von Lissabon die wissenschaftlichen Fähigkeiten des Rovers in die tägliche Erkundungsroutine der künftigen Astronaut:innen vor Ort integrieren. Zunächst muss für den ersten Durchgang jedoch das gesamte Setup aufgebaut und zusammengesetzt werden. Jeder einzelne Schritt stellt mich vor neue Herausforderungen. Zuerst finde ich einen Laptop nicht, weil er an anderer Stelle verpackt ist als in der Procedure angegeben. Der Tisch ist nicht tief genug, um alles unterzubringen. Also rücke ich Möbel. Als Nächstes fehlt erst eine Steckdose, dann das Verlängerungskabel. Die aufgetriebene Verteilerbuchse funktioniert nicht, weil die Kindersicherung kaputt ist. Im nächsten Schritt finden wir im Habitat keinen Kamera-Tripod, sodass GOST uns einen aus dem Container bringen muss. Die benötigte Datei des nächsten Punktes im Ablauf ist auch nicht aufzufinden. Also warte ich 20 Minuten, bis MSC mir erklärt, wo sie abgespeichert ist. Mich überrascht kaum noch, dass sich der Rover im Anschluss nicht auf Anhieb mit dem GUI (graphical user interface) auf dem Laptop verbindet. Das wäre ja auch zu schön gewesen. Letztendlich ist der Kamera-Feed so langsam, dass sich nur alle Minute das Bild ändert. Da ich mit dem Rücken zum Fenster sitze, steuere ich den Rover, als würde ich in einen Autorückspiegel blicken. Aber es funktioniert! Ich kann den Mercator-Rover fernsteuern, und die PIs führen draußen einen Freudentanz auf. Auch ich bin nach der anfänglichen Frustration mehr als erleichtert.

Iñigo bereitet aus den gekochten und dann vergessenen Kartoffeln vom Mittag leckere Tortilla zu. Nach dem anschließenden langen Debriefing entspinnt sich eine Unterhaltung über psychische Faktoren. Ich gebe Carmen recht, dass ich wünschte, Flight Planning würde nicht einfach nur Lücken zur freien Verfügung in den Tagesplänen lassen, sondern zum Beispiel Sport explizit als Aufgabe hineinschreiben: »Ich habe sonst ein schlechtes Gewissen, wenn ich Sport mache, obwohl so viel anderes zu tun wäre.« Iñigo, der heute tagsüber Sport gemacht hat, versteht das als Vorwurf, dass er stattdessen hätte arbeiten sollen, und sagt mir zum Glück, dass er sich angegriffen fühlt. So können wir über die Situation sprechen und sie aufklären. Es tut mir sehr leid, dass meine Äußerung so ankommt, und ich hoffe, gut erklären zu können, dass ich ausschließlich über mein eigenes Unvermögen spreche, mir Sport »zu erlauben«.

Neben solchen internen Spannungen spüre ich erneut das »Wir gegen die anderen«-Phänomen zunehmen. Sicher verstärkt durch einige unerfahrene Personen und häufige Wechsel auf der Earthcom-Position in Wien, gibt es mehrfach Situationen im Chat, die mich herausfordern. Manche Fragen bleiben unbeantwortet, oder die Antworten sind so formuliert, dass ich das Gefühl habe, die Frage wurde nicht verstanden. Mehrfach erhalten wir auch Fragen, die wir früher schon beantwortet haben. Da wir uns so sehr bemühen, gut zu kommunizieren, Aktualisierungen zu senden und selbst unter dem Schlafentzug und Stress, unter dem wir stehen, präzise und gründlich zu sein, ist das besonders ärgerlich. Ab und zu muss ich mich beherrschen, um nicht schnippisch oder sarkastisch zu antworten. Oder ich bitte Robert, eine meiner Chatnachrichten vor dem Abschicken zu lesen, um sicherzustellen, dass ich den richtigen Ton treffe. Ich sammle weitere Lessons Learned in einem Dokument. Viele Experimente hängen beispielsweise davon ab, dass wir direkt auf einen Computer am Arbeitsplatz Zugriff haben, was nicht immer der Fall ist. Zusätzlich stellen wir fest, wie praktisch eine sprachgesteuerte KI im gesamten Habitat wäre, die jederzeit eine Nachricht an MSC in den Chat schreiben und Antworten oder eine Prozedur vorlesen kann.

Tag 19 – Atempause

Ich bin die Erste, die wach ist, und drehe meine morgendliche Runde durchs Habitat. Es gibt glücklicherweise keine neuen lecken Stellen, und das Hort3Space-Zelt steht noch trotz des starken nächtlichen Windes. Ich entriegele die Airlock-Tür für GOST und prüfe, ob im OPS-Chat schon Nachrichten warten. Der Kaffee mit Blick auf den Ararat beendet das Ritual. Dabei kann ich anhand des Sonnenstands über den Berggipfeln und des wandernden Schattens auf einem der großen herumliegenden Felsbrocken sogar schon die ungefähre Uhrzeit abschätzen: fast acht. Ich bereite das Frühstück vor. Unsere zuerst vorsichtig und zuletzt im abendlichen HF-Fragebogen zunehmend deutlicher geäußerte Belastung durch viel Arbeit und wenig Schlaf ist vom MSC erhört worden. Da es heute außerdem regnen soll, wird der geplante EVA um einen Tag nach hinten verschoben. So können wir uns beim Frühstück Zeit lassen. Ich bin nach dem Briefing eingeteilt, um Hort3Space zu kontrollieren. Die ersten Keimlinge wachsen und gedeihen – allerdings sehr unregelmäßig. Die zweite Aussaat ist noch nicht aufgegangen.

Ich habe mir nach dem Gespräch gestern Abend vorgenommen, die Zeit heute für Sport zu nutzen, und trainiere zum ersten Mal, seit wir hier sind. Auch wenn ich am liebsten joggen gehen würde, tun auch 30 Minuten Radfahren und Rudern richtig gut. Nach der anschließenden Dusche fühle ich mich wie ein neuer Mensch.

Ich übernehme für den Rest des Vormittags den Platz an OPS, um alle Nachrichten weiterzuleiten. Auch an Tagen ohne EVA muss der Kontakt aufrecht- und der Überblick erhalten bleiben. Wir reparieren, programmieren und führen verschiedene Experimente durch. Es tut gut, sich mal etwas weniger gehetzt zu fühlen. Nach dem Mittag bin ich das erste Mal für das Experiment GEOPREP eingeteilt. Neben Raman ist dieses Experiment die zweite Möglichkeit, die genommenen Gesteinsproben genau zu bestimmen. Dafür müssen von den Proben Dünnschliffe hergestellt werden, die im Anschluss unter dem Mikroskop untersucht werden. Einmal mehr geht es vor allem darum, herauszufinden, ob die Procedures und der Versuchsaufbau geeignet sind, um durch Laien wie uns geeignete Dünnschliffe von 100 Mikrometer Dicke herzustellen. Dazu müssen wir die beim EVA gesammelten Steine zunächst vorbereiten. Ich spanne eine der Proben in eine Apparatur ein, wo sie mit einer Diamantsäge geschnitten wird. Bis das harte Gestein durchgesägt ist, dauert es etwa zwei Stunden. Sobald der erste Schnitt geschafft ist, schleife ich die entstandene Fläche auf einer Drehscheibe, damit sie eine glatte Oberfläche erhält. Mit dieser klebe ich sie im Anschluss auf einen Glasobjektträger. Die aufgeklebte Probe wird erneut mit der Diamant-Säge geschnitten. So erhalte ich nach weiteren Stunden eine wenige Millimeter dünne Gesteinsscheibe, die ich mit zunehmend feinkörnigen Schleifscheiben bearbeite, bis sie die gewünschte Dicke oder besser gesagt Dünne erreicht hat. Mein Ergebnis dokumentiere ich mit einem Digitalmikroskop. Unter dem doppelt polarisierten Licht sieht die Probe wunderschön bunt aus. Mit diesem Experiment sind wir am Ende der Explorationskaskade angekommen. Die Auswertung der Proben durch die Geologen ergibt später, dass unsere Dünnschliffe unerwartet gut geworden sind. Obwohl an manchen Stellen der Rand zu dünn oder eine andere Region zu dick ist, können sie das Gestein einwandfrei bestimmen. Mikroskopisch kleine Fossilien von Moostierchen, Muscheln und Krebstieren belegen, dass das heutige Gebirge einst am Meeresboden lag und das Gestein durch Ablagerungen unter Wasser entstanden ist. Eine ähnliche Entdeckung auf dem Mars wäre eine Sensation.

Tag 20 – EVA day – yay

Nach dem Frühstück richten wir mit vereinten Kräften das über Nacht zusammengesackte Zelt für Hort3Space wieder auf. Erstmals führe ich heute selbst beim EVA das FaR-SiDe-Experiment durch und bekomme beim Donning die Sensoren auf die Haut geklebt. Das dauert eine ganze Weile, weil die Software währenddessen mit verschiedenen Übungen kalibriert werden muss. Dafür spanne ich die jeweiligen Muskeln so stark es geht an, und zwei Personen halten dagegen. Wir haben jede Menge Spaß dabei. Ich stärke mich mit zwei Müsliriegeln und versuche, viel zu trinken, aber nicht zu viel – es ist eine schwierige Balance zwischen genug trinken und die Windel möglichst nicht benutzen müssen. Was tun wir nicht alles für die Wissenschaft.

Als wir um 12:00 Uhr schon das Exoskelett und die Anzughosen anhaben, kommt auf einmal die Nachricht im Chat, dass erst ab 14:00 Uhr ein Arzt zur Verfügung stehen wird. Da wir nie ohne ärztliche Überwachung hinausdürfen, heißt es also warten. Unangenehm, weil die Sensoren unter dem Exoskelett schon drücken. Es heißt also: »chillaxen«, wie wir die Mischung aus chillen und relaxen nennen. 13:00 Uhr nehmen wir das Donning wieder auf, um eine Stunde später rechtzeitig fertig zu sein, nur um dann, als wir schon die Arm-Exoskelett-Teile, Ärmel und Handschuhe anhaben, zu lesen, dass es nach 15:00 Uhr wird.

Aber 15:30 Uhr geht es dann wirklich los! Da ich während des Außeneinsatzes ein geringeres Situationsbewusstsein habe und damit in einem Notfall schlecht Entscheidungen treffen könnte, geht die Commanderrolle für diese Zeit auf Robert über. Simone und ich verlassen das Habitat, beladen unseren kleinen iROCS-Rover mit unseren Werkzeugen und begeben uns zum ersten GPS-Punkt in der Nähe des Habitats. Simone steuert den Rover mit einer umgehängten Fernsteuerung. Für die Messung der Ermüdung meiner Muskulatur muss ich am ersten Punkt mit einem Greifwerkzeug acht Steine aufsammeln und in ein Gefäß am Rover verstauen. Am zweiten Punkt klopfe ich mit Hammer und Meißel Steine von einem Felsen ab und packe sie in zylinderförmige Probengefäße. Am dritten Punkt angelangt, schaufle ich Sandproben in drei Beutel. Die schwierigste Aufgabe erwartet mich am vierten Punkt, der erneut einige Meter entfernt liegt. Sechs Steine müssen per Hand vom Fußboden aufgehoben werden. Da ich dafür in die Knie gehen und anschließend jeweils die 50 Kilogramm des Anzugs wieder hochstemmen muss, zittere ich im Anschluss vor Anstrengung. In den Pausen zwischen den Durchgängen soll ich einschätzen, wie anstrengend die Aufgabe für mich war. Auf einer Skala von eins bis zehn vergebe ich zunächst Zweien und Dreien, um bei Punkt vier auf eine Sechs zu klettern. Im Anschluss gibt es einen zweiten Durchgang.

Trotz der körperlichen Belastung tut es gut, draußen zu sein. Der Blick auf die Berge und den blauen Himmel ist herrlich. Insgesamt bin ich zufrieden, dass ich der Anstrengung gut gewachsen bin. Muskelkater werde ich wohl trotzdem bekommen. Obwohl es für Simone außer der Rover-Steuerung nicht viel zu tun gibt, bin ich froh, dass wir wieder im Buddy-System arbeiten. Als wir nach fast drei Stunden ins Habitat zurückkehren, fühle ich mich erleichtert, den Anzug und die inzwischen unangenehm drückenden Sensoren ablegen zu können.

Tag 21 – SciOPS

Ich bin wieder vor den anderen wach und bereite das Frühstück für alle vor. Wir sitzen gemütlich und unterhalten uns über Architektur, nachhaltiges Bauen und Jobwechsel. Dass schon drei Wochen vergangen sind, ist kaum zu fassen. Vom 3/4-Phänomen bemerke ich diesmal nichts. Vermutlich gab es dafür zu viele unerwartete Situationen, sodass die Zeit sich nicht nach einer zusammenhängenden drei- oder vierwöchigen Mission anfühlt. Ich starte das erste Mal während dieser Mission als SciOPS in den Tag. Zuerst helfe ich beim Anlegen der Sensoren und dem Donning. Gegen Mittag beginne ich parallel, die Experimente für draußen vorzubereiten. Gleichzeitig berichte ich im Chat, dass Robert wieder »macGyvert« und Sachen repariert hat. Die Person, die im MSC als Earthcom den Chat betreut, versteht meine Anspielung nicht, und nach 20 Minuten lese ich: »#generationalgap«. Da er in dem Jahr geboren wurde, in dem die Serie zum letzten Mal lief, kannte er sie nicht und musste googeln. Ich fühle mich alt. Die anderen Teams, besonders GOST, sind vom Altersdurchschnitt her deutlich jünger, was vor allem daran liegt, dass die Auswahlkriterien für die Analog-Astronaut:innen mindestens einen Master in einem relevanten Bereich plus Berufserfahrung vorsehen.

Als SciOPS leite ich Robert während des EVAs bei seinem FaRSiDe-Durchgang an. Iñigo steuert den iROCS-Rover. Über einen zweiten Laptop zeichne ich die einzelnen Strecken und Tätigkeiten auf. Aufgrund von Verbindungsschwierigkeiten dauert alles sehr lange und erfordert viel Geduld. Dennoch sammeln wir gute Daten für die Experimente-Teams. Ich spiele für Robert Musik über die Lautsprecher, sodass sein Tanz zur Freude des PIs ebenfalls aufgezeichnet werden kann.

Im Anschluss fahren die beiden mit Quads zu einer neuen Region, in der Geos-Proben genommen werden sollen. In den letzten Tagen hat GOST in dieser Donau-Region genannten Gegend WLAN aufgebaut. Am Ziel angekommen, führt Iñigo sogleich einen Durchgang für Geos durch. Ich nehme seinen Audiofeed auf und schreibe zusätzlich seine Beschreibungen mit. Bei der Kommunikation über die große Entfernung und die Geräusche vom Ventilator im Anzug ist das gar nicht so einfach. Leider verlieren wir danach den Kontakt zu den beiden Anzügen sowie zu GOST. Wir versuchen unsererseits alles, was wir können, aber nach zehn Minuten ist klar, dass Robert und Iñigo zurückkommen müssen. Sie folgen der L.O.S.-Prozedur und fahren Richtung Habitat. Leider stellen wir den Kontakt erst wieder her, als sie sich schon in Sichtweite befinden. Zum Glück ist Iñigo mit der einen Probe gerade noch so fertig geworden, und die letzten noch fehlenden Informationen können wir gemeinsam rekonstruieren. Somit ist auch dieser EVA ein voller Erfolg. Im Nachhinein stellt sich heraus, dass der Kontaktverlust mit GOST durch einen Stromausfall im Field Office erfolgte, weil am lokalen Kraftwerk ohne Vorankündigung Wartungsarbeiten durchgeführt wurden.

Nachdem ich beim Doffing geholfen und meinen Science Report fertiggestellt habe, unterstütze ich Simone beim Ernten. 66 Gramm Radieschen-Keimlinge ergibt unsere erste Ernte von Hort3Space. Nachhaltig ist das nicht. 50 Liter Wasser und jede Menge Energie wurden dafür verbraucht, von den Arbeitsstunden ganz zu schweigen. Aber es geht ja auch (noch) nicht um die Nachhaltigkeit, sondern um die Entwicklung eines autonomen Systems, das möglichst ohne Hilfe durch Menschen funktioniert. Die Ernte dekoriert beim Abendbrot unser Essen und verleiht ihm eine frische Note.

Für einen erneuten Ölwechsel des Generators fahren wir am Abend alle Geräte herunter und später wieder hoch. Leider verweigert unsere Serverbox danach den Dienst, wodurch auch das WLAN und der Chat mit MSC ausfallen. Alle Reparaturversuche unsererseits bleiben ohne Erfolg. Daher müssen wir erneut die Isolation brechen und per WhatsApp GOST Bescheid geben. Während das einerseits schade ist, lernen wir daraus, wie wichtig ein Plan B beim Thema Kommunikation ist.

Tag 22 – SciOPS, gleich und doch anders

Täglich grüßt das Murmeltier. Ich durchlaufe meine übliche Morgenroutine. Beim Frühstück unterhalten wir uns über Foodsharing und Lebensmittelpreise in Deutschland und Spanien. Nachdem der Ararat die letzten Tage immer glasklar zu sehen war, ist die Luft über dem Tal heute diesig, sodass die Gipfel aussehen, als würden sie im Himmel schweben. Auch wieder ein toller Anblick!

Rechtzeitig vorm EVA-Start unterbrechen wir schweren Herzens die Isolation. Lukas kommt kurz ins Habitat, um die Serverbox zu reparieren, und entdeckt, dass der Stromanschluss kaputt ist. Nach einem Austausch funktioniert glücklicherweise alles wieder. Ich bin erneut als SciOPS eingeteilt. Diesmal sitzt Robert auf der OPS-Position neben mir. Zu den gleichen Experimenten wie gestern kommt heute noch ALIX dazu. Wie wir schon von den Drohnenexperimenten wissen, existiert auf dem Mars bisher kein Satellitensystem, welches Navigation auf dem Planeten ermöglichen würde. Darum sind alternative Methoden zur Orientierung erforderlich. Das ALIX-Experiment (Astronaut Location Interferometry eXperiment) der Radboud Universität in den Niederlanden versucht, eine (Live-)Ortung von Astronaut:innen mithilfe eines kompakten mobilen Funksenders am Anzug, einer Reihe von Referenzbaken und einem kleinen Netz von Empfangsstationen durchzuführen. Das Experiment wird ausgepackt und in zwei Teile aufgeteilt. Wir befestigen den Sender an Aouda.X, während GOST die Empfangsstationen draußen einrichtet. Am Vormittag erfolgt das Donning, und am Nachmittag startet der EVA. Carmen steuert iROCS, und Simone führt FaR SiDe durch. Ich merke erneut eine Verbesserung zu gestern. Die Abläufe der Experimente sind mir schon bekannt, und ich muss nicht mehr so oft nachlesen. Mit Robert als OPS fühlt es sich angenehm ruhig an. Er denkt sehr ähnlich wie ich und schätzt Situationen gleich ein. Nach dem ersten FaR-SiDe-Durchgang fahren die beiden mit den Quads in Richtung Checkpoint. An der dafür vorgesehenen Stelle neben dem Fahrtweg führen sie Alix durch. Sobald Simone die geforderte Zeit zwischen den Antennen herumgelaufen ist, fahren beide weiter in Richtung Donau-Region. Leider verlieren wir diesmal sofort den Kontakt, sobald sie außer Sichtweite sind. Sie müssen zurückkommen, können den zweiten FaR-SiDe-Durchgang aber direkt neben dem Habitat absolvieren. Nach dem EVA-Ende gegen 17:30 Uhr und dem Schreiben meiner Berichte helfe ich Simone dabei, neue Nährlösung für die gestern neu gesäten Hort3Space-Pflanzen anzusetzen. Beim Abendessen zeigt uns Simone, der als Payload Engineer (Nutzlastingenieur) für die Planung und Unterstützung von Experimenten im Columbus-Modul der ISS zuständig ist, einen realen DAP für die Astronaut:innen. Ich bin überrascht, wie ähnlich er unserem sieht und dass ich ihn trotz seiner Komplexität problemlos lesen kann. Da wir morgen einen Black Day haben, veranstalten wir einen ausgedehnten Filmabend. Wir holen Snacks aus unseren Koffern und schauen erst *Tremors* und danach die erste Folge von *3 Bodies Problem*, eine ausgezeichnete Empfehlung von Iñigo.

Tag 23 – Black Day, Blut und schon langsam Countdown

In dem Wissen, dass wir die nächsten Tage trotz Ostern voll arbeiten werden, freuen wir uns alle sehr über den freien Samstag. Es wird wohl auch der letzte Black Day für diese Mission sein. Das zeigt, wie nah am Ende wir schon sind. Dabei fühlt es sich gerade erst so an, als wären wir endlich angekommen und finden uns als

Team. Wobei das Loch, welches Thomas hinterlassen hat, nach wie vor zu spüren ist.

Ich stehe gemütlich auf, fülle meinen Becher für Genes4Mars und stecke einige Batterien zum Laden an. Robert wacht kurz nach mir auf, und als auch Iñigo und Simone aufstehen, erledigen wir direkt die Blutabnahmen, die heute auf dem Plan stehen. Während einige von uns sich noch mal hinlegen, unterhalten wir anderen uns bei Kaffee und Tee in unserem Aufenthaltsraum. Für einen Tag keine Aufgaben und Verantwortlichkeiten zu haben, ist sehr angenehm. Ich nutze die Zeit für E-Mails nach Hause. Carmen bewundere ich für ihre morgendliche Disziplin in Bezug auf Yoga-Übungen. Später kocht sie für uns, und Iñigo erzählt während des gemütlichen Essens spanische Witze. Draußen scheint die Sonne, die Landschaft wirkt friedlich, fast schon sommerlich. Am Nachmittag arbeite ich weiter an einem GeosPrepare-Dünnschliff. Leider fliegt er mir von der Schleifscheibe und zerbricht, sodass ich noch einmal von vorn beginnen muss. Immerhin ist heute genug Zeit dafür. Robert und ich basteln auch ein bisschen an den Anzügen. Die Lüftungssysteme müssen gereinigt, einige Löcher repariert und Verschlüsse erneuert werden. Simone, Carmen und Iñigo machen derweil die Fußböden sauber, waschen Wäsche und unser Geschirr. Auf einmal hören wir starken Wind und Tumult. Das Hort3Space-Zelt verliert Luft. Zu viert und mithilfe von Eleonore von GOST, die gerade draußen zum Aufpumpen da ist, schaffen wir es rechtzeitig, das Zelt zu stabilisieren.

Nach dieser Aufregung beschließe ich, eine zweite Runde GeosPrepare durchzuführen. Während der Kleber, der meinen Stein auf dem Objektträger hält, unter UV-Licht härtet, schaue ich mir ein Anleitungsvideo für Sample an. Nebenher fülle ich auch schon meine Fragebögen aus, die trotz Black Day anstehen. Insgesamt hält sich die Fragebogendichte diesmal im Rahmen. Der Höhepunkt meines Tages findet am Abend statt, als ich bei einem Videotelefonat meine beiden Partner und die Kinder alle zusammen sehen kann. Ich vermisse sie! Gegen 20:30 Uhr essen wir zu Abend. Draußen tanzen Staubteufel, drinnen ist es schön gemütlich. Wir schauen uns *Total Recall* an und gehen gegen Mitternacht ins Bett. Ab morgen sind es nur noch zwei Stunden Zeitunterschied nach Wien, da dort heute Nacht die Zeitumstellung auf Sommerzeit stattfindet und in Armenien nicht.

Tag 24 – Ostersonntag

Heimlich und leise schleiche ich am Morgen durchs Habitat. Mein Wecker hat extra früh geklingelt, damit ich überall Osterüberraschungen verstecken kann, bevor die anderen erwachen. Tagsüber freue ich mich, wenn wieder ein Schokoladenei an einer unerwarteten Stelle gefunden wird und ein »HA!« durchs Habitat schallt. Auch für GOST haben Carmen und ich Ostergeschenke im Airlock verteilt. Gaiana bringt uns im Gegenzug ein Osternest mit Gras und Eiern und leckeres Essen. Unser Frühstück ist trotz des anstehenden Arbeitstages an einem Feiertag fröhlich.

Wir starten das Donning, und ich spüre Respekt vor dem heutigen EVA. Iñigo und ich werden mit den Quads zur Donau-Region fahren. Das wird sicher anstrengend. Gleichzeitig freue ich mich aufs Rauskommen bei tollstem Sonnenschein. Christian kommt ab heute wie nach Thomas' Abschied geplant für die Zeit des Donnings ins Habitat. Er hilft beim Anlegen der Sensoren für FaR SiDe bei Iñigo. Es ist ein seltsames Gefühl, die Außenwelt wieder hereinzulassen. Wir hören beim Donning Musik, die Stimmung ist gut. Iñigo und ich besprechen die Abläufe und benötigten Werkzeuge während unseres EVAs. Für Geos nehmen wir Hammer und Meißel, Schaufel, Probenahmekarten und ein Tablet mit. Mit Letzterem machen wir Fotos, aber wir können damit auch die GPS-Daten der Proben erfassen und es als Kompass nutzen. Karen als heutiger Arzt ist pünktlich im FO, um unsere Telemetrie zu überwachen. So können wir um 14:00 Uhr das Habitat verlassen. Mit den Handschuhen ist es nicht einfach, den Koffer mit unseren Geos-Werkzeugen auf dem Quad zu befestigen. Ich steuere zum ersten Mal iROCS mit der Fernbedienung, was überraschend gut klappt. Der Rover reagiert leicht und ist sehr geländegängig, als ich Iñigo bei seinem FaR-SiDe-Durchgang begleite. Während Iñigo Proben nimmt, kann ich die Umgebung begutachten. Der Sonnenschein und der Blick auf die schneebedeckten Berge ringsum sind grandios. Außerdem ist es viel grüner als noch vor einer Woche, überall blühen winzige gelbe und weiße Blumen. Schmetterlinge fliegen herum. Die wenigen Sträucher haben erste grüne Blätter. Kurz stelle ich mir vor, wie wunderbar es wäre, auf einem anderen Planeten solches Leben zu erforschen. In dem Gebiet, in dem wir uns befinden, stehen auch die Alix-Receiver, und ich trage den Sender am Anzug. So können wir auch dieses Experiment parallel durchführen, und ich bewege mich ständig zwischen den Antennen, um Daten zu generieren. Nach knapp einer Stunde sind wir fertig und fahren mit den Quads weiter zur Donau-Region. Auf der Straße und den umliegenden Hügeln sind Schafe unterwegs. Ein wenig surreal ist es schon, im Raumanzug durch eine Schafherde zu fahren. Das Fahren geht besser, als ich befürchtet habe. Allerdings ist es sehr holperig auf den steinigen und unebenen Wegen. Der Schäfer und die Jungs vom Checkpoint freuen sich über unseren Anblick und winken uns zu. Am Probenahmepunkt angekommen, parken wir die Quads und steigen ab. Ich gehe einige Schritte und bewundere den Blick auf den Ararat aus einer neuen Perspektive. Als ich gerade in Gedanken am Olympus Mons weile, bemerke ich, dass wir den Kontakt zur Basis verloren haben. Daher folgen Iñigo und ich der L.O.S.-Prozedur und fahren zum Habitat zurück. Dort klappt es wieder mit der Verbindung, und wir können noch einen zweiten FaR-SiDe-

Durchgang anschließen. Hinter einigen Steinen finden wir fünf Tüten mit Oster-Süßigkeiten, die GOST für uns versteckt hat.

Durch die holprige Fahrt sind bei beiden Anzügen Teile des Tragesystems locker geworden. Dadurch lastet bei mir das Gewicht auf der rechten Hüfte, bei Iñigo auf der linken Schulter. Nach drei Stunden EVA merken wir uns gegenseitig an, dass es sehr unbequem ist und an Schmerzen grenzt. Wir beißen uns durch, aber ich spüre jedes einzelne der 50 Kilogramm und weiß, morgen werde ich den Muskelkater meines Lebens verspüren.

Am Ende des EVA trage ich den Koffer mit den Werkzeugen ins Airlock, und wir lachen, weil es aussieht, als kämen wir nach einem Arbeitstag aus dem Büro heim. Es ist eine große Erleichterung, den Helm loszuwerden und das schwere Anzug-Oberteil auszuziehen. Meine Hände sind angeschwollen, und ich bin klatschnass geschwitzt. Iñigo und ich führen die medizinischen Checks durch, die nach dem EVA anstehen, und übermitteln die Daten an die Ärzt:innen. Bevor ich duschen gehen kann, muss ich auch noch den Fragebogen zum Rover ausfüllen. Da der Plan für morgen moderat aussieht, beschließen wir beim Abendessen einstimmig, morgen erst um neun anzufangen.

Tag 25 – Indoor Science

Während meines morgendlichen Kaffees mit Ausblick beobachte ich drei riesige Hunde über den Hügel aus dem Nachbartal trotten. Sie legen sich für eine halbe Stunde in die Sonne vors Habitat und trollen sich dann wieder. Denen möchte ich nicht in freier Wildbahn begegnen. Nach dem Frühstück bin ich als Erstes mit Raman dran. Ich messe eine der Sandproben, die ich bei FaR SiDe genommen habe, um die Zusammensetzung zu bestimmen. Neben mir im Raum bearbeitet Robert für GeoPrep eine Gesteinsprobe. Heute sollen außerdem mit IAQHab die Werte in diesem Raum gemessen werden, während wir darin arbeiten. Daher baut Carmen die Pumpen auf. Viel los in dem kleinen Raum. Den Rest des Vormittags nutze ich, um weitere Lessons Learned vom Team zu sammeln. Mir wird erneut der Kontrast in Hinblick auf die Fehlerkultur zu manchen anderen Lebensbereichen bewusst. Missgeschicke und Fehlfunktionen nicht um jeden Preis zu vermeiden, sondern sie aktiv als Chance zum Lernen und Verbessern zu nutzen, fühlt sich befreiend an. Besonders wichtig finde ich, dass wir über alle Fehler konstruktiv sprechen können, ohne Vorwürfe oder Schuldzuweisungen. Wir übernehmen alle gleichermaßen Verantwortung und suchen nach Ursachen im System, um dieses zukünftig so zu gestalten, dass die Umstände dieselben Fehler nicht wieder ermöglichen oder provozieren.

Wieder bekommen wir ein leckeres Mittagessen geliefert. Im Anschluss findet mein letzter Staying-Alive-Durchgang statt, gefolgt von einem Abschluss-Fragebogen. Damit ist das Experiment beendet, und wir werden es morgen bereits verpacken.

Tag 26 – Packen

Der Morgen beginnt mit einer weiteren Blutabnahme. Es klappt reibungslos und schnell. Schade, dass ich die Fähigkeit nach der Mission vermutlich nicht mehr brauchen werde. Nach dem Frühstück bin ich mit Hort3Space-Kontrollen dran. Das Zelt hält mühsam genug Luft, die Bewässerung funktioniert automatisch, doch durch die niedrigen Temperaturen sehen unsere Keimlinge winziger aus, als sie sollten. Robert und ich beginnen damit, das Habitat wieder präsentabel herzurichten. Deckenplatten, die zum Trocknen herausgenommen waren, bringen wir wieder an. Wir räumen auf, putzen und packen persönliche Gegenstände ein. Robert, Carmen und Simone führen Sample-Durchgänge aus. Zum ersten Mal seit vielen Wochen ist mir ein wenig langweilig. Nach dem Mittagessen packe ich gemeinsam mit Iñigo den GeoPrep-Aufbau ein. Nach zwei Stunden sieht es im Labor schon richtig leer aus. Carmen und Simone verstauen derweil Staying Alive. Es fühlt sich seltsam an, alles »dichtzumachen«. Nachdem auch die anderen mit ihren Sample-Durchgängen fertig sind, gönnen wir uns alle noch ein bisschen Ruhe, lesen, arbeiten am Laptop, und ich koche Abendbrot. Hier ist es nicht ganz so extrem wie in Israel, wo wir am Anfang kaum Schlaf hatten und dafür in der zweiten Missionshälfte unterfordert waren. Die Tendenz geht jedoch erneut in diese Richtung. Mir wäre es lieber, zu Beginn weniger Stress und dafür gleichbleibend viel zu tun zu haben. Das zu planen, stelle ich mir jedoch unglaublich schwer vor. Insgesamt fühlt es sich heute schon sehr nach Abschied auf Raten an, sogar mein Koffer ist fast fertig gepackt. Und das, nachdem der Anfang ein Start auf Raten war.

Tag 27 – Täglich grüßt das Murmeltier

Der Tag besteht aus Routine und sehr viel Warten. Ich bin als OPS eingeteilt, Simone ist SciOPS, und Robert und Carmen gehen nach draußen. Iñigo hat nichts weiter zu tun als einen Sample-Durchgang. Da wir auf GOST und den Arzt warten, beginnt der EVA erst nach 13:00 Uhr. Trotz Verbindungsproblemen ist dieser dann sehr entspannt. FaR SiDe, Alix und Geos finden neben dem Habitat statt, und in der Donau-Region kann ebenfalls eine vollständige Probe genommen werden. Ich erhalte eine Mail mit Sicherheitsupdates, weil es wieder Unruhen an der Grenze gibt. Ich werde froh sein, wenn ich in ein paar Tagen im Flieger sitze und nicht mehr die Verantwortung für die Sicherheit so vieler Menschen trage.

Während des Debriefings fällt eine *Top Gun*-Referenz. Als daraufhin einer von uns Unkenntnis gesteht, folgt dem ungläubigen »Was?! *Den* kennst du nicht?! *Müssen* wir heute anschauen!« ein weiterer Filmabend.

Tag 28 – Ein letztes Mal

Ich habe schlecht geschlafen und viel geträumt. Ein ruhiges Frühstück und ein langsamer Tagesstart tun daher gut. Heute bin ich ein letztes Mal im Anzug eingeteilt. Iñigo und ich werden noch mal alle Experimente durchführen – FaR SiDe, iROCS Alix und Geos. Auch ein Filmteam des ORF wird vor Ort sein. Da ich ahne, dass es sehr anstrengend wird, freue ich mich schon auf den Abend, wenn ich den Einsatz geschafft haben werde. Gleichzeitig sage ich mir, dass es vermutlich für lange Zeit das letzte Mal sein wird und ich daher alles noch mal ganz bewusst wahrnehmen und genießen möchte. 13:30 Uhr verlassen wir das Habitat. Zuerst führen wir wieder FaR SiDe mit iROCS direkt am Habitat durch. Die Kamera-Crew verfolgt uns auf Schritt und Tritt, und wir versuchen einfach, sie so gut es geht zu ignorieren. Ich ruhe mich zwischendurch am Quad aus. Mein Rücken protestiert nach diesen Wochen, in denen ich den 50 Kilogramm schweren Anzug mehrfach stundenlang getragen habe. Iñigo hält tapfer durch, und wir sind recht schnell fertig. Mit den Quads fahren wir wieder zur Donau-Region. Diesmal haben wir dort guten Empfang, die Antennen wurden umgestellt. Dadurch können wir zwei Geos-Proben nacheinander nehmen. Die Points of Interest für die Probenahme liegen auf einem Hügel, weswegen wir durch unwegsames Gelände klettern müssen. Das ist in den Anzügen doppelt anstrengend. Dafür werden wir mit einem tollen Ausblick belohnt, und wir nehmen uns beide einen Stein als Andenken mit. Für das letzte Mal ist es ein toller EVA mit dem Blick auf die in der Sonne glänzenden Gletscher auf dem Ararat, den umliegenden schneebedeckten Bergen, der weiten Ebene, den Wolken, den kargen Hügeln. Was für ein Privileg und Glück, hier sein und das erleben zu dürfen.

Auf dem Rückweg zum Habitat führe ich in der Nähe des Checkpoints einen kurzen Alix-Durchgang durch. Leider schaffen wir FaR SiDe kein zweites Mal, da MSC aufgrund eines erneuten Stromausfalls im FO keine Daten mehr von uns empfängt. Dennoch sind wir sehr zufrieden – und erschöpft sowieso. Nach dem Doffing und einer Dusche müssen wir noch den Laborteil der Probenbearbeitung für Geos durchführen. Carmen erntet derweil den nächsten Schwung Keimlinge von Hort3Space. Dann geht es wieder ans Packen. Die Räume wirken kahler und kahler.

Gegen 21:00 Uhr koche ich aus allen möglichen Resten Abendessen, und wir sitzen ein letztes Mal in der Runde zusammen. Danach besprechen wir kurz den Ablauf für morgen und schauen den Film von gestern Abend zu Ende. Weil niemand so richtig aufhören will, spielen wir noch eine Runde *Uno Flip*. Wir lassen die Wochen Revue passieren und sind uns alle einig, dass wir es locker noch mal so lang zusammen aushalten würden. Nach Mitternacht verabschiede ich mich als Erste. Ich muss schlafen, morgen erwartet uns ein letzter großer, langer Medientag.

Tag 29 – Abschied, Walk-out, Medien und Wiedervereinigung mit GOST

Schon kurz nach sechs kann ich vor Aufregung nicht mehr schlafen und fühle kribbelnde Nervosität im Bauch. In 24 Stunden werde ich im Flugzeug sitzen! Einerseits ist dieses Abenteuer viel zu schnell vorbeigegangen, andererseits kommt mir die Zeit hier ewig lang vor. Was seitdem alles passiert ist! Ich nutze den Fakt, dass ich sowieso nicht mehr schlafen kann, und checke schon mal für meine Flüge ein. Dann suche ich meine Sachen zusammen. Mein Koffer wird voll, obwohl die mitgebrachten Geschenke und Süßigkeiten fehlen. Dafür gab es Gegengeschenke, zusätzlich zu dem »Marsgestein« kommt damit doch wieder einiges zusammen und vor allem Gewicht hinzu. Die ganze Wahrheit werde ich erst später am Flughafen auf der Waage sehen.

Ich genieße ganz bewusst meinen Kaffee mit Blick auf den Ararat. Seit Wochen eine feste morgendliche Routine, werde ich nach dem heutigen Tag aller Wahrscheinlichkeit nach nie wieder in diesem Leben hier sitzen und dieses Panorama vor mir sehen. Der letzte Morgen im Habitat startet mit einem finalen Durchgang Blutabnahme für Genes4Mars. Danach frühstücken wir erst einmal in Ruhe und packen unsere persönlichen Sachen zusammen. Wir räumen die letzten Dinge im Habitat auf und bereiten alles für die Führungen für die Medien und Besucher:innen vor. Simone erntet zum letzten Mal Hort3Space. Kurz nach 10:00 Uhr befestigen wir ein Missionsabzeichen mit unserem Missionslogo an der Airlock-Tür und unterschreiben alle. Danach ziehen wir Robert den Anzug an, aber ohne Exoskelett und Batterien. Daher geht das ganz schnell, und wir sind um 11:00 Uhr fertig für den erneuten Besuch des ORF-Fernsehteams, das exklusiv vor der offiziellen Öffnung ins Habitat darf. Die Zusammenarbeit mit dem Kameramann und dem Redakteur ist sehr angenehm. Sie sagen genau an, welche Szenen sie brauchen, und ich begleite Robert nach draußen, um ihm den Helm für kurze Szenen auf- und abzusetzen. Es ist seltsam, so unzeremoniell draußen herumzulaufen. Mir fehlt die offizielle Stimmung aus Israel.

12:00 Uhr ist der Dreh beendet, und wir schließen noch einmal die Tür hinter uns, nehmen unsere letzte gemeinsame Mahlzeit im Habitat ein und versuchen, in dieser »Zwischen Tür und Angel«-Stimmung für uns einen Abschluss zu finden. Ich bin deutlich weniger nervös als beim letzten Missionsende – stattdessen fühle ich den Druck, gleich als Commanderin eine Rede halten zu müssen. Auch die bevorstehende Reise und der Übergang ins reale Leben sorgen aufgrund der Erfahrung vom letzten Mal für Anspannung. Dabei geht mir die Größe des Moments etwas verloren, und ehe ich michs versehe, ist es so weit. Wir kommen zurück »auf die Erde«.

ZWÖLF:

WIEDEREINTRITT – AD ASTRA

»As an explorer, one must not only collect observations and records but analyze them with great care, for an expedition's value lies in the knowledge it contributes to the world.«[69]

Louise Arner Boyd (Entdeckerin und Schriftstellerin, flog 1955 als erste Frau über den Nordpol)

13:30 Uhr öffnet sich die Airlock-Tür zur offiziellen Walk-out-Zeremonie. An die 200 Augenpaare und viele Kameras sind auf uns gerichtet, als wir lächelnd und winkend vor die Tür des Habitats treten. Wie am Missions-Starttag laufen wir den Abhang zur improvisierten Bühne hinab, und ich nehme das mir entgegengestreckte Mikrofon. Ich bin dankbar für die Taschen meines Overalls, um meine andere Hand irgendwo platzieren zu können. Meine Dankesrede klappt dann zum Glück einwandfrei und ruft mehrfach Applaus und Jubel der genannten Teams und Personen hervor.

Die anschließenden Interviews mit den zahlreichen Kamerateams und Medienvertreter:innen laufen ruhig und sehr freundlich ab. Besonders viele weibliche Personen betonen, wie großartig sie es finden, dass eine Frau das Team leitet. Unzählige Fotos werden gemacht, und ich gebe genau wie meine Teamkolleg:innen jede Menge Autogramme. Es ist herrlich, endlich wieder unbeschwert und frei an der frischen Luft zu sein. Die Sonne scheint, und bei weit über 25 °C fühlt es sich richtiggehend frühsommerlich an. Ich kann kaum glauben, dass wir bei unserer Ankunft vor vier Wochen noch Wintersachen trugen. Auch diesmal genieße ich den Wind auf der Haut und spüre die Sonnenstrahlen ganz bewusst.

Nach ungefähr zwei Stunden ebben die Interviews und Fotoanfragen langsam ab. Ich erfülle mir den Wunsch, einen Spaziergang zu der Biegung im Zufahrtsweg zu unternehmen, an der wir so oft Alix und FaR SiDe durchgeführt haben. Ohne den schweren Anzug die interessanten Felsen noch einmal aus der Nähe zu betrachten, ist pure Freude. Die Besucher:innen verlassen nach und nach das Event, und wir nutzen die Gelegenheit, um einen der steilen Anstiege neben dem Habitat zu erklimmen. Von dort oben haben wir einen spektakulären Ausblick auf das Habitat am Hang unter uns, die schneebedeckten Berge dahinter sowie den großen und kleinen Ararat auf der anderen Seite des weiten Tals. Die Fischteiche glitzern mit den Gletschern auf den Gipfeln um die Wette, und die Wolken bieten ein grandioses Schauspiel am Himmel. Gemeinsam mit Karen und meinem Team stehe ich windzerzaust mitten im Kaukasus und versuche, den Moment tief in mir zu bewahren. Viel zu schnell drängt uns das Pflichtgefühl zurück zum Abstieg.

Der weitere Plan sieht eigentlich vor, dass wir als Nächstes ins FO gefahren werden. Da jedoch beim Packen, Abbau von Hort3Space und Beladen der Container noch sehr viel Arbeit anfällt, fassen wir stattdessen mit an. Nach Einbruch der Dunkelheit spüre ich nach der Anspannung des Tages und den vielen Interaktionen zunehmende Erschöpfung. In Anbetracht der noch etwas unklaren Reiselogistik und der vermutlich schlaflosen nächsten Nacht mache ich mir etwas Sorgen, wie ich durchhalten werde. Als wir endlich die Tür des Habitats zum letzten Mal von außen absperren und ich die Schlüssel an Judith übergebe, fühle ich mich wehmütig. Auch die letzte Fahrt über die Schotterpisten, vorbei an den im Dunkeln schemenhaft erkennbaren Storchennestern und dem flüchtigen Weiß der blühenden Aprikosenbäume, speichere ich mir noch einmal ganz bewusst ab. Zurück im FO, wechseln wir vom Overall zurück in zivile Kleidung. Das fühlt sich nach all den Wochen seltsam beengt an.

Unser Abschiedsessen findet in einem Gemeinderaum ein paar 100 Meter vom FO entfernt an der Straße nach Jerewan statt. Als wir dort eintreffen, ist bereits eine lange Tafel aufgebaut, die sich fast biegt unter Tellern und Platten mit Essen, Lavash, Obst und Getränken. Nach und nach treffen auch alle GOST-Mitglieder, viele unserer armenischen Kontakte und anwesenden PIs ein. Es werden launige Reden von Gernot, Gaiane und Hayk gehalten und Geschenke ausgetauscht. Nach dem Essen führt eine Gruppe Jugendlicher traditionelle Tänze auf und lädt im Anschluss alle zum Mitmachen ein. Carmen, Iñigo und Robert schließen sich begeistert an, während ich mich derweil mit Christian und Karen unterhalte. Mir ist es zu laut, ich bin müde, und es fällt mir schwer, den Abend zu genießen. Ich möchte jetzt, da es zu Ende ist, nach Hause. Zu meiner Erleichterung stellt sich heraus, dass ein Freund von Hayk Simone und mich zum Flughafen bringen wird. Halb eins fangen wir daher an, uns zu verabschieden. Wir holen unsere Koffer aus dem FO, und es folgen eine Menge Umarmungen und Abschiedsworte. Wieder einmal fällt es mir schwer, in dem Moment etwas zu empfinden, weil ich mit dem Übergang überfordert bin. Am emotionalsten ist der Abschied von Robert, für dessen ruhige, überlegte und unterstützende Anwesenheit als Deputy ich überaus dankbar war. Ich werde ihn und die anderen vermissen. Schließlich fährt unser Auto an, und wir winken aus den offenen Fenstern. Wir biegen auf die Hauptstraße ein, und das FO wird hinter uns immer kleiner. Im Auto wird es ruhig. Am Horizont leuchten Blitze, und wir durchfahren eine Reihe kleinerer Orte. Es ist warm und schwül, und ich nicke immer wieder kurz ein.

Als wir am Flughafen aussteigen und uns verabschieden, fühlt es sich an wie das Schließen eines Kreises. Unsere Koffer haben deutliches Übergewicht, sodass Simone und ich kräftig nachzahlen müssen. Dafür sind wir in Windeseile durch den nächtlich ruhigen Security-Bereich hindurch, und ich schmunzele innerlich bei der Erinnerung an die ungleich schwierigere Ausreise aus Israel. Simone und ich nutzen die Wartezeit am Gate für eine letzte Runde EIEE- und HF-Fragebögen. Dann wird unser Flug zum Boarding aufgerufen.

Tag 30 – Heimflug und Ankunft

Auf dem Flug nach Frankfurt sinniere ich darüber, wie surreal es eigentlich ist, dass diese Blechbüchse voll zufällig zusammengewürfelter, schlafender Menschen durch den Himmel rast. Gedanklich versuche ich, ein Resümee zu ziehen. Besonders eindrücklich ist für mich der Unterschied zwischen den Habitaten und dem Level an Isolation bei den beiden Missionen, auf die ich nun zurückblicken kann. Während ich mich in Israel fast sofort als Teil eines »Wir« wahrnahm, fühlte ich mich in Armenien fast bis zum Ende mehr als »Ich«. Zwar verband mich ein Teamgefühl mit den anderen, doch ich vermute, dass aufgrund meiner anderen Rolle und der Unterbrechungen der Isolation mehr Abstand zwischen uns blieb. Die Weitläufigkeit des Habitats und der ständig vorhandene Blick in die Weite haben sicher ebenfalls dazu beigetragen. In Israel waren wir räumlich permanent nah beieinander und fühlten wenig Verbindung zur Umgebung. Diesmal sahen wir uns je nach Aufgaben manchmal nur zu den Mahlzeiten und blieben dauerhaft mehr mit dem Außen in Kontakt. Spannend, was sich daraus für zukünftige Habitate lernen lässt. Über diesen Gedanken schlafe ich irgendwann ein.

Der Sonnenaufgang über den Wolken ist wunderschön. Beim Landeanflug entdecke ich blühende Hecken und erste Anflüge von

Gelb in den Rapsfeldern. In Frankfurt empfängt uns Trubel: Simone und ich begeben uns durch das Labyrinth von Passkontrollen, erneuter Security und endlosen Gängen, um unsere Gates zu suchen. Wieder Geld zu benutzen, fühlt sich seltsam an. Wir haben dann gerade noch Zeit, unsere Handyakkus ein bisschen zu laden und einen letzten gemeinsamen Kaffee zu trinken, bevor mein Anschlussflug zum Boarding aufgerufen wird. Ein allerletzter Abschied, dann bin ich allein. Nach dieser intensiven Zeit voller Nähe verwandeln wir uns zurück in fast Fremde, die völlig unterschiedliche Leben weit voneinander entfernt führen. Mich tröstet, dass uns die Erinnerungen bleiben sowie das Wissen, dass wir jederzeit, wenn wir in Amsterdam, Wien, London oder Bilbao sind, anrufen und fragen können: »Ich bin in der Stadt, hast du Zeit und einen Schlafplatz für mich?«

Ich steige ins Flugzeug nach Leipzig und bin froh über diesen schrittweisen Übergang. Ab diesem Punkt wendet sich mein Blick nach vorn. Es ist schön, wieder in meiner Heimat zu sein. Ich kann mich entspannen, und der kleine Teil von mir, der sich wegen der Verantwortung bei drohenden politischen Unruhen sowie den Sprach- und Kulturbarrieren unwohl fühlte, hat wieder Ruhe. Das Privileg, in einem Land mit asphaltierten Straßen, öffentlichem Nahverkehr, zuverlässiger Stromversorgung, ständig fließendem warmem Wasser und relativer Sicherheit leben zu dürfen – von sämtlichem anderem Luxus gar nicht zu reden –, ist mir durch den Perspektivwechsel der letzten Wochen einmal mehr überdeutlich bewusst.

Der Flug selbst ist sanft und sehr schnell vorbei. Wir sind nur 35 Minuten in der Luft. Ich finde auch sofort meinen Koffer und begebe mich zum Ausgang. Obwohl ich auf zwei Stunden Zugfahrt eingestellt bin, hoffe ich ein winziges bisschen darauf, dass mich diesmal jemand abholt. Daher freue ich mich gigantisch, als ich am Ausgang von meinen Eltern, meinem Mann und zwei meiner

Töchter mit einem großen Plakat empfangen werde. Ich kann gar nicht aufhören zu strahlen und umarme alle ganz lange und fest. Das ist so schön und macht mich extrem glücklich!

Zu Hause angekommen, lässt mich meine Jüngste ungeduldig nachträglich Ostergeschenke suchen. Wir trinken im blühenden und grünenden Garten Kaffee, und ich bin sehr froh, dass ich mir die Freiheit eingeplant habe, ganz in Ruhe anzukommen. Ich erledige nur Kleinigkeiten und räume nach und nach meinen Koffer und Rucksack aus. Stelle eine Waschmaschine an. Dusche in Ruhe. Genieße bewusst den inneren Frieden der gewohnten Umgebung. Verteile meine Mitbringsel. Zeige meine mitgebrachten Steine. Sehe meine Post durch. Ich bin ganz behutsam mit mir selbst und spüre immer wieder in mich hinein, um mich nicht wieder so zu überfordern wie nach meiner ersten Mission. Ich halte sogar ein Nickerchen in der Sonne auf der Terrasse. Als ich in unserer Team-WhatsApp-Gruppe Fotos der anderen sehe, die noch in Jerewan geblieben sind und Sightseeing machen, spüre ich kurz ein wenig Neid. Doch als dann auch noch mein Partner vor der Tür steht und wir alle zusammen grillen, vergeht das schnell. Ich fühle mich dankbar, glücklich und geborgen mit meinen Menschen. Gegen zehn schaffe ich es nicht mehr, meine Augen aufzuhalten. Ich falle ins Bett und schlafe ein, noch bevor mein Kopf das Kissen berührt. 40 Stunden ohne richtigen Schlaf sind nur bedingt zu empfehlen.

Zurück daheim – Wiedereintritt

Die ersten beiden Tage habe ich noch frei. Ich schlafe aus, besuche meine Eltern und Freund:innen, zeige Fotos und erzähle viel. Es tut gut, alle zu sehen und sich wieder persönlich austauschen zu können! Ich finde es schön, morgens wieder in den gewohnten Alltag und meine Routinen zu starten. Sobald die Kinder aus der Tür und unterwegs zur Schule sind, genieße ich meinen morgendlichen

Kaffee und das Zeitunglesen auf der Terrasse im Blütenblätterregen unter dem Birnbaum. Wäsche, Geschirrspüler, angesammelte Zeitungen lesen, E-Mails von Reporter:innen und Klient:innen beantworten, Kontakte aufnehmen, einfach wieder ins normale Leben zurückkommen. Nach vier Wochen fremdbestimmtem Stundenplan ist es sehr angenehm, jeden Tag zumindest ein paar Stunden Zeit für mich allein zu haben. Der Übergang ist erneut eine besonders spannende Erfahrung. Obwohl es auch diesmal herausfordernd ist, den Wechsel zwischen zwei so verschiedenen Welten zu vollziehen, gelingt es mir dank der Erfahrung viel besser als damals nach Amadee-20.

Die Wochen ziehen ins Land. Der Perspektivwechsel, die Erfahrungen und Eindrücke wirken lange nach. Die Mission war für mich eine gute Gelegenheit, mich frei vom Alltag neu zu sortieren. Was habe ich vermisst, und was wertschätze ich am meisten? Was hat mir gar nicht gefehlt und darf vielleicht auch in Zukunft weniger Raum einnehmen? Worauf habe ich mich besonders gefreut? Welche Projekte sollen mich, nun, da meine Promotion und die Mission hinter mir liegen, die nächsten Monate und Jahre begleiten? Ich beschließe, meine Referentinnenstelle zu kündigen und mich endgültig in Vollzeit selbstständig zu machen. Ich genieße es, meine Kolleg:innen bei meiner Ausbildung zur systemischen Beraterin zu treffen. Ich bekomme mehr und mehr Klient:innen, arbeite an meinem Podcast, übersetze ein weiteres Buch und halte Vorlesungen als externe Dozentin. Noch immer gebe ich gelegentlich Interviews für Zeitungen und Radiosender. Leider erhalte ich viel zu oft die Frage, »ob die Männer auf mich als weibliche Commanderin gehört haben«. Davon abgesehen berichte ich gern von unseren Erlebnissen. Auch Vorträge halte ich immer wieder mit Freude. Es macht Spaß, die Fotos und Erinnerungen hervorzuholen und die Begeisterung zu spüren, die von mir auf das Publikum überspringt. Auch mein Handy zeigt als Hintergrund zufällig ausgewählte Bilder

der Mission. Manchmal schaue ich flüchtig aufs Display und werde in ganz alltäglichen Momenten an den Blick aus dem Habitat auf den Ararat erinnert. Dennoch fühlt sich vieles schnell wieder surreal an, als wäre es einem anderen Menschen in einem anderen Leben passiert.

Wie schon bei Amadee-20 wird auch Amadee-24 mit einem Science Workshop offiziell beendet. Dafür treffen wir uns im Dezember 2024 in Salzburg. Bei einem Weihnachtsmarktbesuch freue ich mich über ein Wiedersehen mit Thomas und Robert. Auch Hayk und Gaiane, Gernot, MSC- und GOST-Mitglieder und viele der PIs sind angereist. Zwei Tage lang lauschen wir in der Vega-Sternwarte und im Haus der Natur den Präsentationen der Wissenschaftler:innen. Aus unseren Daten konnten viele wertvolle Erkenntnisse gewonnen werden. Im Haus der Natur bestaunen wir zudem eine neu eröffnete Ausstellung zur Erforschung des Mars, in der auch viele Ausstellungsstücke, Fotos und Videos unserer Missionen zu sehen sind. Meine Kolleg:innen und mich erneut in einem Museum zu sehen, bringt gemischte Gefühle mit sich. Es macht mir bewusst, welche Reise ich in den vergangenen Jahren zurückgelegt und wie viel Erfahrung ich gesammelt habe. Gleichzeitig weiß ich, dass es Zeit wird, diese Erfahrungen weiterzugeben. Eine neue Auswahl wird erfolgen und eine neue Generation von Analog-Astronaut:innen ihre eigene Reise beginnen. Ob ich noch einmal als Crewmitglied an einer Mission teilnehmen und einen der Anzüge tragen werde? Ob ich als GOST vor Ort unterstützen oder im MSC sitzen werde? Erst einmal ist im Oktober 2025 mit der »Worlds Biggest Analog« (WBA)-Mission eine weltweite Kooperation verschiedenster Habitate geplant.[70] Damit wird erstmals eine Situation simuliert, in der gleichzeitig mehrere Teams auf dem Mars im Einsatz sind. Das ÖWF wird seine Erfahrung zur Koordination verschiedener Mission Support Center einbringen. Es wird für mich ein spannendes Erlebnis sein, diesmal auf der »Erde« zu unterstützen und eine Mission aus einer ganz anderen Perspektive zu erleben. Wie wird es sich anfühlen, als Earthcom im Chat mit den Analog-Astronaut:innen zu kommunizieren und mich in das, was sie gerade erleben, hineinversetzen zu können? Wie wird es sich erst anfühlen, wenn die ersten Menschen zum Mars fliegen und ich vor einem Bildschirm miterlebe, wie sie die ersten Schritte auf einem anderen Planeten machen?

Wie Louise Boyd einst sagte, liegt der Wert einer Expedition in dem Wissen, das sie der Welt für zukünftige Unternehmungen bringt. Ende 2024 ging mit dem Crew Health and Performance Exploration Analog (CHAPEA) in Houston eine einjährige Mars-Simulation der NASA zu Ende.[71] Weitere sind geplant. Das Deutsche Zentrum für Luft- und Raumfahrt und die Europäische Weltraumorganisation eröffneten 2024 in Köln mit LUNA eine Anlage zur Vorbereitung künftiger astronautischer und robotischer Mondmissionen. LUNA soll die Durchführung hochkomplexer Simulationen ermöglichen.[72] Im April 2026 ist geplant, mit Artemis 2 vier Menschen auf eine zehntägige Reise um den Mond zu schicken. Mitte 2027 sollen das erste Mal seit einem halben Jahrhundert wieder Menschen mit der Artemis 3-Mission auf dem Mond landen. NASA und ESA planen dabei gemeinsam mit den kanadischen und japanischen Weltraumagenturen, die erste Frau und eine nicht weiße Person zum Mond zu schicken.[73] Dabei spielen auch private Unternehmen wie SpaceX eine wichtige Rolle. China, Russland und Indien arbeiten gemeinsam mit anderen Partnerländern ebenfalls an ihren Weltraumprogrammen. Mit Lunar Gateway soll eine Raumstation im Orbit um den Mond entstehen. Von dort aus sollen ab den 2030er-Jahren die Erforschung und schließlich die Landung auf dem Mars vorangetrieben werden.[74] 2039 könnte es so weit sein.

In den nächsten Jahren wird viel passieren, und ich werde gebannt verfolgen, wie Menschen auf dem Mond und später auf dem

Mars Technologien einsetzen, an deren Entwicklung ich beteiligt war. Gespannt erwartet die Wissenschaftlerin in mir die Antworten auf unsere Forschungsfragen und noch gespannter die neuen Fragen, die sich daraus ergeben werden. Meine Kinder wurden in einer Zeit geboren, in der noch nie alle Menschen gleichzeitig auf der Erde waren. Seit dem 2. November 2000 befinden sich ohne Unterbrechung Menschen im All. Die Person, die die ersten Schritte auf dem Mars machen wird, ist aller Wahrscheinlichkeit nach bereits geboren – vielleicht geht sie schon in die Schule oder liest gerade dieses Buch.

Epilog

Sieben Jahre nachdem eine kleine Zeitungsrandnotiz mein Leben in eine ganz neue Umlaufbahn brachte, tippe ich diese letzten Zeilen in den Computer. Ich spüre eine tiefe Dankbarkeit und Zufriedenheit. Mit all den großartigen, kommunikativen, humorvollen, toleranten, gebildeten und reflektierten Menschen an der Vorbereitung der Reise zum Mars und der Beantwortung großer Fragen zu forschen, hat mein Leben sehr bereichert. Jedes Mal, wenn ich erlebe, wie so verschiedene Menschen aus der ganzen Welt mit unterschiedlichsten Hintergründen zusammenarbeiten und gemeinsam Lösungen finden, spüre ich Hoffnung und Zuversicht. Besonders hoffe ich darauf, dass die gewonnenen Erkenntnisse nicht nur der Erforschung unseres Nachbarplaneten dienen. Viel mehr noch wünsche ich mir, dass sie unser Zusammenleben auf und mit unserem Raumschiff Erde in eine lebenswerte Zukunft führen. Auf alles, was kommen wird, bin ich gespannt. *Per aspera ad astra!*

Danksagung

Ende Oktober 2024 halte ich ein Fernglas an meine Augen und blicke staunend in die Tiefe des Universums. Gemeinsam mit meiner Mutter und meiner jüngsten Tochter bewundere ich den leuchtenden Schweif des Kometen C/2024 S1 (ATLAS) am mit Sternen übersäten Nachthimmel. Ich spüre Gänsehaut und tiefe Dankbarkeit, mich gleichzeitig so unbedeutend vor der Größe des Universums und so warm verbunden mit meinen Liebsten zu fühlen. Wenn wir in die Tiefen des Alls blicken, sehen wir gleichzeitig, woher wir kommen und wohin wir gehen werden.

Ohne meine Eltern, die mir vorgelebt haben, positiv und kritisch zu denken, die kleinen und großen Wunder überall um uns herum wahrzunehmen und sich für Wissen und Herausforderungen zu begeistern, wäre ich nicht hier. Danke für mein Urvertrauen, für den nicht abreißenden Nachschub an Büchern in meiner Kindheit, für Diskussionen am Esstisch, für Lektionen im Löten, Nähen und Lesen von Atlanten! Danke für eure Liebe und Unterstützung. Ihr seid meine Vorbilder!

Dem ÖWF, seinem Direktor Dr. Gernot Grömer und allen an unserer Auswahl beteiligten Personen danke ich für die seltene, kostbare Erfahrung, gesehen zu werden – wirklich gesehen – und in mir das Potenzial zu erkennen, Analog-Astronautin und später Commanderin zu sein. Das ÖWF, die Auswahl, die Trainings und die Missionen sind nur denkbar, weil so viele wunderbare, talentierte und engagierte Menschen ihre Zeit, Expertise und Energie zur Verfügung stellen. Euch allen, mit denen ich zusammenarbeiten durfte, danke ich von Herzen für all die inspirierenden Gespräche, alles, was ich von euch lernen durfte, und für euer Vertrauen. Ich freue mich auf alle Abenteuer, die wir noch gemeinsam bestehen werden. Viele wichtige Namen hätten den Rahmen dieses Buches gesprengt, obwohl die Personen ein unverzichtbarer und großartiger Teil des ÖWF-Kosmos sind. Ihr wisst, wer ihr seid!

Besonders danke ich Carmen, Robert, Iñigo, Thomas, João, Alon, Simone, Liad, Adrianos und Adam. Wenn es stimmt, dass wir die Summe der nächsten Menschen sind, mit denen wir uns umgeben, dann haben mich die Trainings und die Missionen, die ich an eurer Seite erleben durfte, durch eure Expertise, eure Herzlichkeit, euren Humor, eure Fähigkeiten, eure Kreativität und eure Begeisterung unfassbar bereichert. Es war und ist mir eine Ehre, Teil unseres Teams zu sein!

Viele Wissenschaftler:innen haben mit ihren Experimenten unsere Missionen geprägt. Ihnen allen danke ich für ihre Vision, Analogforschung zu betreiben, und für ihr Vertrauen, uns ihre Abschlussarbeiten, ihre Hardware, ihre in vielen Stunden mühsam entwickelten Prototypen anzuvertrauen. Als Wissenschaftlerin ist mir bewusst, dass ganze Karrieren, zumindest aber viele Jahre Arbeit hinter den Experimenten stecken, und ich hoffe von Herzen, dass wir dem mit unserem Bemühen, bestmögliche Daten zu sammeln, gerecht werden konnten.

Unseren Gastgeber:innen in Israel und Armenien möchte ich für die Erfahrung danken, herzlich willkommen geheißen und bestmöglich unterstützt worden zu sein. Euer unermüdlicher Einsatz, eure persönlichen Opfer und euer Enthusiasmus, den Mars auf die Erde zu holen, haben unsere Missionen überhaupt erst möglich gemacht.

Als ich im März 2024 in einem Habitat in Armeniens Bergen eine E-Mail von »textbaby« auf meinem Laptop fand, war ich skeptisch. Braucht die Welt ein weiteres Buch? Ein großer Dank geht an meinen Agenten Carsten Polzin, der daran geglaubt hat, dass das, was wir tun, für viele Menschen von Interesse ist. Danke für die Unterstützung entlang des Weges. Dem Knesebeck Verlag und besonders meiner Lektorin Maren Harperscheidt, die sich von der Begeisterung für Mars-Forschung haben anstecken lassen, danke ich für ihr Vertrauen und ihre Unterstützung. Und nicht zu vergessen meine wunderbare Lektorin Susann Harring, deren professioneller Blick unschätzbar wertvoll beim Sortieren und Kürzen der Fülle von Stoff war. Besonders Christiane und darüber hinaus Robert, Stefan, Gernot, Monika und André danke ich für die kritischen Rückmeldungen und Anmerkungen zu den verschiedenen Entwurfsstadien dieses Buches.

Von Herzen danke an meine beiden Partner, André und Stefan. Ihr habt mich gehalten, unterstützt, mir den Rücken gestärkt, mir Mut gemacht, mich kritisch hinterfragt und mir Kraft gegeben. Ihr seid die schützenden Häfen, in die ich nach jedem Abenteuer einlaufen, und die sichere Basis, von der aus ich wieder starten kann.

Und last but not least: an alle Forschenden, Abenteurer:innen, Träumenden und Weltraumbegeisterte, die vor uns kamen – danke für eure Opfer, euren Mut, eure Visionen. An alle, die nach uns kommen, und an die zukünftigen Astronaut:innen, die eines Tages den Mars betreten werden: *per aspera ad astra!* Ich kann es kaum erwarten, die Geschichten über die Abenteuer zu hören, die ihr erleben werdet.

Abkürzungsverzeichnis

AA	Analog-Astronaut:innen
AMAT	Analog Mission Advanced Training
AMBT	Analog Mission Basic Training
BME	Biomedical Engineers
DAP	Daily Activity Plan
DLR	Deutsches Zentrum für Luft- und Raumfahrt
DR	Dress Rehearsal
EMU	Extravehicular Mobility Unit
ESA	European Space Agency
EVA	Extravehicular Activity
FCT	Flight Control Team
FD	Flight Director
FP	Flight Planning
FO	Field Office
GOST	Ground Operations Support Team
HF	Human Factors
HIIT	High Intensity Interval Training
HUD	Head-up-Display
HUT	Hard Upper Torso
ISS	International Space Station
L.O.S.	Loss of Signal
MSC	Mission Support Center
NASA	National Aeronautics and Space Administration
OSS	On Site Support
OPS	Operations
ÖWF	Österreichisches Weltraum Forum
PI	Principal Investigators

PLSS	Personal Life Support System
POI	Point of Interest
ROI	Region of Interest
RSS	Remote Science Support
SciOPS	Science Operations
SEIF	Standard Experiment Information Form
VPN	Virtual Private Network
WBA	World's Biggest Analog
WTF	What the Film

Quellennachweise

Alle Links wurden zuletzt abgerufen am 06.03.2025.

1 Guardian interview by Chimamanda Ngozi Adichie. Copyright © 2005, Chimamanda Ngozi Adichie, used by permission of The Wylie Agency (UK) Limited.

2 Lindgren, Astrid. *Pippi Langstrumpf geht an Bord.* Oetinger, 1946.

3 Lansing, Alfred. *Endurance: Shackleton's Incredible Voyage.* New York: Basic Books, 2015.

4 Cherry-Garrard, Apsley. *The Worst Journey in the World.* London: Penguin Classics, 2006.

5 Collins, Michael. *Carrying the Fire: An Astronaut's Journeys.* With a new foreword by Charles A. Lindbergh. New York: Cooper Square Press, 2001.

6 NTRS. *Apollo Expeditions to the Moon*, https://ntrs.nasa.gov/citations/19760005868.

7 De la Torre, G.G., Groemer, G., Diaz-Artiles, A. et al. *Space Analogs and Behavioral Health Performance Research review and recommendations checklist from ESA Topical Team.* npj Microgravity 10, 98 (2024).

8 HI-SEAS: The Hawai'i Space Exploration Analog and Simulation, https://www.hi-seas.org/.

9 ESA Mars500: study overview, https://www.esa.int/Science_Exploration/Human_and_Robotic_Exploration/Mars500/Mars500_study_overview.

10 NASA Desert RATS (Research and Technology Studies), https://www.nasa.gov/general/nasa-desert-rats-research-and-technology-studies/.

11 Neutral Buoyancy Facility (NBF) des European Astronaut Center (EAC), Köln, Deutschland, https://www.esa.int/About_Us/EAC/EAC_facilities.

12 Neutral Buoyancy Laboratory (NBL) im Johnson Space Center, Houston, Texas, https://www.nasa.gov/johnson/neutral-buoyancy-laboratory/.

13 Österreichisches Weltraum Forum, https://oewf.org/ueber-das-oewf/geschichte/.

14 Stewart, Maria. *Religion and the Pure Principles of Morality*, 1831, S. 19.

15 Office of the NASA Chief Engineer, NASA Technical Standards System, NASA Spaceflight Human-System Standard Volume 2: Human Factors, Habitability, and Environmental Health, https://standards.nasa.gov/standard/NASA/NASA-STD-3001_VOL_2.

16 Ulrich, Gert. *Evaluation des COOPER-Tests aus leistungsphysiologischer Perspektive – Kann über den COOPER-Test die aerobe Ausdauerleistungsfähigkeit abgeschätzt werden?* Universität Heidelberg, 2008.

17 Quarks. *Darum wissen wir von der Tiefsee weniger als vom Mond.* https://www.quarks.de/gesellschaft/wissenschaft/darum-wissen-wir-von-der-tiefsee-weniger-als-vom-mond/.

18 Carvalho, Alexandra de. *Mission Fühlen.* Frankfurt am Main: S. Fischer Verlage, 2024.

19 Gerst, Alexander. *Horizonte.* München: C. Bertelsmann Verlag, 2021.

20 Cristoforetti, Samantha. *Die lange Reise – Tagebuch einer Astronautin.* München: C. Bertelsmann Verlag, 2022.

21 Mars2013 in Marokko, https://oewf.org/en/portfolio/morocco-mars-2013/.

22 De la Cruz, Sor Juana Inés. *La Respuesta*, 1691, S. 47.

23 NATO phonetic alphabet, codes and signals, https://www.nato.int/nato_static_fl2014/assets/pdf/pdf_2018_01/20180111_nato-alphabet-sign-signal.pdf.

24 NASA's Apollo Lunar Surface Journal, https://www.nasa.gov/history/alsj/.

25 Space Suit Systems Part I, Gernot Grömer/ÖWF, https://www.youtube.com/watch?v=8A6vzyjxDeY.

26 Tomsia, M., Cieśla, J., Śmieszek, J., Florek, S., Macionga, A., Michalczyk, K., Stygar, D. (2024). *Long-term space missions' effects on the human organism: what we do know and what requires further research.* Front. Physiol. 15:1284644. https://doi.org/10.3389/fphys.2024.1284644.

27 Garriott, B. K., Miller, M. L., Stenger, D. W., et al. *The NASA Twins Study: A multidimensional analysis of a year-long human spaceflight.* Science, 2019, 364(6436), S. 145–152. https://doi.org/10.1126/science.aau8650.

28 Space Suit Systems Part II, Gernot Grömer/ÖWF, https://www.youtube.com/watch?v=IHvDhliDiLc&list=PLW9KJU2v3qkcV7ZrWfJDfSGfvfHWymVQ4&index=2.

29 Possnig, Carmen. *Südlich vom Ende der Welt: Wo die Nacht vier Monate dauert und ein warmer Tag minus 50 Grad hat – Mein Jahr in der Antarktis.* München: Ludwig Verlag, 2020.

30 Howell, E., Booth, N. *The Search for Life on Mars: The Greatest Scientific Detective Story of All Time.* New York: Arcade Publishing, 2020.

31 NASA technical reports server, Preliminary examination of lunar samples, https://ntrs.nasa.gov/citations/19740010324.

32 Sauro, F., Payler, S.J., Massironi, M., Pozzobon, R., Hiesinger, H., Mangold, N., Cockell, C.S., Frias, J.M., Kullerud, K., Turchi, L., Drozdovskiy, I., Bessone, L. *Training astronauts for scientific exploration on planetary surfaces: The ESA PANGAEA programme*, Acta Astronautica, Volume 204, 2023,

S. 222–238, https://www.sciencedirect.com/science/article/abs/pii/S0094576522007068?via%3Dihub.

33 CAVES (Cooperative Adventure for Valuing and Exercising human behaviour and performance Skills), https://www.esa.int/Science_Exploration/Human_and_Robotic_Exploration/CAVES_and_Pangaea/What_is_CAVES.

34 ESA, Abteilung Astronautentraining, https://www.esa.int/Space_in_Member_States/Germany/Abteilung_Astronauten-training.

35 Jacobs, Harriet. *Incidents in the Life of a Slave Girl*, 1861, S. 256.

36 Ackmann, Martha. *The Mercury 13: The True Story of Thirteen Women and the Dream of Space Flight.* New York: Random House, 2003.

37 Probst, Ernst. *Frauen im Weltall: Biografien berühmter Astronautinnen und Kosmonautinnen*. München: GRIN Verlag, 2010.

38 European Mars Conference 2019, https://marssocietyuk.org/events/european-mars-conference-2019/.

39 Flashline Mars Arctic Research Station, https://fmars.marssociety.org/.

40 Bly, Nellie. *Around the World in Seventy-Two Days*, 1890, S. 105.

41 AMADEE-Programm, ÖWF, https://oewf.org/amadee-programm/.

42 Ilan Ramon, https://www.space.gov.il/en/node/981.

43 NASA, Aufnahmen des Rovers Perseverance von Wind auf dem Mars, https://science.nasa.gov/mission/mars-2020-perseverance/sounds-of-mars/.

44 Nelson, Mark. *Pushing Our Limits: Insights from Biosphere 2.* Tucson: University of Arizona Press, 2018.

45 Inoue, N., Matsuzaki, I., Ohshima, H. *Group interactions in SFINCSS-99: lessons for improving behavioral support programs.* Aviat Space Environ Med. 2004 Jul;75(7 Suppl):C28-35. PMID: 15267073.

46 Ngo-Anh, T. J., Rossiter, A., Suvorov, A., Vassilieva, G., Gushin, V. *Mars500: The First Preparation of Long-Duration Space Exploration Missions—Results and Implications for a Holistic Stress and Immune Research Approach.* In: Stress Challenges and Immunity in Space, herausgegeben von Alexander Chouker, 2019, S. 625–648.

47 Bell, Gertrude. *The Desert and the Sown*, 1907, S. 27.

48 Umweltbundesamt, 2024. Wassernutzung privater Haushalte. https://www.umweltbundesamt.de/daten/private-haushalte-konsum/wohnen/wassernutzung-privater-haushalte#direkte-und-indirekte-wassernutzung.

49 Being on Mars – It's a Real Thing | AMADEE-20: The Mars Mission Documentary, https://www.youtube.com/watch?v=-TzWBH-aZqho.

50 De la Torre, G.G., Groemer, G., Diaz-Artiles, A. et al. *Space Analogs and Behavioral Health Performance Research review and recommendations checklist from ESA Topical Team.* npj Microgravity 10, 98 (2024).

51 Human Research Roadmap, NASA, https://humanresearchroadmap.nasa.gov/.

52 Salzberg, Sharon. *Fierce Compassion: Shambhala Sun*, 2005.

53 Carvalho, Alexandra de. *Mission Fühlen*. Frankfurt am Main: S.Fischer Verlage, 2024.

54 Übersicht Mars-Missionen und Rover: https://nssdc.gsfc.nasa.gov/planetary/chronology_mars.html.

55 Pagnini, F., Thoolen, S., Smith, N., Van Ombergen, A., Grosso, F., Langer, E., Phillips., D. (2024). *Mindfulness disposition as a protective factor against stress in Antarctica: A potential countermeasure for long-duration spaceflight?* Journal of Environmental Psychology, 94, 102254.

56 Dontre, Alexander J., *Weighing the impact of microgravity on vestibular and visual functions, Life Sciences in Space Research,*

Volume 40, 2024, S. 51–61, ISSN 2214-5524, https://doi.org/10.1016/j.lssr.2023.12.003.

57 Smith, N., Sandal, G.M. (2017). *Third quarter phenomenon: the psychology of life in space.* Room Space Journal of Asgardia, 3, S. 52–57.

58 Käosaar, A., Fiore, S., Gomez, C., Burke, C. (2024). *Understanding Team Cognition in Support of Long-Distance Space Missions.* Proceedings of the Human Factors and Ergonomics Society Annual Meeting. 68. https://doi.org/10.1177/10711813241260664.

59 Curie, Marie. *Pierre Curie*, 1923, S. 116.

60 Collins, Michael. *Carrying the Fire: An Astronaut's Journeys.* With a new foreword by Charles A. Lindbergh. New York: Cooper Square Press, 2001.

61 Bourke-White, Margaret. *Portrait of Myself.* Farrar, Straus and Giroux, 1963.

62 Earhart, Amelia. *Last Flight,* 1937, S. 51.

63 Projekt Eden: Gemüsezucht auf dem Mond, https://www.planet-wissen.de/video-projekt-eden-gemuesezucht-auf-dem-mond-100.html.

64 Schubert, Daniel (2023). *EDEN ISS: From South Pole into Space – Vegetable Cultivation in Antarctica.* Physikalisches Kolloquium (System and Control Seminar), 2023-04-26, Chemnitz, Germany.

65 Tarbell, Ida M. *The Ways of Woman*, 1915.

66 Astronauts falling on the Moon, NASA Apollo Mission, https://www.youtube.com/watch?v=bVNTNeNMH8Q.

67 Wie riecht es auf der ISS? (2018), https://futurezone.at/science/astronaut-erklaert-wie-es-in-der-iss-riecht/400017127.

68 ÖWF, Field Update, Informationen an PIs, Teamleitungen and Partner, persönliche E-Mail vom 19. 03. 2024.

69 Arner Boyd, Louise. *The Coast of Northeast Greenland with Hydrographic Studies in the Greenland Sea*, American Geographical Society Special Publication No. 22, 1948, S. 312.
70 World's Biggest Analog, https://www.worldsbiggestanalog.com/.
71 Crew Health and Performance Exploration Analog (CHAPEA), NASA, https://www.nasa.gov/humans-in-space/chapea/.
72 LUNA Analog Facility, ESA, https://luna-analog-facility.de/.
73 Artemis, NASA, https://www.nasa.gov/humans-in-space/artemis/.
74 ESA (2022). Terrae Novae 2030+ Strategy Roadmap, https://esamultimedia.esa.int/docs/HRE/Terrae_Novae_2030+strategy_roadmap.pdf.

Deutsche Originalausgabe
1. Auflage 2025

Holzstraße 26, 80469 München
sekretariat@knesebeck-verlag.de
Ein Unternehmen der Média-Participations

Dieses Werk wurde vermittelt durch die
Textbaby Medienagentur, www.textbaby.de

Projektleitung: Ellen Venzmer, Maren Harperscheidt, Knesebeck Verlag
Lektorat: Susann Harring, München
Korrektorat: Silke Beckmann, Ladenburg
Umschlagmotive: © Florian Voggenender, Linz
Umschlaggestaltung: geviert, Schmiechen
Layout, Satz und Herstellung: Arnold & Domnick, Leipzig
Druck: Livonia Print, Riga
Printed in Latvia

ISBN 978-3-95728-970-4

Elektronisch ist folgende Ausgabe erhältlich:
eBook (epub): ISBN 978-3-98962-043-8

www.knesebeck-verlag.de

FSC www.fsc.org
MIX
Papier | Fördert
gute Waldnutzung
FSC® C002795